MANEJO ECOLÓGICO DE PASTAGENS EM REGIÕES TROPICAIS E SUBTROPICAIS

COLEÇÃO AGROECOLOGIA

Dialética da agroecologia
Luiz Carlos Pinheiro Machado, Luiz Carlos Pinheiro Machado Filho

Dossiê Abrasco – um alerta sobre os impactos dos agrotóxicos na saúde
André Búrigo, Fernando F. Carneiro, Lia Giraldo S. Augusto e Raquel M. Rigotto (orgs.)

A memória biocultural
Víctor M. Toledo e Narciso Barrera-Bassols

Pastoreio Racional Voisin
Luiz Carlos Pinheiro Machado

Plantas doentes pelo uso de agrotóxicos – novas bases de uma prevenção
contra doenças e parasitas: a teoria da trofobiose
Francis Chaboussou

Revolução agroecológica – o Movimento de Camponês
a Camponês da ANAP em Cuba
Vários autores

Sobre a evolução do conceito de campesinato
Eduardo Sevilla Guzmán e Manuel González de Molina

Transgênicos: as sementes do mal – a silenciosa
contaminação de solos e alimentos
Antônio Inácio Andrioli e Richard Fuchs (orgs.)

Um testamento agrícola
Sir Albert Howard

SÉRIE ANA PRIMAVESI

A biocenose do solo na produção vegetal & Deficiências minerais em culturas.

Algumas plantas indicadoras:
como reconhecer os problemas do solo.

Convenção dos ventos: agroecologia em contos.

Manual do solo vivo.

Manejo ecológico de pragas e doenças.

Ana Maria Primavesi: histórias de vida e agroecologia.
Virginia Mendonça Knabben.

Ana Primavesi

MANEJO ECOLÓGICO DE PASTAGENS EM REGIÕES TROPICAIS E SUBTROPICAIS

1ª EDIÇÃO
EXPRESSÃO POPULAR
SÃO PAULO – 2019

Copyright © 2019, by Expressão Popular
Copyright © da primeira edição 1985, Nobel

Revisão: *Odo Primavesi, Lia Urbini e Cecília da Silveira Luedemann*
Projeto gráfico, diagramação e capa: *ZAP Design*
Capa e logo da coleção: *Marcos Cartum*
Impressão: *Paym*

Dados Internacionais de Catalogação-na-Publicação (CIP)

P952m

Primavesi, Ana
Manejo ecológico de pastagens em regiões tropicais e subtropicais / Ana Primavesi. —1.ed.—São Paulo : Expressão Popular, 2019.
392 p. : tabs., fots., grafs. — (Coleção agroecologia).

Indexado em GeoDados - http://www.geodados.uem.br.
ISBN 978-85-7743-368-1

1. Pastagem – Manejo- Regiões tropicais. 2. Pastagem – Manejo – Regiões subtropicais. 3. Pastagem – Plantio. I. Título. II. Série.

CDU 633.2

Bibliotecária: Eliane M. S. Jovanovich CRB 9/1250

Todos os direitos reservados.
Nenhuma parte deste livro pode ser utilizada ou reproduzida sem a autorização da editora.

1ª edição: outubro de 2019
3ª reimpressão: setembro de 2022

EDITORA EXPRESSÃO POPULAR
Rua Abolição, 197 – Bela Vista
CEP 01319-010 – São Paulo – SP
Tel: (11) 3112-0941 / 3105-9500
livraria@expressaopopular.com.br
www.expressaopopular.com.br
🅵 ed.expressaopopular
🅾 editoraexpressaopopular

SUMÁRIO

AGRADECIMENTOS 9

DEDICATÓRIA 11

NOTA EDITORIAL... 13

PREFÁCIO... 15
Sebastião Pinheiro

MANEJO ECOLÓGICO DE PASTAGENS

INTRODUÇÃO 23

QUE É PASTAGEM 25
    O trinômio solo-forragem-gado 26
    A influência do gado sobre o solo 27
    A influência do gado sobre a vegetação 29
    A inter-relação solo-vegetação 31

DEFICIÊNCIAS MINERAIS.. 35
    Deficiência de cálcio e fósforo 35
    Deficiência de cobalto (Co) 38
    Deficiência de iodo (I)... 38
    Deficiência de cobre (Cu) 38
    Deficiência de molibdênio (Mo) 39
    Deficiência de magnésio (Mg) 39
    Deficiência de potássio (K) 40
    Deficiência de sódio e cloro (Na e Cl) 40
    Deficiência de enxofre (S) 40
    Deficiência de ferro (Fe) 41
    Deficiência de manganês (Mn) 41
    Deficiência de zinco (Zn) 41
    A inter-relação vegetação-gado 43
    O clima e o aproveitamento da forragem 53

O CAMPO NATIVO 59
    Forrageiras nativas nas diversas regiões do Brasil 66
    O fogo 71
    O manejo tradicional do campo 75
    Engorda *x* cria 77

A ESCOLHA DO SOLO PARA A ATIVIDADE PECUÁRIA 79
    As exigências do gado de corte e de leite 79
    A energia gasta na colheita da pastagem 81
    Gado de cria e de leite 82
    Gado de corte 85

MANEJO ECOLÓGICO DAS PASTAGENS 87
  Cálculo de rentabilidade da pastagem 87
  Que é manejo ecológico? 90
  Manejo ecológico em regiões semiáridas 90
  O número adequado de animais 91
  Época adequada de pastejo 93
  Distribuição adequada do gado sobre as pastagens 94
  Manejo de pastagens em cerrados 94
  Manejo de pastagens nos trópicos úmidos (Amazonas) 99
  Manejo das pastagens na região Sudeste 103
  Manejo de pastagens para gado leiteiro na Região Sudeste 104
  Manejo de pastagens para gado de corte na Região Sudeste ... 109
  O manejo de pastagens na Região Sul 112
  A seleção do gado para a pastagem 118
  A avaliação da produtividade de uma pastagem 119
  Plantas tóxicas em pastagens 122
  Quando ocorre a intoxicação dos animais? 125
  Em que parte da pastagem a intoxicação é mais fácil? 126
  Quais as plantas que intoxicam? 126

A PASTAGEM PLANTADA 129
  A escolha das forrageiras 132
  As forrageiras mais usadas 135
  As técnicas de plantio de pastagem 142
  A implantação de forrageiras em terras
  corrigidas e cultivadas 142
  A implantação em pastagens existentes 144
  Plantio direto após a limpeza do terreno 145
  A adubaçao da pastagem 146
  A adubação fosfatada 148
  A calagem 149
  A adubação nitrogenada 151
  Rentabilidade da adubação 155
  Distúrbios de fertilidade em gado bovino 156
  A decadência das pastagens e suas razões 158
  Como evitar a decadência das pastagens 159

FORRAGICULTURA 163
  A ensilagem 164
  Cálculo de um silo de trincheira 165
  Enchimento do silo-trincheira 166
  Digestibilidade da ensilagem 169
  A fenacão 170
  Produção de feno por hectare 173
  Alternância de agricultura-pastagem 174

PROBLEMAS DE PASTAGENS PLANTADAS 177
  Pestes e pragas 177
  Parasitas animais 180
  Invasoras persistentes 181
  A limpeza das pastagens 183

A compactação do solo 184
Safra e entressafra 185
Recursos pastoris para a estação do frio nos Estados sulinos 189
Recursos pastoris na estação de seca nos trópicos 192
A descapitalização das propriedades rurais 196
PASTEJO ROTATIVO RACIONAL 199
Os diversos métodos de manejo de pastejo 202
O rodízio racional 206
O solo pastoril 207
As espécies vegetais e suas propriedades 209
O efeito da luz sobre as plantas forrageiras 214
Influência da água sobre as forrageiras 215
Plantas indicadoras 217
Qual é a finalidade do manejo rotativo racional? 219
A divisão de estâncias grandes em retiros 222
A subdivisão dos piquetes 224
O tamanho dos piquetes ou potreiros 228
A forma dos piquetes 231
Organização do manejo rotativo racional 232
O repouso da pastagem 239
O manejo do gado em rodízio 240
Aguadas e saleiros 244
Bibliografia consultada 246

ANEXO I
A PRODUTIVIDADE DE PASTAGENS NATIVAS

NOTA EDITORIAL 253

PRÓLOGO 255

PREFÁCIO 257

ANÁLISE DA SITUAÇÃO 259
Que necessita o gado? 262
Isso por quê? 262
Que necessitam as forrageiras? 264
A limpeza dos pastos 274
A adubação orgânica 276
O manejo do pastejo 277
Que é sublotação? 278
Deficiências minerais 284
Pastagem nativa ou plantada? 288
O problema gaúcho da pastagem 291
Como melhorar a pastagem nativa? 294
Que é rodízio? 294
Vantagens do rodízio 295
Os sistemas do rodízio 298
Exemplos de rodízio 302
Pastagem racionada (especialmente para gado leiteiro) 303

A organização do rodízio 304
Problemas em nossas propriedades rurais 305
Influência do rodízio sobre a vegetação 306
A adubação da pastagem 308
Regras da adubação pastoril 310
Conclusões 318
Bibliografia 319

ANEXO II
PLANTAS TÓXICAS E INTOXICAÇÕES DO GADO NO RIO GRANDE DO SUL

AGRADECIMENTO 327

NOTA EDITORIAL 329

APRESENTAÇÃO 331

PLANTAS TÓXICAS E INTOXICAÇÕES NO
GADO NO RIO GRANDE DO SUL 333
Como se determina uma intoxicação? 335
Plantas tóxicas mais comuns do Estado 340
Perigos com forrageiras 341
PASTAGENS NATIVAS 343
Perigos durante todo o ano 343
Perigos na primavera 347
Fungos 350
Plantas fotossensibilizantes 351
Início de verão 354
Época de seca no verão 358
Época de outono 367
Medidas gerais para os casos de intoxicação por plantas nativas 369
PASTAGENS CULTIVADAS 371
Inverno úmido 372
Época de primavera 375
Bócio e crias mortas em trevo-ladino 379
Época de verão 382
Indicações gerais para evitar intoxicações em pastagens cultivadas ... 386
Bibliografia consultada 388

AGRADECIMENTOS

A todos que de uma ou outra maneira contribuíram para este livro e especialmente ao engenheiro agrônomo Odo Primavesi.

DEDICATÓRIA

A todos que com suas experiências contribuíram e contribuem para pastagens melhores e mais produtivas. E minha admiração especial aos gaúchos: Anacreonte A. de Araújo, o tenaz lutador pelas forrageiras nativas, e Antônio Saint Pastous, o professor e pecuarista que dedicou sua vida ao manejo pastoril; a Pimentel Gomes, o incansável pesquisador de recursos forrageiros para regiões secas, e Jorge Ramos Otero, que na Estação Agrostológica de Deodoro (RJ), não somente reuniu grande número de forrageiras de todo o Brasil, multiplicando-as, mas que em sábia prudência chamou a atenção para a enorme diversificação das condições pastoris no território brasileiro.

NOTA EDITORIAL

A Editora Expressão Popular foi agraciada, em 2015, com a cessão dos direitos para publicação das obras de Ana Maria Primavesi (a qual inclui contribuições de Artur Barão Primavesi e de seus filhos Odo e Carin). Um deferimento que nos desafia a lutar com domínio dos fatos contra o modelo agroquímico e de *commodities* que está em conflito aberto com quem se pauta pela defesa do "solo sadio, planta sadia, homem sadio".

Suas contribuições vêm desde o final dos anos 1950 até os dias atuais. Não seguiremos uma ordem cronológica nas publicações, isso pouco ou nada altera o resultado de sua laboriosa pesquisa e formato de exposição. O que mais importa é o resultado final que queremos deixar como legado aos nossos estudiosos e militantes da causa agroecológica.

Sua obra é um todo de pesquisa, militância e contribuição à causa da agroecologia. Sua força está no seu conjunto. Sua identidade está materializada em textos nas mais diferentes formas de defesa da vida do solo, das plantas e da humanidade.

Apesar de alguns terem sido formulados há 60 anos, eles conservam sua força e atualidade. Eles serão republicados aqui com revisões de texto, sem qualquer modificação em seu conteúdo ou formulação.

Cada obra contém o registro da história daquele momento, o estágio da pesquisa e o debate realizado. Afinal, história é memória materializada em suas variadas maneiras: falada, escrita, vivenciada, celebrada.

Agradecemos à solidariedade de Ana Primavesi e de sua família pela cessão dos direitos de publicação.

***

A presente publicação reúne além do livro *Manejo ecológico de pastagens*, cuja primeira edição, é de 1981; a segunda, de 1985, dois outros materiais elaborados por Ana Primavesi sobre o tema com foco em sua experiência no Rio Grande do Sul, são eles: *A produtividade de pastagens nativas* (1969) e *Plantas tóxicas e intoxicações no gado no Rio Grande do Sul* (1970).

Os editores

PREFÁCIO

Sebastião Pinheiro

Ao ser convidado para este prefácio faltou-me chão de tão lisonjeado. Aceitá-lo é quase um sacrilégio pelo respeito, carinho e grande admiração que a professora Ana Primavesi merece de toda a juventude brasileira, latino-americana e mundial. Aceito o desafio, desejando longa vida ao nosso máximo Totem Agroecológico de saber e serenidade.

Ao começar a ler este livro, perceberás que ele não é um livro técnico, mas sim muito mais do que isso. É um livro de amor que trata de algo há muito adormecido: o respeito aos animais em sua dignidade. Dignidade que ultrapassa a vida no interior do solo e alcança os microrganismos tão igualmente vilipendiados, ou agora tratados de forma utilitária, como peças de montagem.

O que é a agricultura? Ager+cultura. Minha gente, ela é tudo. Logo esse livro é mais que poesia e amor. É um tratado de ética e moral para as condições de produção do alimento, para a pecuária e a natureza.

Estudei em uma Escola Técnica de Agricultura onde tomei conhecimento dos usos de 2,4-D e 2,4,5-T para controlar a resiliência da Mata Atlântica e Cerrado, no Instituto de Pesquisas da Lavoura Cafeeira – IBEC em Matão, do grupo Rockefeller, e acompanhei em Sertãozinho/SP outras "pesquisas científicas" com Diethilstylbestrol, hormônio para acúmulo de água e gordura nos animais, ambos hoje bastante conhecidos do ponto de vista trágico por seus danos à saúde e meio ambiente. Era a ideologia em um momento muito parecido ao atual, e para evitar pobres nos cursos elitizados de agronomia foi feita a "Lei do Boi" n. 5.465, que assegurava reserva de vagas tanto no ensino médio quanto em instituições superiores para beneficiar os interesses da Revolução Verde.

Antes do AI-5, em 1968, saí do país procurando uma escola onde pudesse continuar a estudar duas coisas de meu interesse: os malefícios dos venenos na agricultura e a microbiologia, base da vida no solo da natureza emprestado à fração ultrassocial dos seres vivos para o exercício da agricultura.

Querem saber como conheci esta joia que tens em mãos? Foi na Universidad Nacional de La Plata (UNLP). Percebi a disputa acirrada entre as universidades e a agricultura argentina, na época uma das mais ricas e organizadas no mundo contra as corporações internacionais de desterritorialização. Ali, depois de uma aula complexa sobre manejo ecológico da matéria orgânica no solo no bioma pampa fui com meu colega Mastroberti ao prof. José F. Molfino e em ato de ousadia, perguntei: *"A Biocenose do Solo*, de Artur e Ana Primavesi, é um bom caminho?" Ele, uma vítima da poliomielite em grau severo, apoiado em suas muletas, postou as mãos ao peito e, olhando aos céus, foi profético: "Artur e Ana Primavesi da Universidade Federal de Santa Maria (UFSM) são biodinâmicos. Eles estão cem anos adiante e não são o caminho, mas a esperança"[1] Ficamos atônitos. Corremos à biblioteca para ver o que era biodinâmica e quem eram seus autores. Corria o ano de 1970 de muito fascismo e alienação no Brasil, convulsão na Argentina e Guerra do Vietnã. Eles já tinham um

---

[1] Ao dizer que o casal Primavesi era biodinâmico, o professor não os incluiu como praticantes da agricultura denominada biodinâmica, cujo precursor era Rudolf Steiner, mas sim como pessoas de capacidade e alcance intelectual extraordinários, e que advogavam o solo vivo, com grande biodiversidade, em especial de grupos funcionais e o manejo adequado dela, em contraposição ao pacote da Revolução Verde, no auge naquela época, e que excluía, e até mesmo proibia, pensar em matéria orgânica e o aspecto biológico do solo.

trabalho científico comprovando a predisposição do arroz à brusone pelo nível elevado de nitrogênio aplicado ao cultivo, que consta no livro de Francis Chaboussou.

Ali estava o livro *A Biocenose do Solo* e alguns queriam que fizéssemos sua tradução, mas era um trabalho hercúleo à época porque éramos inexperientes e tínhamos que dar conta das aulas. Lemos o *Manejo Ecológico das Pastagens* no embrião com uma antecedência de trinta anos.

Tudo sobre mineralização, manejo de matéria orgânica, biodiversidade e evolução dos pastos encontrado neste livro atual estava embrionariamente em *Biocenose*. O triste é que nós e o mundo estamos vivendo um *remake* daquele filme agora com o neologismo de agronegócios, que nos remete à terceira parte de "Os Sertões" em um ódio instilado pelo mesmo modelo e ideologia daquela época.

Como dizia o cangaceiro Corisco: "O futuro está em cima do futuro e não em cima do passado". Voltemo-nos ao futuro. A integração do humano à terra (clima) vai ser deixada de lado e o pesado gibão cultural tornar-se-á obsoleto, pelo poder político do dinheiro de além-mar. Todos os vínculos do "sertanejo" (pecuarista) com o "vazanteiro" (agricultor) das margens do São Francisco, onde nasceu nossa agricultura, foram lentamente destruídos e substituídos por cadeias produtivas, consolidados nos confinamentos e integrações. O pior confinamento é o de peixe. E o mais pescado no rio São Francisco é a tilápia africana, que consome ração de somente uma única empresa. A integração dos frangos, ovos e suínos socialmente é mais escabrosa, onde desapareceu a ager (agri) +cultura de poesia e amor. Este livro é música sinfônica, canto de sabiá, restauração e redenção para ouvidos ultrassociais.

Um manejo ecológico de pastagens no Semiárido é o modelo Mocó – Seridó, em pleno sertão, com precipitações de 300 mm, com calor extremo, noites frias e ventos constantes e dessecantes. E, mais que isso, ali o algodão arbóreo, milho, macaxeira, abóboras, feijões e grande biodiversidade criam uma paisagem que controla vento e conserva umidade pelo que é o sistema mais perfeito existente. O Sertão foi o grande produtor de carne, couros e leite através do manejo que estão resgatados nas páginas deste livro. Quando o MST adotou a matriz tecnológica do gado leiteiro, houve vibração com a intenção de integrar o território e sociedade através da pecuária camponesa. Quem se lembra do algodão mocó, o ouro branco do Sertão? O clima varia e os biomas surgem, mas o humano é o mesmo...

Em Chiapas, México, onde chove tanto quanto na Amazônia, a "milpa maya" tem idêntico manejo e resultados. Ali as crianças acordam e ao se encontrarem tocam o coração da outra e se perguntam: "que me anuncia o seu coraçãozinho hoje?". No Sertão o valor está na integração do humano à terra na agri (ager)+cultura e lá a pecuária engloba as aves selvagens, pecarí e cervos que fazem parte do manejo da natureza no sistema, não diferente da Terra Preta da Amazônia ou das Chinampas mexicanas.

Voltemos então ao *Manejo Ecológico de Pastagens*. Sou florestal e sei o que significam os "Range Managment" sobre pastos naturais da Grande Pradeira (terras públicas *yankees* administradas pelo governo) e a importância daquele bioma para EUA, Canadá e México para os grandes rebanhos sagrados dos bisões, quase extintos pela cobiça e genocídio. O manejo naquele bioma é feito como consta no livro da Biocenose e, melhor ainda, em sua evolução. Sobre o massacre dos bisões, tive a honra de tocar alguns deles em uma comunidade indígena em Chihuahua no Norte do México e outra vez em Alberta no Canadá, em uma feira rural.

Usei a palavra sagrado, no início falei de amor e poesia. Uma comunidade de gramíneas, leguminosas e outras no Pampa, Chaco, Cerrado, Savana Africana, "Prairie" ou Desertos de Gobi e Victoria são a expressão do clima em disputa pelo espaço, idem na vegetação arbórea da Caatinga ou Matas e Selvas... Neles os veados-catingueiros, bisões e diversidade de antílopes e parentes é algo que coloca nos seus tamancos as pretensões e arrogâncias incutidas principalmente entre jovens nas universidades, onde não há mais professores como o matrimônio Primavesi. Muito mais que saudade ou nostalgia na perda de valores de cidadania está uma educação para a arrogância e prepotência servil.

O livro *Manejo Ecológico das Pastagens* serviu ao sistema de educação e extensão da Cooperativa Ecológica Colmeia por sua versatilidade, e permitiu, durante três décadas, que esta fosse a organização camponesa mais exitosa no desenvolvimento de tecnologias e modelo para a agroecologia enfocando o humano, a terra, agora englobando "natureza" e "meio ambiente", contrariando os interesses internacionais. Hoje se procuram seus conhecimentos por poesia, amor ou espiritualidade somente os jovens estudantes bem postados em sua juventude.

A agricultura inexiste na natureza. Ela há mais de dez milhões de anos (dez; antes havia pesca, coleta e até pecuária itinerante, em pastejo rotacionado) é atividade ultrassocial, onde uma classe especial com amor, poesia e espiritualidade alimenta a humanidade. A indústria de alimentos considera isso subversão e quer ser a produtora de alimentos da humanidade, mas é incapaz de realizar o milagre de transformar o Sol em alimento com qualidade, pois não trabalha com os principais elementos ultrassociais: cultura, paz e amor.

A professora Primavesi ensina:

> O homem nunca se mostra amigável e, quando aparece, é somente para vacinar ou matar. Assim, o gado mais dócil foge e o mais bravo ataca quando vê um homem. Sempre existirá um ou outro animal indócil, mas a maioria é dócil quando bem tratada. Somente se torna um gado nervoso quando deficiente em magnésio e quando maltratado.

O alimento agroecológico supera o "gene drive de biologia sintética", pois desenvolve naturalmente a (meta) proteônica dos microrganismos no solo, planta e alimentos. Amor e carinho são seus complementos, como o cientista do MIT Noam Chomsky opinou sobre as Comunidades Tradicionais.

Finalmente, a professora Primavesi lapida:

> O manejo ecológico das pastagens deve considerar TODOS OS FATORES DE UM LUGAR, uma vez que 'eco' significa lugar. Deve manter o equilíbrio entre o gado adaptado; a vegetação e sua capacidade de produzir forragem boa neste solo; a influência do gado sobre a vegetação e da vegetação sobre o gado; os fatores do solo em consideração à vegetação e ao gado, com sua estrutura, riqueza mineral, microvida e fauna-terrícola, que inclui as minhocas, bem como a influência do clima. O manejo é ecológico quando consegue manter em equilíbrio todos os fatores de um lugar ou restabelecer o equilíbrio favorável entre eles, para que não haja decadência do ecossistema e para que proporcione as condições melhores possíveis ao gado.
> Para isso, necessita-se de muita observação, bom senso, dedicação e muito amor pelo trabalho. Mas compensa!

Sim, magna mestre e torna possível territorializar novamente a agricultura, sem adjetivos, questão agrária e a agroecologia como modelo de tecnologia, muito além da etimologia *fake* do agronegócios.

O professor Molfino foi humilde, como dizem os camponeses mexicanos: Muito agradecido por nos ensinar o caminho da luz e esperança para o Futuro.

Porto Alegre, outono astral, 2019.

MANEJO ECOLÓGICO DE PASTAGENS

INTRODUÇÃO

Este livro destina-se ao pecuarista e ao técnico em pastagens. Tenta dar uma visão das inter-relações recíprocas de solo-planta-gado-clima que devem constituir uma unidade equilibrada, sincronizando cada fator com as propriedades dos outros. Modificar o solo e a vegetação para que sirvam às exigências do gado sempre será um procedimento muito caro e pouco lucrativo. Por isso, sugere-se a revisão do programa de criação do gado para um aproveitamento melhor de nossas pastagens. Tratam-se as condições pastoris do extremo Sul ao extremo Norte do Brasil.

Diverge em diversos pontos da agrostologia oficial, uma vez que pretende fornecer a base para uma pecuária mais barata, mais sadia e mais lucrativa.

Boa parte do livro é uma revisão das pesquisas feitas no Brasil nos últimos anos, não trazendo matéria nova. Mas o enfoque, talvez, não seja usual, embora defendido por inúmeros pecuaristas dedicados.

Propõe-se a resolver os problemas da seca ou do frio por recursos mais adequados para nossas condições climáticas e de certo modo desapontará os que propagam como solução única a ensilagem e fenação. Também destina pouco espaço ao plantio de monoculturas de forrageiras exóticas que são tratadas exaustivamente em volumosos manuais. Certamente podem ser um recurso, mas dificilmente constituem a solução.

Dá-se ênfase à recuperação e manutenção do equilíbrio entre fertilidade e produtividade do solo, às espécies vegetais e ao efeito animal sobre a vegetação, especialmente pelo pisoteio, a maneira da colheita e sua frequência. Uma pastagem entregue ao gado sempre decairá, não importa se é nativa ou cultivada. Quem dirige o pastejo deve ser o dono em vez do gado. O método do pastejo rotativo racional, também chamado "sistema Voisin", é tratado para as diferentes regiões do Brasil, diferindo muito, não somente no manejo, mas igualmente no resultado das diversas técnicas. O problema focalizado não é somente como produzir mais carne, mas também como tornar a produção mais econômica e mais lucrativa, sem comprometer a longo prazo a produtividade das pastagens. A pecuária não deve ser um *hobby* caro com cuja problemática o governo deve arcar, mas uma atividade econômica que contribua para a prosperidade do pecuarista e o progresso do Brasil.

QUE É PASTAGEM

Geralmente o pecuarista pergunta: se tenho campo bom, necessito de pastagem? Quase todos fazem a diferenciação entre campo nativo, que não deixa de ser um lugar onde o gado pasta, e as forrageiras plantadas, que se chamam normalmente de "pastagem".

Por que somente gramíneas e leguminosas são forrageiras "pastáveis", se o gado não somente come, mas até necessita de ervas silvestres para manter sua saúde e seu apetite? Não é tudo pastagem que serve para o gado pastar, se nutrir, se desenvolver e produzir? Na estação da seca, quando as forrageiras plantadas secam, o gado se mantém das plantas nativas, e se for pastagem no cerrado, é solto no cerrado que, com suas 500 espécies herbáceas e arbustivas (Heringer, 1977), oferece plantas comestíveis e nutritivas. E nos pastos "sujos" o gado se mantém melhor que nos limpos, onde precariamente sobrevive, tomado por "bicho berne".

No Nordeste, quando a seca "bate", o gado é solto no algodão Mocó, nutrindo-se de suas folhas. Às vezes, recebe como suplemento folhas de babaçu e "palma forrageira", uma Opuntia. O gado come as vagens dos faveiros e charruteiros, os frutos dos cajueiros, as sementes de algarobeiras e outras mais. Portanto, quando se tratar de pastagem, refere-se a todas as possibilidades de pastejo, que fazem o gado viver, crescer, engordar e manter sua saúde e fertilidade. As portulacas são tão forrageiras como o capim-colonião, e o cipó-boiadeiro pode salvar o gado em pastagens de brachiária ou capim-colonião, durante períodos secos ou de estiagem prolongada.

No manejo ecológico de gado e pastos valem todas as medidas capazes de proporcionar forragem ao gado, de nutri-lo, de manter a produtividade dos recursos forrageiros e de conservar a fertilidade do solo. Não se pode sacrificar o pasto ao gado, atualmente em voga, nem o gado ao pasto. O critério do manejo é:

Animal	Solo-planta
peso ganho por hectare ou kg/ha de leite produzido (ou de lã)	produtividade das plantas
por centos de parições	variação na composição vegetal
por centos desmamados	variação no solo (físico e químico)
estado e vigor dos animais	umidade do solo
cuidados especiais necessários	quantidade de matéria orgânica no solo e de massa verde produzida
saúde dos animais.	erosão.

O trinômio solo-forragem-gado

Sabe-se, que em cada área pastada, não importando se se trata de pampa, campo limpo, campo sujo, cerrado, caatinga ou pastagem plantada, existe uma relação estreita entre o solo, o gado e a vegetação usada para nutrir os animais. Nem todos os solos são capazes de nutrir animais novos ou vacas leiteiras, e a divisão entre criador e invernador tem sua razão, não somente do ponto de vista de distância para o centro de consumo. Existem pastagens em que as novilhas não ficam de maneira alguma arrebentando as cercas para poder sair. E se são forçadas a permanecer ali, tornam-se superirritáveis e não se desenvolvem. Mas para a engorda dão resultados excelentes. Existem regiões onde o gado de raça pura, por exemplo, o Nelore, dificilmente se mantém nas pastagens nativas, obrigando os pecuaristas ao uso de regiões mais ricas, para a manutenção das matrizes e a cruza, como na "Serra da Lua", em Roraima, para produzir mestiços para o "lavra-do". Existem regiões com solos tão pobres e ácidos que não podem ser cogitados para a cria, e existem forragens ótimas para a engorda, mas fracas para a cria.

É evidente que nem todo o solo serve para qualquer idade e tipo de gado e se o clima já é um fator de restrição, como se verá mais adiante, o solo o é também. Voisin disse: "O gado é o retrato vivo do solo" e um adágio brasileiro reza: "Pela boca é que se faz a raça".

As deficiências minerais são um dos problemas mais sérios nos solos, e são agravadas pelas monoculturas de forrageiras exóticas, pelo clima inadequado para as raças importadas e pelo uso espoliatório do solo, bem como por costumes arraigados, mas pouco racionais, de manejo de gado, como pôr o gado novo em qualquer pastagem e reservar as pastagens melhores para os bois de engorda.

Para o gado equino a importância do solo não é menor. E pastagens que podem manter as éguas prenhes em bom estado, por exemplo, as com predominância de sapé (*Imperata exaltata*), podem prejudicar seriamente a saúde dos potros, que nascem normalmente, porém com três meses mostram todos os sinais de uma deficiência profunda de cálcio e fósforo, morrendo facilmente de uma infecção, como de poliartrite. Neste caso, não adianta tratamento algum. É preciso pôr as éguas em pastagens diferentes. O gado ovino, especialmente, é sensível a solos úmidos e muito pobres em cobre.

A influência do gado sobre o solo

O gado influi sobre o solo diretamente pelo pisoteio, que é muito mais prejudicial em épocas úmidas e durante a estação de seca. Mas influi também indiretamente, através do pastejo seletivo, desnudando manchas de chão onde se assenta a erosão, e pelo pastejo frequente que diminui o tamanho das raízes e contribui para o adensamento do solo. Finalmente, age pelo modo de coleta das plantas. O pastejo bovino é o menos prejudicial e o ovino o mais prejudicial, por pegar as plantas no colo da raiz, desnudando facilmente o solo. Também o pisoteio do ovino não é muito mais leve que o do bovino.

Tabela 1 – Pressão do pisoteio

Espécie animal	Pressão, em kg/cm^2
bovino de 400 kg	3,5
ovino de 60 kg	2,1
trator de esteira	0,21 a 0,56
caminhão	5,97
homem	0,35 a 1,12

A compactação depende da umidade do solo, da cobertura vegetal existente (plantas com raízes profundas sofrem menos) e da vegetação viva ou morta. Na época das chuvas o pisoteio é tão prejudicial que, em épocas muito chuvosas, a compactação pode atingir até 11 cm de profundidade. Mas como o gado de cria e o gado leiteiro exportam nutrientes, o solo empobrece, e com ele a vegetação, o que dá margem a uma decadência química e consequentemente física do solo.

Tabela 2 – Perdas em nutrientes devido à extração animal, equivalente em kg/ha de adubo (Bello, 1970)

	Sulfato de Amônia	Superfosfato	Carbonato de Cálcio	Sais de Potássio (30%)
LEITE à razão de 5.500 kg/ha/ano	179,0	67,0	33,0	23,0
GADO DE CRIA 1,2 UA/ha	61,9	40,0	2,9	21,1
GADO DE ENGORDA	Sem importância			
OVINOS (5/ha) criados e engordados	49,0	21,0	21,0	10,0
LÃ (27 kg/ha)	39,1	–	20,8	–

Verifica-se que o gado de corte, ou seja, somente de engorda, empobrece o solo muito menos do que o de cria, de leite ou de lã. E comparando a pastagem com a agricultura pode-se dizer que uma colheita de trigo não remove mais nutrientes do que uma de capim.

O solo suporta a vegetação segundo as suas condições químicas, biológicas e físicas. A vegetação forma e mantém o gado segundo suas riquezas minerais, seu teor em proteínas, carboidratos, fibras, vitaminas e outras substâncias, mas todos devem ser digeríveis, no mínimo, em sua maior parte.

A influência do gado sobre a vegetação

O gado modifica a vegetação pelo pisoteio, pelo pastejo preferencial ou rejeição de plantas, pelo modo de colher as plantas, pela frequência com que as procura e por suas excreções.

Geralmente predominam as plantas que melhor suportam o pisoteio e as tosas frequentes, e desaparecem as que necessitam de maior tempo para sua recuperação. Assim, nos Estados sulinos aparecem gramas estoloníferas e desaparecem os capins entoiceirados pelo pastejo intenso. Pode-se reconhecer o uso de uma pastagem pela vegetação existente. Assim, quando a grama-forquilha (*Paspalum notatum*) cede seu lugar ao capim-colchão ou pasto-negro (*Paspalum plicatulum*) é sinal de lotação muito fraca ou ausência de pastejo.

Nos Estados tropicais, onde predominam em grande área o capim-gordura (*Melinis minutiflora*) e o capim-jaraguá (*Hyparrhenia rufa*), ou onde se planta capim-colonião ou brachiaria, as pastagens com carga animal fraca tornam-se muito ralas e mais altas. A densidade da vegetação depende do pastejo. O aparecimento de "gramão", batatais ou grama-mato-grosso, variações da grama-forquilha, ou de grama-seda ou grama-de-burro (*Cynodon dactylon*) não é sinal de um pastejo intenso, mas da decadência do solo pastoril, que pode ainda ser aproveitado até 40 a 60 cm de profundidade, enquanto as forrageiras plantadas não conseguem romper os adensamentos. O aparecimento de determinadas invasoras, normalmente destruídas pelo pisoteio do gado, igualmente é sinal de carga animal baixa. Por um uso permanente, intenso ou fraco, a pastagem se deteriora. A decadência da pastagem ocorre da seguinte maneira:

1) o gado pasta sempre as mesmas plantas. Inicialmente, por serem mais palatáveis, depois por somente estas terem rebrota nova. Com isso, enfraquecem as raízes profundas, permanecendo somente as superficiais;

2) instalam-se plantas com raízes superficiais, que fazem concorrência às forrageiras;

3) instalam-se plantas com raízes profundas, porém evitadas pelo gado, podendo proliferar livremente. Estas plantas, muitas vezes, são de porte arbustivo;

4) desaparecem as forrageiras finas e palatáveis por exaustão. O campo se torna grosseiro e "sujo";

5) procede-se à "limpeza" do campo pelo fogo. Aparece uma vegetação adaptada ao fogo, como capins entoiceirados, plantas lenhosas com casca suberosa ou plantas de ciclo vegetativo muito curto, tornando-se logo duras e inaproveitáveis, como barba-de-bode, capim-cabeludo, capim-flecha ou capim-caninha.

As plantas estoloníferas desaparecem quase que totalmente, e partes do solo permanecem desnudas, dando margem a outras invasoras, como assa-peixe (*Vernonia spp*), mio-mio (*Baccharis coridifolia*), jurubeba (*Solanum spp*), guanxuma (*Sida spp*), palmeiras como bacuri ou tucumã e outras.

O pasto tornou-se sujo, grosseiro e pouco nutritivo graças ao manejo inadequado! As invasoras arbustivas e até arbóreas, como as leiteiras *(Sapindaceas* e *Euphorbiaceas)*, instalam-se pelo pastejo fraco. Mas, um superpastoreio, desnudando partes do solo, igualmente dá lugar a invasoras, bem como pastagens muito carentes em nutrientes minerais.

Vale a regra: o solo nunca permanece nu, sem vegetação. Se a forrageira for incapaz de cobri-lo aparece a invasora, ocupando o lugar vazio. Invasoras sempre são ecótipos, ou seja, ecologicamente adaptadas.

O aparecimento de invasoras será tanto maior quanto mais inadequada for a forrageira cultivada para o solo e para a região. Também a maneira da formação do pasto pode ser a razão do surgimento de invasoras.

O capim-colonião, antigamente, foi plantado por mudas. Estas cresceram, sementaram e secaram. No início das águas queimaram-se a vegetação seca, colonião e invasoras. As sementes nasceram e formaram uma cobertura densa do solo.

Atualmente, o colonião é semeado. As plantas formam moitas que logo são aproveitadas para o pastejo. Quando o capim cresce em demasia "fecha" o chão; porém, quando pastado o solo fica descoberto em até 80%. E, então, nascem as invasoras, de crescimento mais rápido que o capim. Portanto, o gado forma o pasto! De nada adianta plantar pastagens e entregá-las novamente ao gado para "formá-las". O gado tem de ser dirigido pelo homem, que deve fazer prevalecer seus critérios.

A inter-relação solo-vegetação

Geralmente se supõe que em solo pobre, segundo a análise química de rotina, somente crescerão plantas pobres. É correto que, por exemplo, em solo pobre em cálcio aparecerão, especialmente, plantas com teor reduzido neste elemento, como rabo-de-burro (*Andropogon spp*), diversos cabelos-de-porco (*Carex spp*) e similares.

Porém, aparecem igualmente plantas que possuem o poder de mobilizar cálcio de formas não trocáveis e não disponíveis, como, em solo ácido, o tanchagem (*Plantago spp*) que possui 1.500 microgramas de cálcio por mililitro de seiva, quando a aveia, possui somente um teor de 50 microgramas. Também os tremoços têm a capacidade de se enriquecer com cálcio em solos pobres deste elemento. Outras leguminosas podem mobilizar fósforo e fixar nitrogênio. Na soja, também, existem variedades, como a "Majos", que não reagem a uma calagem, mas que possuem mais cálcio nas suas folhas do que, por exemplo, a variedade Santa Rosa, que necessita de calagem. De modo que a capacidade das plantas em mobilizar e absorver nutrientes não depende somente do solo, mas igualmente do potencial da planta.

Tabela 3 – Porcentagem de macro (Haag, 1967) e micronutrientes (Gallo, 1974) na matéria seca de forrageiras

Forrageira	N %	P %	K %	Ca %	Mg %	S %	Mn *	Cu *	Mo *	Zn *	Co *	B *
Colonião	1,71	0,20	3,33	0,29	0,24	0,09	90	7,3	0,83	20,7	0,06	15
Pangola	1,13	0,22	1,60	0,29	0,14	0,15	197	6,1	0,17	30,4	0,10	15
Gordura	1,58	0,29	2,13	0,30	0,31	0,12	123	5,8	0,17	42,0	0,07	16
Jaraguá	1,24	0,20	1,65	0,87	0,23	0,10	273	2,8	0,11	26,5	0,04	18
Batatais	–	–	–	–	–	–	116	7,0	0,63	19,7	0,12	14
Setaria	–	–	–	–	–	–	272	5,3	0,28	27,5	0,06	18
Napier	1,17	0,24	3,10	0,24	0,09	0,09	–	–	–	–	–	–
Elefante	–	–	–	–	–	–	179	10,2	0,53	40,1	0,10	25

*miligramas por kg de matéria seca.

Embora os ensaios para macro e micronutrientes tenham sido feitos em solos diferentes, mostram que nem todas as forrageiras extraem idênticos nutrientes do solo. E enquanto o capim-colonião é mais rico em potássio, o pangola o é em enxofre, o gordura em fósforo e o jaraguá em cálcio. Nos micronutrientes o colonião possui um teor maior em molibdênio, o gordura em zinco, o jaraguá em manganês e a batatais em cobalto. Isso sugere que o gado que recebe somente uma forrageira em sua dieta é mais malnutrido que um que pode pastar em uma mistura de forrageiras. Alega-se que o gado sempre prefere uma forrageira, deixando as outras de lado. Isso acontece porque o gado come primeiro a mais palatável. Mas nesse ínterim as outras se tornaram mais fibrosas, de modo que o gado espera a rebrota da forrageira comida, por ser mais tenra. Porém, quando se plantam forrageiras diferentes nos diversos piquetes, após uns 5 ou 6 dias todo o gado tenta passar pela cerca para comer a forragem diferente. E quando sabe que é manejado em rodízio (rotacionado), espera na porteira para poder passar.

Porém, como mostra Gavillon (1969), mesmo em pastagens nativas com grande diversidade de espécies existem variações muito grandes, de acordo com a riqueza do solo em nutrientes. As deficiências minerais do solo e da pastagem transmitem-se ao gado e fazem com que se deva pensar em um uso do solo conforme sua riqueza mineral. Mas sabe-se hoje que a absorção de nutrientes pelas plantas diminui radicalmente em solos periodicamente queimados e, especialmente, o fósforo e o cálcio entram no déficit.

DEFICIÊNCIAS MINERAIS

Deficiência de cálcio e fósforo

A deficiência de cálcio muitas vezes passa despercebida, sendo os animais jovens somente mais fracos e com menor crescimento. Porém, a deficiência existe de maneira pronunciada em pastagens suculentas de inverno, no Rio Grande do Sul, e nas regiões de solos muito ácidos, como em Santa Catarina, onde se criam raças europeias, bem como nas regiões secas do sertão nordestino e nos "lavrados" da Amazônia setentrional, não importando se as terras são pobres ou ricas em cálcio. No Território de Fernando de Noronha existem as terras mais ricas do mundo em cálcio, mas que apresentam uma vegetação com deficiência aguda desse mineral. O gado, inclusive o caprino, sofre de hipocalcemia aguda, sendo acometido por convulsões tetanicas, o mesmo acontecendo com o gado leiteiro do Rio Grande do Sul. A pastagem de azevém e a aveia forrageira são altamente descalcificantes. Aconselha-se, neste último caso, retirar o gado após 2 a 3 horas de pastejo do azevém ou aveia e pô-lo em pastagens nativas mais fibrosas. Em ambos os casos, uma injeção de gluconato de cálcio cura, quase que milagrosamente, o ataque tetânico. No caso das forrageiras hibernais do Sul é a ação descalcificante destas plantas. No caso das regiões secas do Nordeste e Norte é a absorção deficiente de cálcio de solos, cuja permeabilidade superficial é seriamente comprometida. A água da chuva, que ainda alcança até 1.300 mm por ano, não penetra mais, mas escorre, e o cálcio não é dissolvido, não podendo ser absorvido pelas plantas. Portanto, a forragem é muito pobre deste nutriente, mesmo em solos riquíssimos em cálcio. Verifica-se que a nutrição do gado com cálcio e fósforo depende:

1) da quantidade dos nutrientes no solo;
2) da capacidade da forrageira em mobilizá-los, mesmo em solos pobres;
3) da quantidade suficiente de água no solo para dissolvê-los para que possam ser absorvidos pelas plantas;
4) das necessidades do gado, segundo sua idade.

Isso sugere forrageiras adaptadas aos solos, incluindo-se leguminosas que conseguem mobilizar mais cálcio e fósforo que as gramíneas; um manejo adequado dos solos para manter a superfície permeável e possibilitar a infiltração da água da chuva e a escolha de gado segundo a riqueza da vegetação nestes elementos. Gado novo e gado leiteiro são mais exigentes que gado de engorda! Por outro lado, mostra que mesmo uma adubação e correção do solo pouco adianta, se a superfície das pastagens se torna dura e impermeável, graças ao uso rotineiro de fogo.

Diferença entre deficiência de cálcio e fósforo (Ca e P)

A deficiência de cálcio, no Sul, é conhecida como "mal-de--guampa", uma vez que os chifres dos animais ficam soltos. Geralmente ocorre associada à deficiência de fósforo, nutriente que se torna pouco aproveitável em solos frequentemente queimados. A deficiência é conhecida como "mal-da-paleta", uma vez que o gado parece ter dificuldades de locomoção, especialmente pela rigidez na região do ombro.

Deficiência de fósforo	Deficiência de cálcio
frequente em animais de pastagem	frequente somente em pastagens de inverno e em regiões com seca prolongada
fratura óssea rara	fratura óssea frequente
reprodução afetada, cio menos regular	reprodução normal apetite normal, animais muitas vezes gordos
apetite fraco ou depravado (pica)	
articulações rígidas, locomoção com dificuldade	locomoção normal
pelo sem brilho	pelo geralmente normal
"mal-da-paleta"	"mal-de-guampa"
frequente em forragem fibrosa e velha no inverno no Sul ou na estação de seca.	frequente em forragem suculenta no inverno, e em forragem fibrosa em regiões com solos muito adensados.

A deficiência de fósforo e cálcio é especialmente grave em animais em desenvolvimento, ou seja, em novilhos e terneiros. Estes nunca conseguem se desenvolver normalmente, dando origem a um gado fraco, de pouca produção, tanto em carne quanto em leite. Também o desenvolvimento de potros é gravemente afetado quando as éguas pastam em piquetes com forragem deficiente destes elementos. Mastites frequentes podem ser sinal de falta de fósforo, mas, também, de ordenhadeira estragada. A relação cálcio/fósforo na forragem deve ser de 1:1 ou 2:1. Pela suplementação com farinha de ossos autoclavada se evita estas deficiências. Gado leiteiro deve receber, ainda, carbonato de cálcio, por perder muito cálcio pelo leite. O fósforo aumenta a produção de leite (vacas que poucas semanas após a cria perdem sua produção conservam-na quando tratadas com fósforo); aumenta a fertilidade do rebanho de 45 a 50% para 75 a 84%; aumenta a produção de carne e diminui a mortalidade dos bezerros. Porém, para garantir um desenvolvimento rápido dos animais novos, a suplementação com farinha de ossos no cocho não é suficiente, uma vez que o fósforo é indispensável para a formação de aminoácidos essenciais pelas plantas. Portanto, é preciso adubar o pasto ou introduzir leguminosas bem aceitas pelo gado, evitar queimadas, que impedem a mobilidade do fósforo, e, em casos de deficiência aguda, mudar os animais prenhes e a crias para outros pastos mais ricos neste elemento.

O gado deficiente em fósforo come terra, roupa, pedras, madeira e ossos.

Deficiência de cobalto (Co)

É comum em várias regiões do Brasil, especialmente na região amazônica, onde o gado mestiço requer o dobro de cobalto do que nas outras regiões brasileiras, ou seja, 80 g de cloreto de cobalto para 100 kg de sal. Como o cobalto é indispensável para a formação de vitamina B12 no rúmem, sua deficiência afeta gravemente o animal. Animais novos mostram-se tristes, com pelo arrepiado, diarreia, lacrimejamento e queda dos pelos da cauda. É conhecida como "tristeza", "chorona", "peste de secar", "pela-rabo" e "toca". "Toca", porque o gado melhora quando tocado para outro pasto.

Muitas vezes os animais roem cascas de árvores. Na maioria das regiões brasileiras, 40 gramas de cloreto de cobalto para 100 kg de sal comum são suficientes.

Deficiência de iodo (I)

O "papo", como é chamada esta deficiência, por causa da hipertrofia da tireoide, é comum em bezerros de vacas que pastaram em forragem pobre deste elemento, como, por exemplo, na região de Tupanciretã (RS). Frequentemente a cria nasce fraca, podendo até morrer. Porém, após alguns dias, a deficiência desaparece.

Deficiência de cobre (Cu)

Esta deficiência não aparece somente em pastos pobres de cobre, mas sempre ocorre quando existe um desequilíbrio com o molibdênio. Quer dizer, em solos ricos em molibdênio o cobre pode ser deficiente para o gado, sem que exista sua deficiência real no solo. Há uma inter-relação íntima entre ferro: cobre: cobalto, com uma proporção de 500:10:1. Se faltar o cobre, o ferro não é utilizado, sendo o animal anêmico. É mais frequente em ovinos do que em bovinos. Fraturas de ossos são frequentes e o pelo se descolora em ovelhas pretas. A lã perde sua elasticidade. No gado aparecem pelos brancos. Nos ovinos aparece uma ataxia neonatal do trem trazeiro, que mais tarde pode se transformar em paralisia, se os animais permanecerem nessa pastagem. Menos que 5 mg por kg de matéria seca são deficientes. Porém, a deficiência depende muito do nível em molibdênio, que faz cair o teor em cobre no fígado. Em forragem rica em enxofre a deficiência de cobre não ocorre, como em alfafa. No Nordeste brasileiro esta deficiência é frequente. Os animais sofrem quedas frequentes e podem morrer. Uma quantidade de 300 a 500 g de sulfato de cobre para 100 kg de sal resolvem a deficiência. Quando, porém, o nível de molibdênio é muito baixo, este deve ser igualmente adicionado, para evitar complicações renais.

Deficiência de molibdênio (Mo)

Está intimamente ligada ao teor em cobre e zinco na forragem e, geralmente, 0,01 a 0,05 mg por kg de matéria seca é o suficiente. Quando faltar, baixa o índice da digestão de celulose e os animais mal aproveitam forragem mais fibrosa. Portanto, é especialmente importante em regiões com estação de seca prolongada.

Deficiência de magnésio (Mg)

O magnésio existe em estreita inter-relação com o potássio e pode faltar após uma adubação da pastagem com este elemento. É conhecido como "tetania de pasto", por serem os animais acometidos por convulsões tetânicas. Especialmente os animais jovens são afetados. São de grande irritabilidade e vivem em *stress* constante, que não permite seu desenvolvimento normal. Geralmente, não ficam em pastos onde o nível de magnésio é muito baixo. Para animais de engorda estes pastos podem ser ótimos.

Deficiência de potássio (K)

É rara no Brasil, uma vez que 0,7% de K é o suficiente na matéria seca para manter o animal em boas condições. Se faltar, porém, os animais mostram primeiro um apetite depravado, comendo especialmente plantas tóxicas e tijolos e mais tarde podem morrer de inércia.

Deficiência de sódio e cloro (Na e Cl)

É comum em gado de pasto. Os animais ficam sem apetite, a pelagem não tem brilho, emagrecem e a produção de leite é baixa. Como o sódio se encontra em inter-relação estreita com o potássio, sua administração em forma de sal é importante. O gado sempre deve ter sal à vontade no cocho. A deficiência de cloro aparece, especialmente, em vacas após a parição. Os animais decaem muito, ficam magros e fracos e a fraqueza pode ser tão grande que morrem. Importante não é somente ter um cocho com sal na pastagem, importante é também que os animais possam alcançá-lo. Assim, em pastagens novas, na zona da mata amazônica, onde muitos troncos e galhos grossos não queimaram ainda, o gado "vazio" consegue pulá-las. O gado prenhe, nos últimos meses, já não o consegue mais. De modo que há morte de gado por falta de sal, com cochos cheios de sal nos pastos.

Quando a pastagem for suculenta, como azevém, aveia-forrageira, palma-forrageira, sorgo e outros, a necessidade de sal pelo gado aumenta. Animais jovens, em pastagens suculentas com deficiência de sal têm diarreia. Reconhece-se facilmente a deficiência de sódio, uma vez que o gado costuma comer a terra onde urinou.

Deficiência de enxofre (S)

É mais rara em animais de pastagem, mas pode ser provocada por uma adubação elevada de fósforo solúvel ou de uma calagem pesada. Ocorre especialmente durante a estação de seca. A falta de enxofre baixa a digestibilidade de celulose.

Os animais mostram salivação, incoordenação de movimentos, apatia, falta de apetite e pica. A pica ou apetite depravado é comum em quase todas as deficiências minerais, pois os animais procuram uma fonte de suprimento do mineral deficiente.

Deficiência de ferro (Fe)

Também denominada "anemia dos lactentes". Em animais de pasto é rara. Ocorre com mais facilidade em animais estabulados, especialmente em porcos, quando recebem somente leite e ração concentrada. Em pastagens muito ácidas, com níveis elevados de manganês, a deficiência pode ocorrer, especialmente em campos de arroz mal drenados, utilizados para o pastejo. Geralmente observa-se um hipertireoidismo, ou seja, um aumento do "papo" que ocorre igualmente na deficiência de iodo. O mais grave é que os animais têm a sua reprodução diminuída.

Deficiência de manganês (Mn)

Ocorre especialmente em pastagens plantadas, que foram precedidas de lavouras com correção do solo por calagem elevada. Tanto os touros como as fêmeas se tornam muito pouco produtivos, ocorrem abortos, nascem crias deformadas e o ciclo estral é retardado. Também, uma adubação forte com superfosfato, com o objetivo de provocar o aparecimento de leguminosas, pode causar esta deficiência. A farinha de ossos contém quase todos os elementos essenciais para o gado, porém é pobre em manganês.

Deficiência de zinco (Zn)

Pode ocorrer em períodos de seca muito prolongada, quando o gado não recebe suplementação verde. O pelo se torna áspero e ocorre rigidez nas juntas, que podem inchar. Narinas e boca ostentam uma mucosa inflamada, com hemorragias abaixo das mucosas (submucósica). Esta deficiência pode também ser induzida por uma calagem elevada, dada a cultura anterior à pastagem.

Vale a pena observar que em todas as regiões com estação de seca prolongada, onde o gado é obrigado a se nutrir de capim seco, a importância de uma mineralização aumenta, uma vez que justamente *o enxofre, o molibdênio e o zinco contribuem para uma melhor digestão das forrageiras fibrosas*. Também na primavera a mineralização é importante, quando o gado dispõe de muita forragem suculenta. Por outro lado mostra que o gado pode ser selecionado, para um melhor aproveitamento da forragem, ou seja, quando possui uma necessidade menor de minerais específicos, ou quando sua digestão é mais eficiente graças à adaptação das bactérias do rúmem. Os níveis necessários de minerais na forragem (matéria seca) são aproximadamente os seguintes:

Tabela 4 – Teor mineral necessário na matéria seca da forragem (partes por milhão)

	Ca	P	Na-Cl	Co	Mg	K	S	Cu	Fe	Mo	Mn	Zn
Animais adultos	0,25	0,23	0,3 - 0,7	0,05 -0,1	0,15	0,8	0,1	5	40	0,01 -0,05	20	30
Animais jovens	0,60	0,40	0,3-0,7	0,1	0,30	0,8	0,1	5	40	0,05	20	40

Como os níveis de fósforo e cálcio em gramíneas (capim e grama) raramente alcançam os níveis exigidos para animais novos e vacas leiteiras, a manutenção de suficiente quantidade de leguminosas na pastagem é importante, uma vez que estas conseguem retirar mais cálcio e fósforo do solo que os capins. Também as ervas, combatidas por ocuparem lugar que poderia ser ocupado pelo capim, muitas vezes podem fornecer minerais que as forrageiras gramíneas e leguminosas não conseguem fornecer.

A riqueza ou pobreza do solo em minerais nutritivos tem de ser vista pela vegetação pastoril, aqui instalada. A importância do solo para a escolha da atividade pecuária se torna evidente quando se considera a riqueza mineral exigida pelo gado. Mas ao mesmo tempo mostra a importância da pastagem mista, da ocorrência de ervas, ou, no mínimo, da diversificação das forrageiras nos diversos piquetes, plantado cada um com outra forrageira.

Assim como as plantas possuem eficiência diferente em mobilizar e absorver os nutrientes, também possuem eficiência diferente na produção de aminoácidos, vitaminas e outras substâncias como as aromáticas que contribuem para o aumento do apetite do gado. Sabemos que o gado não consegue sintetizar todos os aminoácidos existentes. Aqueles que não podem ser formados têm de ser ingeridos através dos alimentos. Chamam-se, portanto, de aminoácidos essenciais, por ser sua presença essencial na forragem.

Os aminoácidos essenciais são:

Histidina	Metionina
Isoleucina	Treonina
Leucina	Triptofano
Lisina	Valina

Em plantas malnutridas, geralmente formam-se aminoácidos mais simples, como glutamina e asparagina, que o gado também pode formar. Uma análise bromatológica pouco ajuda, porque indica as proteínas brutas, sem distinção dos aminoácidos em especial. Quando faltar somente um essencial ao gado, este sofre retardamento no seu desenvolvimento. Mas, para que os aminoácidos se possam formar, o solo deve possuir um nível adequado de fósforo, ou no mínimo devem existir plantas capazes de mobilizar o fósforo indispensável. Neste caso, o fósforo no cocho de nada adianta, uma vez que as plantas devem formar os aminoácidos. E uma forrageira boa em solo inadequado provavelmente será bem mais pobre em aminoácidos essenciais do que a flora nativa, adaptada às condições.

A inter-relação vegetação-gado

"O pasto faz o gado e o gado faz o pasto".

Isso significa que não adianta escolher uma raça e pô-la numa pastagem inadequada. O gado tem de ser selecionado para a pastagem, ou seja, para a forragem que o solo pode fornecer. E o gado tem de ser manejado, para que não destrua a vegetação pastoril. O dono, não o gado, deve tomar conta da pastagem. Entre nós, o gado não é criado para o pasto. Portanto, o pasto tem de ser preparado para o gado e para simplificar procura-se "a forrageira" que possa dar tudo que o gado necessita. Como nossos solos, muitas vezes, são incapazes de produzir as forrageiras exóticas que pretendemos implantar, eles têm de ser preparados, ou seja, corrigidos por uma calagem e adubação. Muitos fazem ensaios com micronutrientes e constatam que existem regiões onde as forrageiras, atualmente em uso, as necessitam. Como cada forrageira possui exigências e hábitos diferentes, é mais simples plantar somente uma do que uma mistura, ou variar as espécies segundo os piquetes.

Importam-se as forrageiras especialmente da África. Não somente por serem plantas em grande parte tropicais e subtropicais, mas também porque o gado africano é de porte muito grande. Conclui-se que as forrageiras deveriam dar animais grandes também entre nós. Porém, a África sempre foi o continente dos animais gigantescos, como elefantes, rinocerontes, girafas e outros, enquanto o maior animal brasileiro é a anta. Portanto, o que nos falta não é uma forrageira diferente, mas um solo igual ao africano, que possa fornecer também forragem capaz de nutrir animais maiores, e, provavelmente, um clima diferente, que beneficie estas forrageiras e os animais gigantescos.

Nossa bovinocultura está estacionária e durante dezenas de anos o rebanho praticamente não aumentou.

O que está errado é o sistema empregado na pecuária: importa-se a raça, cria-se a pastagem para a raça com forrageiras importadas, uma vez que o gado não se dá com nossas pastagens, e como o solo não pode dar as forrageiras exóticas prepara-se o solo por calagem e adubação. E como a pastagem ainda assim não é muito vigorosa, deixando aparecer muitas invasoras, protege-se a pastagem com herbicidas. Como é atacada por insetos e fungos, a forragicultura virou praticamente agricultura. Existe, porém, uma pequena diferença: na agricultura vende-se o produto para o consumo humano. Na pecuária é preciso converter ainda as substâncias vegetais, ou seja, as proteínas e carboidratos vegetais para proteína animal. E esta conversão é um processo de luxo. O animal necessita proteínas para sua manutenção e necessita proteínas para sua produção. O animal novo necessita de 830 g de proteínas vegetais para produzir 1 quilo de carne. Mas como a digestibilidade é somente de 40 a 60%, gasta 1,160 a 1,330 kg de proteínas vegetais por cada quilo. E como necessita igualmente proteínas para seu sustento gasta-se no mínimo 1,5 a 1,6 kg de proteínas vegetais para um animal. Mas desperdiçando forragem durante o pastejo pode-se contar com o dobro, ou seja, 3 a 4 quilos de proteínas vegetais por cada quilo de proteína animal. Portanto, a produção da proteína vegetal deve ficar bem mais barata do que na agricultura, para poder fornecer um produto com preço acessível. A tecnologia agrícola não pode ser usada para pastagens e, quando é usada, o custo da carne fica tão alto que não existe preço que a pague.

Vegetação e gado devem ser sincronizados, ou seja, o gado deve ser adaptado à forragem existente.

A Grã-Bretanha, do mesmo tamanho que o Estado de São Paulo, possui aproximadamente 30 raças de gado, entre corte e leite, pacientemente criadas. Isto acontece não porque cada pecuarista inglês queira ser dono de uma raça particular, mas simplesmente porque se criam as raças de acordo com as pastagens que cada região possui. Daí o desespero dos pecuaristas ingleses quando, em campanha antiaftosa, o governo britânico mandou erradicar rebanhos inteiros. Forneceu número idêntico de animais de raça aos pecuaristas; mas podia ser a raça melhor do mundo, não era adaptada às particularidades dos solos e pastos da região, o que infalivelmente iria baixar a produção e aumentar o custo.

Cada região possui as pastagens que seus solos são capazes de dar e para cada tipo de pastagem cria-se uma raça; para cada propriedade selecionam-se, desta raça, os animais que melhor se derem com as condições específicas.

A ninguém ocorre a ideia de "criar" pastagens para o gado, como é costume entre nós. E o plantio de pastagens, tanto na Europa quanto nos EUA, anda ao redor de 6%. O resto são pastagens nativas ou espontâneas, manejadas, zeladas, adubadas se for o caso, e cuidadosamente observadas.

Ninguém tenta adaptar os solos às forrageiras, por ser um procedimento muito caro, que não permite uma pecuária em moldes econômicos. Quando Voisin fala de uma mistura ótima de forrageiras, ou seja, azevém *(Lolium multiflorum)*, trevo-branco *(Trifolium repens)* e cornichão *(Lotus corniculatus)*, ele se refere aos solos da Normandia (França), ao clima temperado e em especial às condições de sua pequena propriedade. Nunca lhe teria ocorrido a ideia estranha de exportar esta mistura para o mundo inteiro e muito menos para países de clima tropical. Ele era ecologista e não especialista, era eclético, repudiava o procedimento fatorial e sintomático, por ser antiecológico, caro e, em geral, totalmente prejudicial.

E se alguém tenta plantar alguma forrageira e não consegue que esta vingue, é porque é totalmente antiecológica em sua região, não iria beneficiar o gado porque dificilmente iria produzir todas as substâncias que o gado necessitará para seu desenvolvimento e provavelmente iria desaparecer logo em seguida.

Numa fazenda com todas as pastagens plantadas com pangola, brachiaria e capim-colonião encontrou-se um piquete de 20 alqueires (aproximadamente 50 ha) com uma mistura de forrageiras nativas e cultivadas, nascidas de sementes distribuídas por passarinhos. Por que um piquete com forrageiras nativas e introduzidas, numa mistura de no mínimo 15 espécies? A resposta foi surpreendente: "para recuperar os lotes de novilhas que ficaram muito ruins nas pastagens boas!" E em muitas fazendas os piquetes de "enfermaria" e "maternidade" são de pastagem nativa bem cuidada e ocasionalmente adubada com estrume de curral, enquanto o restante é plantado com capim-colonião, ou qualquer outra forrageira em moda.

Existem muitas estatísticas que mostram que o ganho de peso em pastagens plantadas é superior às nativas. Em Minas Gerais fez-se uma experiência muito interessante. Melhorou-se o campo nativo pela implantação, em sulcos, de leguminosas, como soja-perene (*cv Tinaroo*), siratro (*Macroptilium atropurpureum*) e algum capim-colonião, com uma adubação de 480 kg/ha de termofosfato. A vegetação nativa era grama batatais, capim-gordura e algum capim-colonião.

Tabela 5 – Taxa de lotação e ganho de peso vivo por animal/ha pelo melhoramento de pastagem nativa (Minas Gerais) (Souza, 1977)

Tipo de pastagem	Período	UA/ha	Ganho peso animal (kg)	Ganho kg/ha	Ganho total kg/ha
Melhorada	Seca	0,60	16,80	25,52	
	Chuvas	1,31	133,47	299,53	325,05
Nativa	Seca	0,50	-7,16	-9,83	
	Chuvas	0,90	99,99	186,45	176,62

A diferença é impressionante. E o que foi feito foi simplesmente adubação fosfatada, com introdução, basicamente, de leguminosas. Não é somente a maior massa verde, é igualmente o maior teor proteico, especialmente na estação da seca, que, porém, somente com manejo do pastejo se conservará. Mas não depende só da quantidade de forragem, depende igualmente de sua idade.

Tabela 6 – Composição bromatológica parcial e coeficientes médios de digestibilidade aparente em aveia forrageira (Vilela *et al.*, 1975)

Idade da forragem	M. S. %	P. B % M. S.	E. B. Kcal/kg M. S.	P. B. coef. digest. apar.
60 dias	8,8	16,4	3.848	65,2
rebrota (60 dias)	13,4	11,9	3.820	53,3
90 dias	13,0	11,8	3.841	63,1
120 dias	14,4	9,3	3.801	59,4
Feno	83,3	8,7	3.791	58,4
Silagem	41,7	7,9	3.633	50,7

Obs: M. S. = matéria seca; P. B. = proteína bruta; E. B. = energia bruta.

Verifica-se que o coeficiente de digestibilidade baixou com a idade da forrageira, bem como o teor em proteína bruta, de modo que a primeira brotação possui 43,3% mais proteínas que a segunda brotação com 120 dias e somente 90% da digestibilidade da primeira, de modo que seu efetivo em proteínas brutas perfaz somente a metade da primeira brotação.

Figs. 1 e 2 – Em ambas as figuras se vê capim-colonião em floração

(1) o capim ficou na altura do joelho por ser o solo deficiente em matéria orgânica e fósforo.
(2) o capim de idade idêntica formou folhagem abundante.

Quando a forragem for alta, não significa que o gado seja sempre bem-nutrido. Depende absolutamente da espécie, sua capacidade de regeneração, o que se expressa geralmente pela "idade fisiológica". A idade fisiológica indica o estágio de desenvolvimento, ou seja, sua fase vegetativa ou reprodutiva. Uma planta malnutrida pode florescer muito mais cedo que uma planta bem-nutrida, permanecer muito menor e fornecer menos forragem de valor nutritivo inferior, após o mesmo lapso de tempo em que a planta bem-nutrida fornece uma forragem farta, tenra e nutritiva. Portanto, a contagem em dias ou semanas não diz respeito à condição nutritiva verdadeira da planta. Geralmente o valor nutritivo maior ocorre quando a planta inicia seu emborrachamento (no capim) ou a formação de botões nas outras plantas, uma vez que nesse estágio possui menos água e mais energia (carboidrato) com um bom nível de proteínas.

Tabela 7 – Relação de proteínas na forragem segundo a idade (%) (Kellner, em: Primavesi, 1969)

Forrageira	Planta nova	Início da formação de botões	Plena floração
trevo-branco	4,8	3,3	2,7
capim-bermuda	2,0	–	1,9
cola-de-zorro	2,1	1,3	1,1
cevadilha	3,9	2,8	1,2
cornichão	2,7	–	1,5
grama-comprida	2,2	1,8	1,3
capim-branco	3,8	–	1,8
dátilo	3,2	2,3	1,5
capim-sudão	2,4	1,4	1,4

Verificamos que quanto mais velha a planta tanto menos proteínas ela contém e tanto menos aumentará o gado de corte. Para gado de leite o "ponto" de pastejo é no início da floração, quando o teor em carboidratos já é maior. Porém, depende da capacidade do animal de digerir fibras. E para esta capacidade ele tem de ser selecionado. Não é uma raça nova, mas uma adaptação às condições locais.

O valor nutritivo de uma forrageira depende:

1) do solo, sua riqueza mineral e da adaptação da planta ao solo;
2) da idade fisiológica da planta;
3) da espécie e do cultivar e de seu potencial genético;
4) da capacidade do animal de digeri-la e metabolizar as substâncias tanto proteicas como fibrosas;
5) do clima e da "temperatura-conforto" para o animal.

Relaciona-se primeiro o solo. Ele tem de possibilitar o desenvolvimento total do potencial genético da planta. Mas a nutrição da planta não depende somente da riqueza do solo, mas igualmente da capacidade da planta em mobilizar nutrientes. De modo que cada planta é própria a uma determinada condição do solo. É um ecótipo. Nestas condições seu valor biológico é elevado, ou seja, ela consegue formar todas as substâncias até seu estágio final para as quais é condicionada geneticamente. Se o solo não é próprio, a formação destas substâncias pode ficar a meio caminho. Assim, por exemplo, não forma proteínas mas somente aminoácidos não essenciais.

Em segundo lugar depende da idade com que a planta for pastada. Quanto mais velha a planta, tanto menos nutritiva, por se tornar sempre mais fibrosa. Como mostra a tabela 7, a planta nova possui maior teor em proteínas e, portanto, é mais favorável ao gado de corte. A planta em floração possui mais amidos, sendo mais favorável ao gado leiteiro. Mas existem forrageiras das quais o gado ruminante digere melhor a fibra que o extrato não nitro-genado, como os amidos. A digestibilidade varia mais dentro de uma forrageira do que entre as espécies, de acordo com a idade e a composição no momento em que é pastada (Schneider & Lucas, 1951). Assim, por exemplo, uma forrageira madura pode induzir a deficiência de fósforo, enquanto em estado novo é ótimo alimento. Atualmente é moda fornecer "feno em pé", que é forragem seca em pé. Seu valor nutritivo não é maior do que o da palha. O capim seco em pé perdeu quase todo seu valor nutritivo, não somente em relação às proteínas, mas igualmente às enzimas, vitaminas, carboidratos (que não fazem parte das fibras) e parte dos minerais. É unicamente um enchimento para o gado poder utilizar os con-centrados. Mas também pode ser utilizado para a engorda ou como "alimento de emergência" em períodos secos, junto com ureia ou biureto e algum sal para evitar intoxicação pela ureia. Misturando melaço é mais nutritivo. Por si, não é alimento suficiente, melhor oferecer sal proteinado. Feno é capim cortado na floração e secado o mais rápido possível para interromper todos os processos enzimáticos e impedir a decomposição das proteínas e amidos.

A qualidade da forragem também depende da espécie, mas, como já foi mencionado, desde que ela possa desenvolver-se segundo seu potencial genético.

Antigamente indicava-se o valor nutritivo de uma forrageira em proteína bruta (PB), extratos etéreos, substâncias não azotadas (amidos), fibra bruta (FB) e resíduo mineral. Mais tarde indicou-se o valor amido (VA). Mas como tudo isso não expressava ainda o valor real da forrageira para o animal, passou-se a indicar os nutrientes digeríveis totais (NDT), proteínas digeríveis (PD), energia digerível (ED), energia metabolizável (EM) etc., e mesmo assim a concordância com a produção não é ainda como deveria ser, por existirem forrageiras onde a parte fibrosa tem muito boa digestibilidade, havendo outras ricas em proteína bruta, porém pessimamente aproveitadas pelo gado (Bello, 1970) como no caso de colmo de cana picado junto com ureia e sulfato de amônio comparado com as folhas (de pior digestibilidade).

A capacidade de digerir e metabolizar a forragem consumida talvez seja o mais importante. É a capacidade do gado de usar a forragem da melhor maneira possível. Isso depende:

1) da adaptação do gado à forragem (pastagem);
2) do efeito do clima local sobre o gado.

É o problema da adaptação do gado ao pasto!

Não é raro um zootecnista ponderar: se criamos o gado para o pasto, e o pasto segundo o solo, teremos uma raça pobre em solos pobres.

Quase parece lógico. Mas não o é. A forrageira pode fazer muito mais do solo do que ele aparenta segundo a análise química de rotina. Uma mistura de forrageiras pode ser mais nutritiva em solo pobre que a monocultura de uma forrageira em solo muito melhor. O gado acostumado a pastar esta forragem pode desenvolver a capacidade de digerir bem a celulose de fibras e formar disso aminoácidos, devido à flora bacteriana que criou em seu rúmen. De modo que um solo pobre não necessita sustentar somente gado pobre. Mas se colocamos uma raça fina, importada, em solo pobre, aí o desastre é inevitável sem adubação, calagem e melhoramento de pastagem.

Na antiga Guiana Inglesa, na fronteira com o Brasil, na região em frente de Lethem, criou-se um gado pelo cruzamento do zebu Brahman com o gado inglês Hereford (1/8 a 1/16 do sangue) e que foi selecionado para viver de capim seco durante os seis meses de seca, sendo o único verde a rebrota do capim, manejado em rotação espaçada, e folhas de arbustos e cipós da beira da mata.

O tratamento que receberam era um vermífugo no início da seca para não precisar carregar "hóspedes". No fim da seca, quando o gado estava nas piores condições, selecionaram-se os animais em melhor estado para servir de matrizes. Os magros foram postos à engorda e abatidos. Conseguiu-se desta maneira um gado que com 3 anos pesava 15 a 17 arrobas (450 a 500 kg de peso vivo).

No lado brasileiro a seleção foi negativa durante séculos, devido a um pensamento imediatista. No fim da seca abateram-se os animais em melhores condições e procriaram-se os que não valia a pena abater. Assim conseguiu-se uma raça de pé duro, que em 8 anos fornece 6 arrobas (180 kg de peso vivo). E as pastagens são as mesmas que na Guiana! Quando o pé-duro, para melhorar a raça, é cruzado com Nelore, necessita de pastagens plantadas com colonião (*Panicum maximum*), capim-guatemala (*Tripsacum fasciculatum*), capim-sempre-verde (*Panicum maximum cv gongylodes*) ou capim-elefante (*Pennisetum purpureum*). Os animais não são adaptados à pastagem e ao clima do lavrado.

A seleção sempre se faz pela matriz. O melhoramento se faz pelo reprodutor!

O reprodutor ou o sêmen podem ser trazidos de fora, *as matrizes sempre devem estar adaptadas às condições locais!*

Para ser econômico, solo-gado-pasto têm de constituir uma unidade, e para manter os três nas melhores condições possíveis tem de manejar-se o gado e o pasto de tal maneira que o solo se conserve produtivo, o pasto abundante, nutritivo e palatável e o gado tenha um desenvolvimento rápido, com saúde e fertilidade, livre de parasitas. Qualquer sistema que sacrifique um dos três fatores está errado.

Se o solo decair, tornando-se ácido, pobre, com água estagnada no subsolo e com erosão o manejo está errado. Se a pastagem tornar-se grosseira e inçada, o manejo está errado. E se o gado se desenvolver vagarosamente, permanecer magro e cheio de ecto e endoparasitas, com cio muito irregular ou, como o caboclo diz: "demora para correr", o manejo está errado.

O clima e o aproveitamento da forragem

O efeito do clima tropical não reside só no fato de o gado necessitar mais água. Ele tem influência profunda sobre o aproveitamento da forragem.

Temperaturas críticas e conforto térmico de gado (Bianca, 1973, em: Nascimento, 1975):

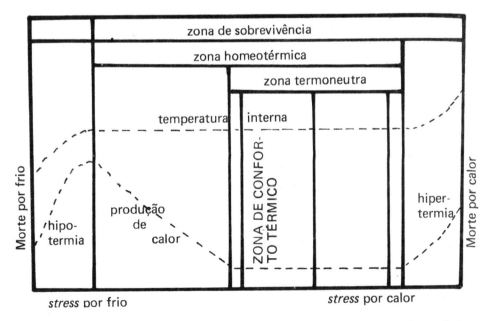

Fig. 3 – No gado europeu, como nosso leiteiro, o conforto térmico está entre -1 °C a +16 °C. O "stress" por calor ocorre a partir de +27 °C.

Verifica-se na figura 3 que a "zona de conforto" para o gado é relativamente pequena. Para as raças europeias está entre -1 °C e 16 °C, com uma umidade relativa do ar entre 50 e 80%, e para o gado indiano, nosso zebu, é de 10 a 27 °C, com uma umidade relativa do ar próxima da saturação. Os mecanismos termorreguladores começam a falhar no gado europeu a partir de 27 °C e no gado zebuíno a partir de 35 °C. Por isso o gado faz um mínimo de movimentos para não produzir mais calor, reduzindo as caminhadas, a ingestão de alimento e a metabolização. Consequentemente, ocorre um declínio na produção e do peso, por não aproveitar bem a forragem. No gado europeu a tolerância ao calor é melhor quando as noites refrescam e pode ser muito pequena quando o calor é contínuo.

A cor da pele dos animais influi no calor sentido, como mostra Rhoad (1975), por causa de reflexão ou absorção da radiação solar.

Tabela 8 – Taxa de reflexão da radiação solar de algumas raças bovinas

Raça	Reflexão em %
Brahman (branca)	93
Mestiço Angus x Brahman	89
Jersey	86
Santa Gertrudis (vermelha)	82
Hereford	73
Aberdeen-Angus (preta)	56

Na Fig. 4 mostra-se que as raças europeias possuem mais fatores de produção de calor e a indiana, mais fatores de dissipação de calor, conforme o clima a que são próprias.

Constatou-se que um touro preto, na zona tropical, pode absorver tanto calor que pode levar à ebulição 166 kg de água a 0 °C (Riemerschmid, 1943). E todo este calor tem de ser dissipado! Como mostra a Fig. 4, o gado holandês, por exemplo, possui mais fatores de produção de calor do que de dissipação de calor, enquanto no Brahman é o inverso.

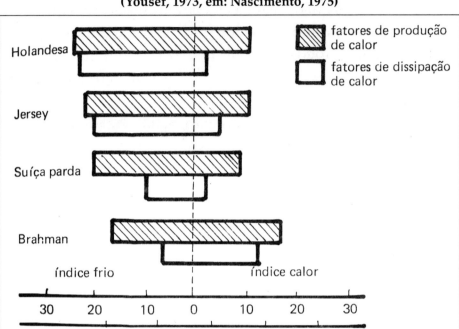

Fig. 4 – O gado europeu possui capacidade maior de produção de calor, enquanto o gado indiano possui capacidade maior de dissipação de calor.

Quando o gado europeu é mantido sob temperatura constante de 24 °C e, diminui seu consumo em matéria seca por unidade corporal, ou seja, o gado come menos, diminui o quociente de digestibilidade e a absorção de metabolitos pelo intestino, quer dizer, o gado aproveita menos a forragem ingerida. Portanto, enquanto é predisposto à alta produção de carne e leite em clima temperado, em clima tropical exibe um desempenho medíocre. Esta é a razão pela qual cada vez mais se preferem os mestiços como o Girolanda (Gir x Holandês) para leite; Pitangueira (Guzerá x Red Polled) para leite; Santa Gertrudis (Brahman x Shorthorn) para corte; Canchim (Indubrasil x Charolês) para corte.

Se o animal se sente "confortável" utiliza a energia para a produção de lã, leite e carne; quando sofre devido ao calor, usa a energia para a termorregulação, para manter a temperatura corporal em limites. Isso significa que o gado não somente come menos, e aproveita menos a forragem, mas, ao mesmo tempo, pode utilizar menos a energia produzida para a produção.

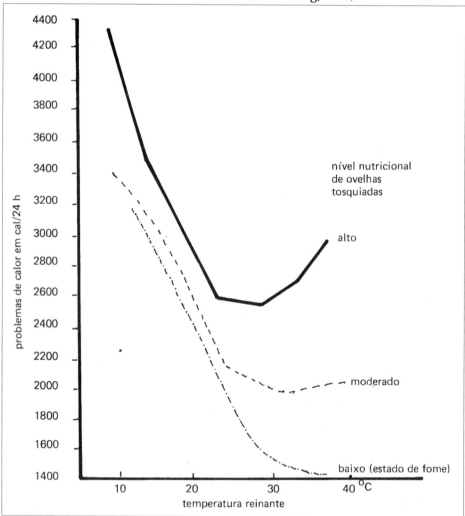

Fig. 5 – A partir de 30 °C as ovelhas bem-nutridas, tosquiadas, possuem muito problema de calor que as malnutridas. Por isso, em dias quentes, os animais diminuem a ingestão de alimento.

Os zebuínos, adaptados ao calor, possuem mecanismo diferente de manutenção de sua temperatura corporal. Possuem o dobro de glândulas sudoríparas por cm^2 de pele que as raças europeias e diminuem o metabolismo quando aumenta o calor, de modo que ficam dóceis, só para não se movimentar. As raças europeias, com menos possibilidade de suar, tentam eliminar o calor pelo aumento da frequência respiratória, vaporizando mais umidade para dissipar o calor. Isso dá resultado durante períodos curtos, mas prejudica seriamente o animal em períodos mais prolongados.

A partir de 30 °C o afrontamento térmico torna-se penoso para o animal europeu. Ele perde sua resistência e defesa naturais e os touros e vacas baixam a fertilidade devido ao *"stress* térmico".

Respiração a 26,6 °C (Nascimento, 1975)

Hereford	60 respir./minuto
Brahman	24 respir./minuto

a temperatura de 37,7 °C

Hereford	107 respir./minuto
Brahman	82 respir./minuto

O gado Gir suporta grandes variações de temperatura, pouco se importando com o calor.

Verifica-se que o aproveitamento da forragem pelo gado depende também de sua adaptação genética ao calor.

O melhor desempenho das raças europeias no Uruguai e na Argentina pode ser atribuído, em parte, ao clima, em parte, aos solos. E existem pecuaristas na Fronteira que criam em propriedades no Uruguai e somente engordam no Brasil. O gado criado no Uruguai é maior e mais forte, com ossatura melhor, de modo que os animais têm mais carne e menos gordura.

Pergunta-se: que tem a ossatura a ver com a gordura? Muito! Carne são músculos que, como a corda do arco, têm de ser esticados num suporte. Portanto a formação de carne depende da formação de um esqueleto forte, bem calcificado. Um animal novo, criado em pasto ruim, pobre em minerais, desenvolve um esqueleto fraco. E quando posto em pastagem boa para engordar, engorda mesmo. Forma gordura porque seus ossos não "suportam" a carne. Por isso nossa carne é dura, por provir de animais relativamente velhos e gordos por terem ossatura fraca. Mas a exportação exige carne tenra e magra! Culpam-se as pastagens nativas pela não produção desta carne exigida. E a pergunta constante é: campo ou pastagem?

O CAMPO NATIVO

Os campos nativos diferem muito em qualidade, sendo a maioria destruída por um uso predatório.

Distinguem-se:

campo limpo, e os pampas rio-grandenses,

campo sujo,

campo cerrado,

cerrado e caatinga,

lavrado.

São tidas como pastagens naturais as do Pantanal, da serra da Mantiqueira, em Minas Gerais, do vale do rio São Francisco, da ilha de Marajó e do lavrado de Roraima. Porém naturais no sentido de que nunca foram plantadas, mas nasceram espontaneamente. A maioria destas pastagens naturais era antigamente mata. A grande exceção são os pampas, que sempre tiveram vegetação herbácea.

Muitas pastagens se formaram em lavouras antigas, que, abandonadas, foram invadidas por gramas e capins, especialmente capim-gordura e grama batatais. Também existe um rodízio de lavouras e pastagens, especialmente no Rio Grande do Sul, onde os solos descansam e se recuperam sob regime de pastagem. Não somente os pampas, mas as pastagens nativas em geral do Rio Grande do Sul possuem uma flora bastante variada, com grande diversificação de capins, gramas e leguminosas.

Porém o uso permanente faz com que os "campos finos" da Fronteira sejam invadidos sempre em maior escala por mio-mio (*Baccharis coridifolia*), capim-caninha (*Andropogon incanus*) e chirca (*Eupatorium virgatum*).

As pastagens do cerrado são "nascidas do fogo". Possuem geralmente uma capacidade de lotação muito pequena, variando entre 1 animal para cada 4 a 5 ha e até 10 ha, conforme os capins e sua recuperação. É a intensidade da seca que regula a lotação! Com a supressão do fogo a vegetação muda completamente e, segundo Ferri (1977), o capim-gordura torna-se a forrageira predominante, enquanto os capins adaptados ao fogo desaparecem, como o capim-flecha (*Tristachia leiostachia* e *T. chrysothrix*). Mas com os anos sem fogo, as árvores tornam-se maiores e mais densas, o capim-gordura desaparece por não resistir ao sombreamento intenso.

Finalmente existem as pastagens nativas formadas por invasão de pastagens plantadas, destacando-se aqui especialmente a grama batatais ou gramão (*Paspalum notatum var.*) Por causa da decadência física e química do solo a forrageira plantada não teve condições de se manter, e plantas próprias às condições precárias do solo se estabeleceram. Invasoras sempre são ecótipos!

Praticamente em todo o Brasil, nos campos há uma natalidade entre 40 e 50%, um desfrute entre 11 e 12% e uma idade de abate de 4 a 5 anos, existindo regiões onde é de 8 anos.

Culpa-se a vegetação nativa pelo desempenho precário do gado. Porém, as pastagens nativas não recebem manejo algum, sofrendo somente a seleção negativa do gado em pastejo permanente e o fogo para a "limpeza do campo".

Quando o campo é somente "invernada", quer dizer, destinado à engorda, a vegetação descansa durante a seca. Quando é para gado de cria, não existe descanso.

Hoje sabe-se que pelo pastejo permanente e seleção negativa do gado, exterminando as forrageiras mais precoces, mais palatáveis e mais tenras, instala-se uma vegetação formada predominantemente pelas plantas rejeitadas pelo gado. A pastagem se torna grosseira. Mas, sabe-se igualmente que o regime do pastejo altera o comportamento das forrageiras. Tornam-se de porte menor, com sistema radicular mais superficial, maior capacidade de rebrota, mas menor produção de sementes e menor precocidade na primavera (Peterson, 1970). Desta maneira a vegetação é duas vezes modificada quando entregue ao gado para pastejo permanente. E se o pastejo é moderado na primavera, o valor nutritivo será também moderado no verão, por existirem muitas plantas fibrosas e velhas. Portanto, uma lotação baixa não melhora a forragem.

Nas pastagens nativas do cerrado observa-se um fato interessante. Durante as águas o gado pasta na vegetação gramínea, na seca recorre à vegetação herbácea e arbustiva, encontrando aqui seu sustento, como mostra a tabela 9.

Tabela 9 – Composição botânica (%) de pastagem (P) e da dieta (D) de uma pastagem natural de cerrado em pastejo com 0,5 animais/ha (Medina, 1976; Simão Neto, 1976)

Planta	fevereiro		abril		junho		agosto		outubro		dezembro	
	P	D	P	D	P	D	P	D	P	D	P	D
gr. batatais	25,5	76.5	10,3	40,5	5,3	45,4	3,4	23,7	8,3	74,8	23,3	80,3
c. gordura	36,8	14,0	55,4	34,1	42,6	33,3	34,1	28,5	31,8	17,1	41,3	11,9
c. jaraguá	0,1	1,8	2,8	18,8	1,0	7,1	1,9	1,7	0,1	8,3	2,1	1,4
leguminosas	5,3	3,7	1,8	1,2	3,8	0,8	1,6	0,6	0,1	0,3	4,2	2,3
ervas e arbustos	32,3	4,0	29,9	5,4	47,3	13,4	59,6	45,5	59,8	5,5	29,1	4,1

Verifica-se que os animais sempre preferiram a grama batatais, independente de sua quantidade no pasto. Nos meses de maior seca, ou seja, no fim da seca, que são agosto e setembro, recorreram à vegetação não gramínea, com quase metade de sua dieta. A pouca procura destas plantas durante o restante do ano não quer dizer que o gado delas não precise. São um tipo de "aperitivo", sem o qual o gado come menos.

O problema da maioria das pastagens nativas é que o animal não tem muita forragem durante a estação adversa, seja esta de frio no Sul ou de seca no Brasil tropical.

Ensaios feitos com capim-gordura, capim-jaraguá e o pasto-negro, comparados com brachiaria, mostram a superioridade da brachiaria tanto em carga animal quanto no desempenho animal durante a seca.

Tabela 10 – Aumento de peso de novilhos que pastaram três gramíneas tropicais durante a estação de chuva em Carimaga (Colômbia)

Tratamento	Aumento de peso/animal		Aumento de peso/ha em quilogramas
	g/dia	kg/176 dias	
capim-gordura (*Melinis minutiflora*)			
0,7 novilho/ha	325	57	41
1,0 novilho/ha	269	47	49
1,4 novilhos/ha	148	26	35
capim-jaraguá (*Hyparrhenia rufa*)			
0,7 novilho/ha	194	34	29
1,0 novilho/ha	166	29	32
1,4 novilhos/ha	139	24	39
pasto-negro (*Paspalum plicatulum*)			
0,7 novilho/ha	369	65	47
1,0 novilho/ha	248	44	45
1,4 novilhos/ha	293	42	70

Esta tabela mostra que o capim-gordura sofreu pela lotação maior, dando um rendimento menor por hectare, enquanto o capim-jaraguá e o pasto-negro, com recuperação mais rápida, aumentaram o rendimento por hectare com o aumento de carga animal, tendo o pasto-negro a maior capacidade de suporte.

Tabela 11 – Aumento de peso de novilhos que pastaram em *Brachiaria decumbens* em Carimaga (Colômbia). Fonte: CIAT, 1976

Carga animal/ha 2º ano de pastejo	Estação de seca		Estação de chuvas		aumento (kg) ha/ano
	g/dia	kg/rês	g/dia	kg/rês	
0,9 novilhas	254	44	322	57	95
1,3 novilhas	258	45	289	51	130
1,7 novilhas	199	34	182	32	118

Nesta experiência na Colômbia, durante as chuvas a brachiaria teve desempenho muito superior às forrageiras nativas, com quase o dobro de aumento de carne por hectare. Porém, não foi dito se todas as forrageiras receberam adubação idêntica. Por isso, uma experiência feita em Piracicaba, com adubação de gramíneas nativas e exóticas (colonião e pangola), mostra duas coisas surpreendentes: que o pangola, embora de porte baixo, produziu mais massa verde (medida em kg matéria seca/ha/dia) do que o capim-colonião, um capim de porte alto, e que mesmo o capim-jaraguá, quando adubado e periodicamente cortado, não é tão inferior ao colonião, embora com manejo inadequado seja tido como forrageira pouco produtiva. Porém, supõe-se que o corte mensal prejudica o capim-colonião, cujo maior crescimento ocorre mais tarde.

Tabela 12 – Taxas de crescimento (kg matéria seca/ha/dia) de acordo com os meses do ano (Média 5 anos) (Pedreira, 1972)

Mês	Colonião	Gordura	Jaraguá	Pangola-Taiwan
outubro	25,3	16,3	14,5	32.6
novembro	51,6	24,0	42,6	61,9
dezembro	62,5	20,0	55,2	65,4
janeiro	64,0	20,1	56,1	82,2
fevereiro	52,3	29,1	51,8	61,8
março	34,2	24,2	35,7	31,5
abril	16,5	18,2	18,8	15,0
maio	5,8	12,2	8,0	5,8
junho	3,4	7,6	5,4	4,9
julho	2,0	2,9	2,5	3,1
agosto	3,6	3,2	1,7	3,3
setembro	8,7	4,2	2,6	11,1
TOTAL	329,9	182,0	294,9	378,6

A adubação básica foi fósforo e potássio, conforme a análise do solo, e a adubação nitrogenada foi dada após cada corte no total de 300 kg/ha.

No outono-inverno o jaraguá sobressai, quando bem manejado.

Tabela 13 – Lotação para aproveitar esta forragem

	Colonião	Gordura	Jaraguá	Pangola-Taiwan
Primavera set. – out.	1,4	0,9	0,7	1,8
Verão nov. – fev.	4,8	1,9	4,3	5,6
Outono março – abril	2,1	1,7	2,3	1,9
Inverno maio – agosto	0,3	0,5	0,4	0,3

Verifica-se que o jaraguá, quando tosado, forneceu mais forragem no outono-inverno que as forrageiras melhores, importadas. E enquanto o colonião e o pangola cresciam mais na primavera-verão, as nativas eram melhores no inverno. Isto sugere piquetes com forrageiras diferentes, quando já não se conseguem piquetes com forrageiras consorciadas. As forrageiras nativas, quando consorciadas com leguminosas, provavelmente não são muito inferiores às plantadas, mas possuem a vantagem de ser mais baratas no seu manejo, por serem adaptadas às condições. E quando o solo piorar, sempre darão ainda pastagem, enquanto as cultivadas simplesmente somem.

Nos campos nativos há uma flora muito mais diversificada. Somente no Rio Grande do Sul encontraram-se mais de 800 espécies de gramíneas e aproximadamente 200 espécies de leguminosas. As mais frequentes são as dos gêneros *Paspalum, Panicum, Desmodium, Macroptilium, Phaseolus* e *Vicia*. Praticamente os mesmos gêneros encontram-se na Amazônia, porém, com espécies, às vezes, muito diferentes, por representarem ecótipos. (tabela 14)

Mas o gênero não diz ainda nada sobre as espécies, porque podem diferir muito em valor nutritivo e até quanto à utilidade. Para citar um exemplo bem conhecido: o gênero *Solanum* abriga tanto a batatinha e o tomate quanto as jurubebas, que são invasoras, o *Cestrum* e o mata-cavalo, que são plantas tóxicas, o fumo, a beladona e a berinjela e outras que perfazem ao todo quase 2.200 espécies.

Verifica-se o fato interessante de que a mesma forrageira, em lugares diferentes, não possui composição idêntica. Assim, por exemplo, a grama-forquilha *(Paspalum notatum)* não somente mostra variações estacionais, mas igualmente locais, como mostra a tabela 15.

Tabela 14 – Principais gêneros de gramíneas e número de espécies nativas nas pastagens de duas regiões do Brasil (Paim, 1977)

Região Amazônica		Rio Grande do Sul			
Gêneros	N. espécies conhecidas	Gêneros	N. espécies-relac.	Gêneros	N. espécies-relac.
Andropogon	23	Agrostis	4	Aristida	11
Axonopus	120	Andropogon	1	Axonopus	1
Digitária	12	Bothriochloa	8	Bromus	5
Echinochloa	6	Briza	8	Calamagrostis	4
Eragrostis	25	Cenchrus	2	Coelorachis	1
Eriochloa	5	Chloris	10	Echinachloa	4
Hymenachne	2	Digitária	7	Eleusine	2
Leersia	1	Elionurus	3	Erianthus	3
Luziola	2	Eragrostis	15	Eriochloa	2
Oryza	9	Erianthus	3	Festuca	2
Panicum	85	Panicum	48	Leersia	1
Paspalum	80	Pennisetum	1	Paspalum	43
Pennisetum	6	Piptochaetium	17	Setária	8
Setária	16	Stipa	11	Sorghastrum	5
Trachypogon	10	Trachypogon	1	SporoboluS	8

Tabela 15 – Alguns hábitos nutritivos da grama-forquilha (*Paspalum notatum Függe*) (Prestes, 1976)

Local	t/ha	em porcentagem			hábito vegetativo
		Glicídios-solúveis	Celulose	Proteína bruta	
Bagé	4,1	5,3	29,0	6,2	Floração – dezembro
	2,5	5,0	32,7	7,5	vegetat. – março
	2,6	4,4	29,8	5,0	crestam. – julho
	0,8	6,5	25,8	7,8	rebrota – setembro
Osório	3,1	6,7	30,4	4,9	Floração – dezembro
	1,7	7,2	32,1	6,1	vegetat. – março
	2,6	4,9	29,2	3,5	crestam. – julho
	1,4	5,3	28,5	4,2	rebrota – setembro
Lagoa Vermelha	2,6	6,9	30,9	6,9	Floração – dezembro
	3,9	4,5	33,7	5,8	vegetat. – março
	4,4	4,1	31,7	4,0	crestam. – julho
	1,1	5,7	24,7	7,6	rebrota – setembro
São Gabriel	2,9	9,4	30,9	6,7	Floração – dezembro
	2,6	5,1	31,7	5,7	vegetat. – março
	2,8	3,2	32,0	3,4	crestam. – julho
	0,9	5,6	27,6	5,8	rebrota – setembro

Observa-se que, em Osório, a grama era menos produtiva, com menor valor em proteínas brutas, mas com maior valor em glicídios. Enquanto em Lagoa Vermelha houve a maior produção por área, com alto teor em proteínas brutas, cabendo o maior a Bagé, sendo 30% maior que o de Osório. De modo que a variação na espécie é tão grande que é difícil recomendar uma em geral. Por isso, também o "gramão" é invasor em São Paulo, mas boa forrageira no Mato Grosso ou no Rio Grande do Sul.

Forrageiras nativas nas diversas regiões do Brasil

Existem muitas forrageiras nativas ou espontâneas no Brasil, anuais ou perenes. Em parte são encontradas em todo o território nacional, do extremo sul ao extremo norte, como o capim-seda (*Cynodon dactylon*), o milhã ou capim-colchão (*Digitaria sanguinalis*), o capim-papuã ou capim-marmelada (*Brachiaria plantaginea*), o pega-pega (*Desmodium incanus*) e outros. Mas a maioria está sendo confinada a determinadas condições ambientais e regiões mais restritas.

As diferenças podem ser muito grandes, de modo que até num Estado as regiões não podem ser comparadas e um fazendeiro de São Leopoldo (RS) que comprou uma fazenda em São Francisco de Paula, na serra, confessou: "Pensei ser um craque em manejo pastoril, mas lá em cima sinto-me perdido como na lua". Só no Rio Grande do Sul, a região da Fronteira é muito diferente da Depressão central ou da Serra. O mesmo ocorre no Paraná, onde a região de Londrina é completamente diferente dos "Campos Gerais"; no Mato Grosso, onde o Pantanal não se compara com o cerrado, ou no Nordeste, onde a região do Sertão em nada se assemelha à zona litorânea, e onde os mangues e nundus ainda constituem mundos diferentes.

As forrageiras nativas mais frequentes são:

Rio Grande do Sul: grama-forquilha (*Paspalum notatum*), capim-ramirez (*Paspalum guenoarum*), grama-comprida (*Paspalum dilatatum*), grama-missioneira *(Axonopus compressus)*, treme-treme *(Briza minor)*, cevadilha *(Bromus spp)*, capim-flechilha *(Stipa hyallina)*, pega-pega *(Desmodium incanus)*, trevo-carretilha *(Medicago hispida)*, ervilhacas *(Vicia spp)*, *Lathyrus* e muitas outras.

Santa Catarina: com seus solos em parte muito ácidos, possui especialmente diversas espécies de *Axonopus*, como grama-missioneira, gramão ou folha-larga *(A. obstusifolius)* e outras.

Paraná: possui muitas das forrageiras do Rio Grande do Sul, mas também capim-gordura *(Melinis minutiflora)*, que daqui em diante se encontra em todos os Estados, até Roraima. Existem diversos estilosantes *(Stylosanthes spp)*, capim-mimoso *(Andropogon tener)*, diversos desmódios como *Desmodium intortum* etc.

São Paulo: domina o capim-gordura ou catingueiro e o capim-jaraguá *(Hyparrhenia rufa)*, ao lado de rabo-de-raposa *(Setaria spp)*, diversos capins-toiceirinhos *(Sporobolus spp)*, grama-batatais *(Paspalum notatum)*, grande quantidade de desmódios *(D. adscendens, D. barbatum)*, maior variedade de estilosantes, capim-favorito ou natal *(Rhynchelytrum roseum)* e diversos *Cenchrus*, geralmente conhecidos como "amorosos". O batatais, embora ocupando grandes áreas, é tido como invasor, por ser de pouco desenvolvimento e piloso, sendo seu valor nutritivo muito baixo.

Minas Gerais: a exemplo de São Paulo, apresenta grande número de desmódios e estilosantes, mas possui igualmente uma diversificação muito grande de leguminosas, como *Centrosema*, *Calopogonium* e outras. Mas também aparecem outros capins, como o capim-murumbu *(Panicum maximum var.)*, o capim-coloninho, um colonião nativo e outros.

Mato Grosso: possui especialmente uma vegetação fina e famosa no pantanal, como o capim-pantaneira *(Paratheria prostata)*, capim-mimosinho *(Reimarochloa inflexa)*, a grama-mato-grosso *(Paspalum notatum cv)*, amendoim-de-campo-limpo *(Arachis diogo)*, zornias e outras que fizeram de Mato Grosso o Estado por excelência de criação de gado, enquanto São Paulo invernava.

Região Nordeste: a região litorânea baixa é rica em gramíneas e leguminosas. Na região agreste predominam *Chloris orthonotum* e o capim-mimoso *(Gymnopogon mollis* e *G. rupestris)*. Na Caatinga, capim-panasco *(Aristida setifolia)*, portulacas, e especialmente árvores forrageiras como canafístula-de-boi *(Pithecellobium multiflorum)*, juazeiro *(Zyziphus joazeiro)*, mandacaru *(Cereus jamacaru)*, faveira *(Parkia platycephala)*, mas também leguminosas como feijão-de-batata ou jacatupé *(Pachyrrhyzus bulbosus)*, orô *(Phaseolus panduratus)* e outras.

Região Norte: destaca-se principalmente por suas canaranas, os capins de solos alagados ou temporariamente inundados *(Echinochloa polystachia* e *E. pyramidalis)* e o quicuio-da-amazônia, que veio das Guianas *(Brachiaria humidicola)*, e vegeta em terra firme ao lado de pasto-preto *(Paspalum guenoarum)*.

Extremo Norte: é marcado pelas queimadas frequentes; predomina o capim-cabeludo *(Trachypogon spp)* na paisagem do fogo, ao lado de diversas leguminosas como anil-do-campo e mata-zombando *(Indigofera spp)*, enquanto nas baixadas abunda o capim-marreco *(Cynodon spp)*.

Ao todo devem existir mais de mil forrageiras diferentes no Brasil, fora os capins e leguminosas que o gado não aprecia e raramente come.

Em vista desta grande diversificação de forrageiras nas diferentes regiões do Brasil, surgem as perguntas:

1) por que todas estas forrageiras já existentes devem ser inferiores às importadas?;

2) por que o melhoramento de nossas forrageiras está sendo feito em outros países, como por exemplo o *Paspalum notatum*, que voltou dos EUA como Pensacola, ou o *Stylosanthes humilis*, que voltou da Austrália como *Townsville Lucerne*?;

3) será que todas as diferenças regionais podem ser ignoradas, recomendando-se para todo o Brasil algumas poucas forrageiras, atualmente com o peso em três brachiarias?;

4) por que somente gramíneas e leguminosas são consideradas forrageiras, enquanto o gado, na estação seca ou nas

regiões secas, encontra seu sustento nas plantas mais diversificadas?;

5) Será que capins como o capim-caninha *(Andropogon incanus)* ou a macega-mansa *(Erianthus angustifolia)*, combatidos por serem considerados inúteis, não podem nutrir o gado em épocas de escassez quando adequadamente manejados?

Sabe-se que cada planta nativa por si pode ser muito inferior às forrageiras introduzidas nas pastagens, mas em conjunto, quando adequadamente manejadas, superam as das monoculturas plantadas. (Vide Inter-relação vegetação-gado.) Deve-se ponderar o seguinte: a forrageira plantada raramente encontra o ambiente inteiramente favorável a seu desenvolvimento. Portanto, pode produzir grande quantidade de forragem, talvez com um teor de proteína bruta elevado, mas mesmo assim pode ter um valor biológico baixo, por não poder desenvolver todo o seu potencial genético. As plantas nativas, "ecótipos" mesmo mais pobres que a forrageira plantada, podem ter valor biológico superior, por possuírem muitas substâncias que a forrageira introduzida não possui, mas que são importantes ou até essenciais para o gado novo.

O volume da pastagem ainda não garante sua qualidade, embora pastagens mais produtivas muitas vezes possuam valor biológico superior a pastagens de desenvolvimento fraco. Aqui a deficiência de um ou outro nutriente impede uma qualidade melhor.

A enorme diversificação de plantas nativas sugere a grande variedade de ecossistemas existentes no Brasil. Cada região possui seu ambiente particular, como mostra a tabela 12. Essa é a razão da invasão de capineiras e pastagens plantadas por plantas nativas, ou seja, ecótipos, contra as quais é difícil concorrer. As "invasoras" são plantas que melhor se adaptaram às condições locais e que se identificam com o lugar.

A "invasora" se instala quando:

1) a forragem plantada torna-se rala devido ao pastejo;
2) o solo desnudo, em manchas, aparece devido ao superpastoreio;

3) há trilhas de gado e
4) há sulcos de erosão.

Em suma, as invasoras se instalam onde a terra está a descoberto e ninguém pode esperar que a terra permaneça descoberta em consideração às forrageiras plantadas!

As forrageiras de porte alto, como o colonião, ao guatemala, ao sempre-verde, o napier e outras impedem o aparecimento de invasoras enquanto altas, porque na sombra total são raras as plantas que conseguem crescer. Mas quando a forragem "baixar" pelo pastejo, elas surgem rapidamente.

O problema das invasoras é que o solo, geralmente, já foi exaurido e compactado pelo plantio, pelo pisoteio do gado e pela ação da chuva, de modo que as plantas que se instalam são robustas, mas de pouco crescimento e de baixo valor nutritivo. Assim o "gramão" é invasora temida em pastagens de colonião, mas também em brachiaria. Se as condições do solo fossem melhores a invasão seria por plantas melhores. Plantas nativas, misturadas com leguminosas e manejadas em rotação de pastejo, com adubação esporádica podem ter desempenho semelhante às forrageiras exóticas, com a vantagem de serem ecótipos e por isso de estabilidade muito maior, não desaparecendo do pasto facilmente.

Por exemplo: a forrageira nativa capim-caninha costuma "encanar" muito rapidamente após a brotação, de modo que o tempo de uso é muito reduzido. Porém, se esse capim receber alguma adubação fosfatada o encanamento é retardado. E quando manejado em rodízio impede-se o encanamento e o capim permanece um recurso valioso de forragem durante a seca do verão.

O capim nativo macega-mansa, fibroso e pouco palatável durante o verão, quando manejado em rodízio e recebendo de vez em quando (de 4 em 4 anos é o suficiente) uma adubação fosfatada, revela-se um recurso forrageiro valioso para os meses de frio no Rio Grande do Sul, permanecendo tenro e palatável.

O que falta na vegetação nativa é a pesquisa de seus hábitos e o desenvolvimento de técnicas adequadas para seu uso.

Assim outras forrageiras desprezadas são o capim-chorão (*Eragrostis curvula*) e o capim-anoni (*E. abessinica*). No verão não são muito melhores que uma macega. Mas no inverno, embora não tendo crescimento, não crestam pela geada, permanecendo verdes, sustentando o gado.

Quando consorciadas com uma leguminosa de inverno, como a *Vicia*, podem fornecer pastagem relativamente boa, sem maiores gastos, e com o gado aumentando de peso. No mínimo podem ser um grande suplemento para as pastagens de inverno como azevém ou aveia-forrageira, que, por serem suculentas demais, e serem descalcificantes, não deveriam ser usadas como alimento único.

O problema maior das pastagens nativas é o fogo, que se utiliza para sua limpeza, e muitas vezes para forçar a rebrota.

O fogo

O maior problema do campo nativo é a queimada.

Na primavera há um verdejar explosivo, com um excesso muito grande de forragem, uma vez que a carga animal corresponde à escassez de alimento durante a estação seca ou fria. E como o gado não come a vegetação velha, e às vezes já madura, enquanto ainda há rebrota muita forragem sobra, como sinal evidente da falta de manejo mais racional. Esta sobra de forragem elimina-se, de modo mais barato, pelo fogo. Mas com a queimada o solo perde parte de sua permeabilidade, perde a matéria orgânica que poderia ter retornado, perde parte de sua vegetação, especialmente da estolonífera, e "cria" uma vegetação adaptada ao fogo, como a barba-de-bode (*Aristida pallens*) ou o capim-cabeludo (*Trachypogon spp*).

No sul, o capim não pastado no outono perde seus nutrientes por lixiviação, graças às chuvas persistentes durante o inverno, e cresta, muitas vezes, já antes de uma geada, por causa de ataque bacteriano ou fúngico. Se fosse pastado iria rebrotar, ou no mínimo perder menos de seus nutrientes. Por outro lado, se gear o estrago será maior. É sistema pouco racional deixar a vegetação madura no campo, que seca muito antes da entrada do frio, simplesmente por ter terminado seu ciclo vegetativo, ter frutificado e sementado, entrando em repouso natural. Já no outono o gado não encontra mais forragem adequada. Não por causa da vegetação nativa, mas por falta de manejo do pastejo. Antes da primavera, quando o gado está no "último", queima-se o campo para forçar uma rebrota precoce. E como a barba-de-bode verdeja logo após o fogo, muitos até ficam satisfeitos por possuí-la, porque "salva o gado da morte". Mas o gado não precisaria ser reduzido a este estado, se o manejo do campo tivesse sido um pouco mais racional. Normalmente não existe manejo algum. Depois a barba-de-bode endurece e o campo fica inutilizado para o resto do ano. E quando se põe gado nesses campos, por ter alguma vegetação entre a macega, ele fica infestado de bicho-berne e carrapatos.

Conforme o fogo, este influi sobre o solo.

Costuma-se distinguir o "fogo controlado" e a simples queimada, que muitas vezes não passa de uma piromania.

O fogo controlado se usa somente para a limpeza da pastagem, quando o solo estiver úmido devido à chuva, mas o capim já estiver seco, e quando houver uma brisa, que faz o fogo "passar" rapidamente. É, pois, um fogo rápido, que nem sequer chega a chamuscar a palha no chão.

A queimada em solo seco e sem vento é muito mais prejudicial.

Tabela 16 – Efeito do fogo em pasto de jaraguá (*Hyparrhenia rufa Ness*) consorciado com uma mistura de leguminosas tropicais (Lourenço, 1976)

Profund. cm	M. O.%		pH%		Al e.mg%		Ca ppm		Mg ppm		K ppm		P ppm	
	A	D	A	D	A	D	A	D	A	D	A	D	A	D
0 – 5	3,5	2,7	5,20	5,44	0,72	0,48	1,04	1,08	0,50	0,56	81	93	2,0	3,2
5 – 10	3,4	2,7	5,02	5,38	0,82	0,58	0,82	0,96	0,40	0,44	86	84	2,0	2,0
10 – 15	3,2	3,2	4,96	5,35	0,90	0,58	0,84	1,00	0,36	0,45	81	84	1,8	1,7

A = antes do fogo D = 20 dias depois do fogo.

A temperatura maior verificou-se com 8 cm. Até 10 cm houve redução de matéria orgânica, o alumínio trocável diminuiu e o cálcio e potássio mostram uma tendência a subir. Porém, a análise do solo por si só não dá ainda uma informação exata sobre as consequências. E Serrão (1972) mostra que o pH e o cálcio sobem após alguns anos de queimadas, enquanto a matéria orgânica, o alumínio trocável, o potássio e o fósforo baixam após alguns anos, experiência que também foi feita por Primavesi (1971). Mas o melhoramento químico é acompanhado por uma decadência física e Popenoe (1951) mostra que é a perda de macroporos. Após 10 anos de queimada o campo apresentou somente 25% da produção de massa verde do que antes das queimadas (Serrão, 1972).

As vantagens momentâneas que o fogo apresenta são anuladas pelas desvantagens que acarreta com o tempo, e que, resumidamente; são:

1) empobrecimento do solo em matéria orgânica e fósforo;
2) diminuição da macroporosidade do solo, com isso ocorrendo menor penetração da água das chuvas, e consequentemente maior suscetibilidade à seca;
3) instalação de uma vegetação resistente ao fogo – campo grosseiro;
4) diminuição da massa verde produzida, até por 75%.

Se os campos nativos são grosseiros e pouco produtivos é graças à ação do homem e do gado! Primeiro o gado erra, selecionando somente o que é melhor, beneficiando as forrageiras de pior qualidade. Depois o homem erra, querendo "sanar" pelo fogo o erro do gado.

A adaptação da vegetação ao fogo ocasiona o aparecimento de dois tipos de gramíneas, todas entoiceiradas, para proteger seu ponto vegetativo contra o fogo. As primeiras são de ciclo vegetativo muito curto, tentando frutificar o mais cedo possível, como a barba-de-bode, o capim-caninha e outros. Os segundos endurecem logo, mas tentam prolongar seu ciclo vegetativo o máximo possível para impedir as queimadas frequentes, como o capim-flecha, que fornece forragem durante 3 semanas, mas que permanece verde durante 2 anos, não podendo ser queimado antes. O não retorno da matéria orgânica e o impacto da chuva sobre o solo desnudo contribuem para o adensamento do solo, de modo que suas condições se tornam cada vez mais desfavoráveis, e os cupinzeiros mais frequentes. Uma única queimada descontrolada já piora as condições do solo, como mostra Peterson (1970).

Tabela 17 – Efeito da queimada sobre a umidade do solo (Peterson, 1970)

Época de queimada	Umidade %	Água escorrida de 125 mm de chuva (mm)	Água escorrida %
sem queimar	83	19,6	15,7
tardio-primavera	46	70,0	56,0
meio-primavera	39	70,0	56,0
início-primavera	37	70,0	56,0
tardio-outono	39	70,0	56,0

Observa-se que mais da metade da água escorre, de modo que menos que a metade da água da chuva permanece à disposição das plantas. O efeito pior é da queimada cedo na primavera, quando se quer forçar a rebrota.

Campos queimados também ficam mais pobres em leguminosas, uma vez que as nativas suportam menos o fogo, como mostra a tabela 18.

Tabela 18 – Rebrota de leguminosas após o fogo (Lourenço, 1976)

Leguminosa (25 plantas)	60 dias após o fogo	120 dias após o fogo	Rebrota %
Centrosema	7	12	48
Soja-perene	15	22	88
Siratro	18	22	88
Estilosantes	0	2	8

Os desmódios também suportam mal a queimada.

Nos cerrados, o fogo descontrolado pode atingir áreas muito grandes, passando todas as divisas. Em Goiás, no mês de agosto, durante semanas o vôo de aviões pequenos é quase impossível por causa da fumaça densa.

Com o fogo pouco se ganha e muito se perde!

Existe somente um fator que justifica a queimada: a brotação da "sementeira". Quando a pastagem é implantada, as invasoras dominam facilmente, especialmente na região amazônica, mas também em São Paulo, Minas ou Goiás. Espera-se, pois, o capim sementar e na primavera queima-se toda a vegetação seca, capim e invasoras, para possibilitar o crescimento das sementes. A sementeira vem com força após a queimada controlada. Uma roçada iria abafar a brotação abaixo da palha seca.

Todas as outras justificações do fogo decorrem da falta de manejo.

O manejo tradicional do campo

Nas estâncias grandes o tamanho dos piquetes é de até 250 alqueires (600 ha) e o único manejo que se dá é soltar o gado em lotes segundo a idade e sua destinação, ou seja, cria ou engorda.

Se o gado é de cria, procede-se ao desmame após 6 a 8 meses, separando os bezerros. Retira-se o gado somente quando se pretende vendê-lo ou quando se pretende queimar. Depois, o gado espera a rebrota no meio da cinza.

Geralmente, o dono vive na cidade e o gado "cuida do dono" e "maneja" as pastagens nem sabendo o dono o que o gado faz. As plantas melhores desaparecem por serem comidas pelo gado, e as menos nutritivas e menos palatáveis permanecem, multiplicando-se livremente.

Em propriedades pequenas, onde pode haver superlotação muito grande, o gado rapa o campo, comendo de tudo, porém a rebrota é cada vez menos vigorosa, mais fraca e mais vagarosa.

Quanto menor o tempo do repouso tanto menos massa verde o campo produz e tanto menor será o teor em proteínas e unidades-amido.

Tabela 19 – Produção total de pasto e de elementos nutritivos durante o ano em função dos tempos de repouso (Zurn, 1953)

Tempo de repouso Número de rotações anuais	Curto 8	Médio 7	Longo 6
Pasto verde, kg/ha	17.885	26.610	36.640
Variação relativa	100	149	205
Proteína bruta, kg/ha	1.032	1.351	1.454
Variação relativa	100	131	141
Unidades-amido, kg/ha	1.975	3.060	4.420
Variação relativa	100	155	218

Neste pasto misto, com repouso maior e menos rotações, aumentou a produção de massa verde, e com ela as proteínas e os amidos, embora o teor em proteínas seja menor por unidade, isto é, por quilo de forragem. No total de forragem, por hectare, é maior.

Embora o tempo de repouso varie segundo a riqueza do solo e a espécie, precisando ser tanto maior quanto maior o porte da planta, e embora estas experiências tenham sido feitas na Europa, a "curva sigmoide" que resulta deste fato é válida para todos os climas em todos os continentes. Quer dizer, uma pastagem colhida, cada vez que rebrota, enfraquece muito e produz muito menos que uma pastagem em que as plantas possuam tempo para acumular reservas. Na fase final da curva sigmóide de desenvolvimento intenso das plantas geralmente inicia amarelecimento das folhas mais velhas.

O pastejo permanente contribui para a redução do rendimento da pastagem, não importando se com carga animal pesada ou leve, dadas as particularidades de seleção pelo gado.

Muitas vezes não existem aguadas suficientes, obrigando os animais a caminhadas longas para chegar a um riacho, tanque, açude ou cacimba. As raças de pernas curtas, que muitas vezes se usa por serem muito produtivas, são as que sofrem mais, por terem muita dificuldade em se "transportar" até a água. Finalmente resolvem permanecer perto da aguada, terminando com a vegetação, e provocando uma elevada poluição da água com vermes intestinais.

Geralmente não há sombra, se há é muito pouca, e os animais expostos ao sol tropical se movem menos para manter a temperatura de seu corpo dentro de limites suportáveis. Os zebuínos aproveitam a forragem melhor em épocas quentes (vide "clima e o aproveitamento da forragem"). Árvores de sombra protegem o gado tanto contra o sol do verão, quanto contra o frio do inverno nos Estados sulinos.

Os criadores mais tradicionais possuem ainda a filosofia do "boi gordo", pouco importando quantos anos ele ande pela pastagem. Só sai quando alcança 15 a 20 arrobas (500 a 600 kg de peso vivo); se isso leva

5 anos, permanece 5 anos no campo, embora animais com peso maior do que 400 kg gastem o dobro para formar 1 kg de carne. Por isso, os campos melhores são reservados aos bois de engorda. Isso condiciona outro costume tradicional: os animais novos recebem a pastagem pior. Assim, levam mais tempo até poderem ser postos a engordar e desenvolvem um esqueleto fraco, de modo que depois, no campo bom, só engordam e não formam mais carne. Se os terneiros recebessem o campo bom, se formariam em muito menos tempo e a carne não seria gorda.

Engorda *x* cria

Antigamente existiam criadores e invernadores. Os criadores estavam mais longe dos centros de consumo e os invernadores mais perto, porque boi gordo emagrece nas caminhadas longas. Havia até campos de recuperação, como perto de Sorocaba (SP), onde as tropas de gado do Rio Grande do Sul se refaziam.

O problema parecia ser exclusivamente de transporte. Quando se construíram ferrovias e rodovias e o transporte se tornou mais fácil, esta divisão, aparentemente, não tinha mais razão de ser.

Mas ocorre que, por exemplo, em São Paulo, as terras boas foram usadas para lavouras lucrativas, como as de café, algodão e cana-de--açúcar, e as terras piores foram destinadas às pastagens. Enquanto somente se invernava, tudo bem, e ganhou-se muito dinheiro. Com a introdução do capim-colonião todos os problemas pareciam estar resolvidos. Era o "capim-maravilha". Depois da venda do gado as pastagens descansaram. Não houve problema de seca, porque nessa época não havia gado e também as pastagens nativas, como a de capim-gordura, deram ótimos resultados. Mas quando os transportes melhoraram e os criadores se deram conta de que engordar era um bom negócio, não venderam mais suas novilhas. Por outro lado, os invernadores de São Paulo, ricos devido à engorda, queriam fazer nome. E isso só era possível com a cria de gado de *pedigree*. E de repente os campos sofreram um desgaste fora do comum, por terem lotação durante o ano todo, e o gado de cria, como o de leite, exporta muitos minerais. O repouso anterior não existia mais.

Em muitas terras o gado novo se desenvolvia mal, as vacas mostravam índices muito elevados de mastite e o invernador próspero se tornou um criador pobre. Por quê?

O animal novo necessita de muitos minerais, como fósforo, cálcio, magnésio, cobalto, cobre, molibdênio e outros para formar seus ossos, músculos, nervos e sangue. E o gado em lactação necessita minerais para a formação do leite e da gordura.

Em pastagens pobres em minerais, não se desenvolviam bem, ficavam fracos e a mortalidade era grande. As vacas demoraram a entrar no cio, ou seja, "correram" em intervalos muito grandes, não enxertaram fácil e os abortos começaram a ocorrer, mesmo sem a presença de brucelose. Era um prejuízo grande na engorda e maior ainda na produção de leite que, portanto, se tornou cada vez mais artificial.

Um invernador, que de qualquer maneira queria tornar-se criador de animais de raça, optou pela adubação maciça de seu campo com fósforo, cálcio e magnésio. Outro resolveu o problema de forma mais barata e mandou os animais de cria para outra fazenda com solos mais férteis. No Rio Grande do Sul foi proposto, pela Secretaria da Agricultura, um zoneamento (Gavillon, 1966) para criação e engorda, sendo a região da fronteira, em sua maior parte, adequada para a criação.

Para que a criação e a produção de leite sejam econômicas, deve-se proceder criteriosamente na escolha do solo. Também para gado de engorda não convém usar qualquer terreno. Aqui a topografia impõe limites.

A ESCOLHA DO SOLO PARA A ATIVIDADE PECUÁRIA

As exigências do gado de corte e de leite

A diferença não está somente no que diz respeito aos minerais. O gado de corte necessita especialmente proteínas para seu apronte e o gado leiteiro muitas vezes reduz a produção quando recebe somente suplemento proteico e existe a deficiência de amidos na ração.

Klitsch (1962) mostra as exigências diferentes do gado em proteínas e amidos.

Tabela 20 – Exigências diferentes do gado em proteínas e amidos

	Forragem de produção sustento diário para um animal de 400 kg	Forragem de produção		
		1 kg de carne		1 litro de leite Com 3,5 a 4,0% de gordura
		Animal até 400 kg	Animal até 500 kg	
Proteínas	330 g	830 g	1.260 g	55 g
Amidos	3.300 g	180 g	1.400 g	280 g
Fibras	4.300 g	-	-	-

Exemplo: um novilho posto à engorda aumentando 500 g por dia necessita de 990 g de proteínas digeríveis e de 3.390 g de amidos digeríveis, ou seja, uma relação de 1:3,4.

Uma vaca leiteira que produz 8 litros de leite diários necessita de 770 g de proteínas digeríveis e de 5.540 g de amidos digeríveis, ou seja, uma proporção de 1:7,2.

Resumindo: a proporção para o gado de corte, esta deve ser aproximadamente de 1:3 e para o gado leiteiro de 1:5 até 1:7. Isso significa que a forragem fornecida a animais de engorda deveria ser bem mais rica em proteínas do que a de gado leiteiro. Mesmo tratando-se de pastagem mista, com gramíneas e leguminosas, o "ponto" de pastar para o gado de corte seria antes do início da fase reprodutiva das forrageiras, enquanto o gado leiteiro deveria entrar no pasto quando as forrageiras estivessem em floração.

Calcula-se que uma vaca leiteira come ao redor de 2,3% de seu peso vivo de forragem, expresso em matéria seca. Com 590 kg de peso vivo necessitaria comer aproximadamente 13,5 kg de matéria seca, o que corresponde a 67 até 70 kg de pasto fresco. Supondo um NDT (Nutrientes Digeríveis Totais) de 67%, esta vaca pode produzir 9 quilos de leite com 4% de gordura. Quando o animal pesar somente 410 kg poderá produzir com a mesma forragem 11 kg de leite com 4% de gordura, por serem suas exigências de sustento menores. Porém, um animal deste porte nunca conseguiria comer 70 kg de forragem verde e, portanto, existe a necessidade de suplementação com ração concentrada.

A necessidade de energia aumenta para a vaca prenhe à medida que o feto cresce. Em raças pesadas aumentam o feto e fluidos 60 a 100% mais que em raças leves. Aconselha-se, nos últimos meses, quando a vaca estiver "seca", uma ração rica em energias.

Energias encontram-se especialmente em substâncias como amidos, açucarados e graxos.

Se a pastagem é muito boa dispensa-se a suplementação. Com uma dieta boa para a vaca prenhe durante os últimos dois meses, ganha-se um bezerro mais forte, de melhor desenvolvimento e uma produção de leite maior.

Existem raças, como a Charolesa, em que muitas vezes a vaca não está em condições de amamentar seu bezerro, necessitando de uma vaca-ama. Provavelmente este problema diminuirá com uma alimentação adequada da matriz antes da parição.

No gado de corte presume-se que coma 2,7 a 2,8% de seu peso vivo. Exemplo: um animal de 100 kg come 2,7 kg de matéria seca ou 13,5 kg de pasto fresco. Com 200 kg comerá 27,0 kg de pasto, com 300 kg, 40,5 kg e com 400 kg, 54,0 kg de forragem verde (segundo o *Nat. Res. Counc.*, EUA). Para obter a conversão de matéria seca em forragem verde, supõe-se que a matéria seca tenha aproximadamente 18% de água, de modo que o fator de multiplicação é aproximadamente 5, supondo na massa verde 85 a 90% de água. Porém a quantidade que o animal comeria se todas as condições fossem favoráveis, nem sempre é a quantidade de forragem que de fato come.

A energia gasta na colheita da pastagem

O zebu pasta mais horas e anda mais que o gado europeu.

Segundo Furlan (1973), o gado pastejando comporta-se da seguinte maneira:

Tabela 21 – Comportamento do gado durante o pastejo (Furlan, 1973)

	pasto bom	pasto ruim
pastando	4h	9h
número de bocadas	12.000	24.000
bocadas por minuto	50	80
quantidade de forragem pastada em kg	66	30
ruminando	9h	4h
número de regurgitamentos	360	360
número de idas para beber água	1 a 4	1 a 4
deitado (ruminando ou não)	12 h	9h
em pé ou vagando	8h	6h

O gado pasteja mais nas horas frescas do dia e, se o dia for muito quente, pasteja de noite. Quanto pior a pastagem tanto mais o gado levanta e deita, podendo isso se repetir até 8 vezes por dia. O gado zebu percorre no dia uma distância de aproximadamente 3.742 m e de noite 679 m. Em pastagens ruins esta distância pode até duplicar. Verifica-se que em pastagens ruins a energia gasta para colher o alimento duplica, enquanto a energia ganha diminui.

O gado cansa menos com pastagem mais baixa do que com pastagem muito alta, como é a de capim-napier, capim-colonião etc., quando não manejado em rodízio.

Quando a pastagem é alta o gado pode colher mais em uma bocada, mas pasta menos que em pastagem abundante e mais baixa. Um capim-colonião com 60 a 80 cm de altura nutre mais do que um de 1,5 a 2,0 metros de altura, não somente pelo fato de ser mais novo, mas também por ser mais facilmente colhido pelo gado.

Na estação das águas o gado prefere gramíneas, na estação da seca recorre a leguminosas e ervas.

Quanto menos o animal gastar da energia ingerida para colher seu alimento, tanto mais ele aumentará de peso e tanto melhor será a produção de leite. A vaca leiteira pasteja especialmente após as ordenhas.

Tudo que causa *stress* ao gado diminui a produção. Assim, a presença de cachorros, gritos e corridas pode prejudicar o desenvolvimento do gado durante 2 a 3 dias, e baixar o leite. Normalmente atribui-se ao zebu ser um gado nervoso, indócil e de manejo difícil. Porém, isso depende somente do trato. Gado acostumado a receber sal e ração torna-se manso, tanto faz se é zebu ou gado europeu.

Como já foi dito, o calor influi negativamente sobre o gado, especialmente o europeu, de modo que baixa seu consumo de forragem e a conversão em carne e leite. Portanto é importante cuidar que as pastagens sejam boas, que tenham árvores de sombra e aguadas a curta distância. Para épocas de escassez de forragem não se pode confiar que o gado encontre "alguma coisa". As pastagens devem ser preparadas para enfrentar estes períodos frios ou secos, conforme a região do Brasil.

Gado de cria e de leite

Para o gado de cria e de leite o solo tem de possuir um mínimo indispensável de minerais nutritivos em forma disponível e trocável. Normalmente o gado prenhe e "seco" não necessita de pastagem boa para ficar em condições boas. Porém, neste sistema compromete-se seriamente o bezerro por nascer e a produção de leite. O gado necessita de pastagens mais ou menos planas, com solos ricos em minerais, para a mineralização suficiente do feto. Os pastos não podem ter solos úmidos. Vale para o gado leiteiro como para o gado de cria em geral: quando os solos são pobres em minerais, especialmente em cálcio, fósforo e magnésio, o gado retira esses minerais de seu corpo, enfraquecendo sobremaneira. De modo que a produção de um animal destes não pode ser alta. Como poucos irão araçoar uma vaca "seca", a riqueza mineral do solo e da forragem é importante. A preferência que se dá aos pastos que produzem capim-gordura e capim-jaraguá atende ao fato de estarem entre os capins com teor maior em fósforo e cálcio.

Para ilustrar melhor a importância de pastagens ricas em minerais para gado de cria, segue uma relação dos minerais e sua função no animal.

Tabela 22 – Principais funções e concentrações dos elementos minerais essenciais no corpo dos animais (Church, 1977)

Elemento	Função principal	Local principal de concentração
Cálcio	formação e manutenção dos ossos, síntese de leite, casca de ovos, função neuromuscular, coagulação do sangue	ossos e dentes
Cloro	regulação da pressão osmótica e do pH	sangue, fluido extracelular
Sódio	(forma com o cloro o sal), idem ao cloro e função neural e estabilizador enzimático	ossos, RBC, fluidos extracelulares
Magnésio	função neuromuscular, ativador enzimático	ossos, fígado, rins, baço
Fósforo	formação e manutenção dos ossos, função metabólica, transferência de energia, formação das membranas celulares e dos ácidos nucleicos, fertilidade	ossos, fígado, RBC, rins, baço
Potássio	função neural, estabilizador enzimático	músculos e tecidos
Enxofre	aminoácidos	aminoácidos sulfurosos
Cobalto	componente da vitamina B12, ativador enzimático	fígado, rins
Cobre	metaloenzimas	fígado, pelo
Molibdênio	metaloenzimas	fígado, ossos, músculos e pele
Ferro	componente de hemoglobina e metaloenzimas	fígado, baço, medula óssea, RBC (glóbulos vermelhos)
Iodo	hormônio tireoidiano	glândula tireoide
Manganês	ativador enzimático	ossos, fígado, rins, pâncreas
Zinco	metaloenzima, ativador enzimático	ossos, próstata, fígado, rins e músculos
Selênio	antioxidante	rins, pâncreas e fígado

Verifica-se que os ossos, sangue, músculos e nervos necessitam de minerais para poder se formar. Por isso, um animal adulto, com esqueleto, nervos e a maior parte dos músculos e sangue formados, necessita muito menos minerais que um animal em formação. Portanto, *as terras mais ricas devem fornecer as pastagens para os animais novos.*

O mesmo autor dá a quantidade aproximada de minerais encontrados no leite, carcaça e plasma sanguíneo (tabela 23).

Tabela 23 – Minerais necessários à formação de leite,
sangue e carcaça (Church, 1977)

Minerais	Leite g/L	Plasma sanguíneo g/L	Carcaça kg/500 kg
cálcio	1,20	0,10	8,00
cloro	1,00	3,00	0,75
sódio	0,37	3,00	0,75
magnésio	0,12	0,03	0,25
fósforo	0,80	0,06	5,00
potássio	1,40	0,18	1,50
enxofre	não determinado	0,04	1,25

Com cada litro de leite o animal excreta quase 5 gramas de minerais, de modo que um animal com uma produção de 8 litros de leite diários perde 40 g de minerais e cada animal de corte, criado na fazenda, exporta 17,5 kg de minerais extraídos do solo através da vegetação, e acumulados, especialmente, durante a formação do corpo.

Uma vaca leiteira com 8 litros de leite diários deve repor:

cálcio 9,6 g   sódio 2,96 g

fósforo 6,4 g   cloro 8,00 g

magnésio 0,9 g   potássio 11,20 g

E estes minerais não podem ser tirados do corpo, mas da forragem. O animal necessita, pois, minerais para sua manutenção e minerais para sua produção, tanto de leite, quanto de lã e de sua cria.

Parte dos minerais pode ser fornecida pela ração, parte deve existir no solo, de onde a planta retira os nutrientes para formar suas substâncias. Especialmente o fósforo não pode ser fornecido somente no cocho, uma vez que os aminoácidos essenciais têm de ser formados pela planta. O animal não é capaz de formá-los.

Gado de corte

A escolha do terreno pastoril

1) Terras impróprias ao uso pastoril

Terrenos muito inclinados, com um declive de 30% ou mais, são impróprios, não somente por causa do pisoteio e da erosão, mas especialmente por causa do esforço que o gado tem de fazer, gastando energia que poderia ser usada para a produção. Sabemos que uma caminhada de 500 m em terreno declivado acima de 30% equivale, em gasto de energia, a uma caminhada de 3.000 m em terreno plano a levemente ondulado.

O animal supre primeiro sua necessidade de energia para seu sustento. Somente depois, se sobrar energia, esta é empregada na produção de carne, leite e lã. Quanto maior o esforço do animal para conseguir seu alimento e sua água, tanto menor será a produção (Capelli, 1969). Terrenos íngremes têm de ser reflorestados! Teve-se a ideia de usar cabras nos terrenos declivados, mas as experiências em outros países do mundo mostram que a cabra é altamente predatória e as rochas desnudas do Karst na Iugoslávia, o Monte Líbano quase desértico, as Ilhas Las Palmas e outros lugares foram destruídos pelas cabras e somente quando se proibiu o pastoreio destes animais voltou a floresta no Karst e no Monte Líbano.

2) Terras de uso restrito

Existem áreas encharcadas durante a estação das chuvas, sendo enxutas somente durante a seca. Estes solos dificilmente podem ser incluídos num manejo rotativo, a não ser como recurso adicional durante a estação da seca, quando a área pastoril, por animal, tem de ser maior. Estes solos geralmente necessitam uma adubação fosfatada para seu uso adequado.

Terrenos muito rasos e pedregosos (litossolos) geralmente possuem vegetação boa somente na primavera. Durante a estação das chuvas logo se tornam fibrosos por causa da falta de pastejo adequado no início da estação. Embora possam ser solos muito férteis, como na Fronteira do Rio Grande do Sul, são mais adequados para ovinos do que para bovinos e nunca podem entrar num manejo de gado bovino.

3) Terrenos de uso para um pastejo racional rotativo

São terras mais ou menos planas ou suavemente inclinadas, próprias para uma pecuária lucrativa. Geralmente os animais de pernas curtas, como o Santa Gertrudis, Maine-Anjou, Devon e outros, devem ter reservados os terrenos mais planos, por terem maior dificuldade de se "transportar". Os animais com pernas mais compridas dão-se bem em terrenos ondulados. Vale, porém, o que foi dito inicialmente: para criação devem ser reservados os solos mais ricos e as pastagens mais diversificadas, que garantem maior riqueza em minerais e substâncias essenciais.

MANEJO ECOLÓGICO DAS PASTAGENS

O abismo entre a qualidade de nossas raças refinadas e a qualidade das pastagens abandonadas aos cuidados do gado é cada vez maior. Enquanto se refinam as raças no âmbito de cabanha, as pastagens, na melhor das hipóteses, são plantadas com uma única forrageira.

O nível zootécnico de nossas raças é admirável, superando em muito o do gado em vários países europeus, onde o gado confinado, de qualquer maneira, deve produzir num mínimo de tempo o máximo de carne e leite. Às vezes nem são mais capazes de se locomover normalmente.

No Brasil, o máximo de produção ainda sincroniza com um máximo de forma física. Mas como, geralmente, as pastagens não combinam com as exigências do gado, elas têm de ser cultivadas com forrageiras exóticas. Como as forrageiras exóticas não combinam com nossos solos estes têm de ser corrigidos e adubados, lavrados e gradeados. Como o preparo dos solos é feito por técnicas pouco adequadas ao nosso clima, sua decadência, e com ela a das pastagens, é rápida.

Cálculo de rentabilidade da pastagem

Não se deve almejar a produção máxima de uma pastagem, mas o lucro máximo, e este, raramente, coincide com a produção máxima. Um cálculo de rentabilidade sempre deve incluir:

1) a produção de carne por hectare e ano em pastagem não cultivada;
2) o preço de compra e venda dos animais (peso vivo ou arrobas);
3) o custo do dinheiro aplicado em sementes, adubos, máquinas e mão de obra;
4) o custeio por unidade animal (UA), inclusive de produtos veterinários;
5) a taxa de lotação calculada em unidades animais e nunca em reses.

1,0 UA é:

1 vaca ou boi adulto acima de 400 kg;

1 cavalo ou burro;

1,2 UA é um touro;

1,3 UA é uma vaca com cria ao pé;

0,7 UA é uma novilha desmamada;

0,1 a 0,2 UA é um ovino adulto.

A simples contagem do número de animais, independente de sua idade e tamanho, não é capaz de dar uma informação válida. Por exemplo:

80 vacas com cria ao pé	= UA	104
2 touros	= UA	2,4
35 novilhas de 1 ano	= UA	25
200 ovelhas	= UA	40
317 animais (inclusive os bezerros das vacas)	UA	171,4

Verifica-se que o número dos animais e as unidades animais são bem diferentes, porém os últimos são a contagem correta para saber-se o montante de forragem necessária para sua manutenção.

O custo se estabelece calculando os quilogramas de carne produzidos por hectare e ano. Por exemplo: se a lotação média é de 0,3 UA/ha e os animais levam 4,5 anos para poderem ser vendidos com 450 kg cada um, a produção de carne por hectare será:

$$\frac{450 \times 0{,}3}{4{,}5} = 30 \text{ kg/ha e ano}$$

Destes 30 kg de carne deve-se calcular o preço obtido na venda e descontar as despesas tidas com o gado, bem como com a manutenção da pastagem, por ano.

$$\text{Lucro} = \frac{\text{Preço} - \text{Despesas}}{\text{Tempo}}$$

O pecuarista verificará que em muitos casos não terá lucro, uma vez que nas despesas deveriam entrar não somente as despesas do custo, mas igualmente os juros sobre o capital empatado.

Em pastagens cultivadas o rendimento é maior, mas também é maior o custo. Este sobe tanto mais, quanto mais rápida é a renovação da pastagem por causa de sua decadência.

Um manejo adequado que prolongue a vida das pastagens cultivadas ou melhore o rendimento das pastagens nativas é essencial para se ter lucro. E que este manejo deve estar na mão firme do dono e não nas patas das vacas, parece ser uma exigência lógica.

Numa sociedade de consumo, como a nossa, o pecuarista não pode se dar ao luxo de ficar alheio a todos os métodos empresariais, vivendo ainda como se a estância servisse somente para manter uma família, e onde o peso do boi era o orgulho do dono. O que interessa hoje não é o boi gordo, embora a classificação das carcaças ainda trabalhe neste sentido, mas sim a produção de quilos de carne por hectare e ano. É por isso que entra a rotação do pastejo, que aumentam a qualidade e a quantidade da forragem, poupando ao mesmo tempo o pasto da degradação.

Tanto faz se a pastagem é nativa ou cultivada, sempre dará mais lucro quando manejada segundo critérios ecológicos.

Que é manejo ecológico?

O manejo ecológico é o manejo de todos os fatores de um lugar, respeitando suas inter-relações e conservando ou recuperando seu equilíbrio, evitando assim a degradação do sistema. Ele visa: o uso eficiente da pastagem, a manutenção das espécies forrageiras mais importantes por tempo indefinido, o aumento da produção dos rebanhos em carne, leite e lã e de sua fertilidade e, finalmente, a manutenção do equilíbrio dos cursos de água (incluindo o controle da erosão).

A pastagem nativa é um ecossistema muito delicado e seu uso adequado necessita de muito bom senso, observação e conhecimentos tanto do hábito das plantas quanto do gado. É uma arte.

A curto prazo, a manutenção do ecossistema pode ser menos rentável do que sua exploração arbitrária, somente visando lucro, mas a longo prazo é o único sistema que garante estabilidade e lucros permanentes.

É fácil quebrar o equilíbrio ecológico, mas as consequências se fazem sentir logo, como adensamento dos solos, escorrimento de grande parte da água das chuvas, desaparecimento de fontes e nascentes e uma vegetação grosseira, pouco palatável e pouco produtiva, suscetível à seca. Quando não existe a conservação dos recursos naturais, os insumos, como adubos, não fazem mais efeito compensador ou fazem efeito nenhum, a irrigação não consegue mais aumentar adequadamente a produção de massa vegetal e as espécies vegetais que se instalam não são nutritivas.

Manejo ecológico em regiões semiáridas

Segundo Araújo Filho (1977) somente 50% da produção da planta em massa verde podem ser utilizados com segurança para a nutrição animal. É tão importante nutrir bem o animal no momento, como garantir a sobrevivência da planta para que possa produzir também futuramente. Plantas que sementaram suportam o superpastoreio por voltar de sementes. Porém, quando pastadas antes de sementar, ou quando usado o fogo para forçar a brotação nova, as sementes não se formam ou são queimadas e a espécie desaparece. Mas em clima semiárido o desnudamento do solo é igualmente muito perigoso, contribuindo para o declínio da fertilidade natural e a erosão hídrica e eólica, ou seja, pelo vento.

Importante é a escolha do tipo e da raça adequada de animais, uma vez que o suporte da pastagem da carga animal depende da preferência animal pelas diversas espécies herbáceas, arbustivas e arbóreas. Por outro lado, os animais podem ser selecionados para melhor uso dos recursos pastoris existentes.

Uma pastagem contendo muitas plantas que seriam comestíveis e nutritivas, mas que não são aceitas pelo gado, é considerada como tomada por invasoras, ou seja, plantas indesejadas, sendo eliminadas por herbicidas ou pelo plantio de uma pastagem cultivada. Mas permanecem duas perguntas:

- Será que a pastagem cultivada tem possibilidade de permanência nestas condições de solo e de clima?
- Será que não há gado que possa produzir normalmente com estas plantas indesejadas? Assim, por exemplo, enquanto o capim-da-roça (*Paspalum urvillei*) não é tocado pelo gado europeu no Rio Grande do Sul, o gado zebu na Índia o procura, sendo considerado lá a melhor forrageira.

Portanto o *problema não é tanto procurar a raça mais produtiva de alguma outra região, mas descobrir a raça mais produtiva para sua região.* E enquanto o jegue se nutre até de plantas espinhosas, o cavalo já exige uma pastagem bem melhor, embora se contente com um capim pior que o gado bovino.

O número adequado de animais

Os animais sempre pastarão primeiramente as plantas que mais lhes apetecerem. Assim, as espécies mais importantes para a nutrição animal são perseguidas pelo gado, e desaparecem, consequentemente. Instala-se um processo de "sucessão regressiva", ou seja, de equilíbrios vegetais cada vez mais inferiores até que a pastagem se torna incapaz de nutrir o gado.

Um ensaio de lotação durante um a dois anos não consegue dar alguma informação válida para a lotação da pastagem. Essa lotação será tanto mais oscilante, quanto menos se cuidar da conservação das espécies. Assim na estação das águas a lotação pode ser 4 a 5 vezes maior que na estação da seca. Mas quando existirem leguminosas, não tocadas enquanto houver capim verde, elas podem servir de suplemento na estação da seca, contribuindo para a manutenção de uma lotação estável.

A lotação, ou seja, o número de animais no pasto durante a estação da seca não somente pode ser uma informação valiosa para o sucesso do manejo no decorrer dos anos, mas igualmente sobre a provável fertilidade do gado. Um animal que passa fome durante 5 ou 6 meses do ano, geralmente tem sua fertilidade seriamente comprometida. E se a carga animal na estação das águas era de um animal por 3 hectares e se a lotação durante a seca é de um animal por 10 hectares, normalmente haverá superlotação e fome, uma vez que não existe a migração dos rebanhos para pastagens mais abundantes.

Os animais selvagens da África migravam sempre para regiões de pastagens verdes e abundantes, poupando os pastos secos, e garantindo assim sua rebrota vigorosa com o início das chuvas. O instinto do animal selvagem mantinha a produtividade dos pastos!

Em períodos secos ou muito úmidos a lotação da pastagem deve ser moderada, por causa do estrago do pisoteio animal sobre a relva. Isso implica num pastejo deficiente na estação das águas. A maneira de controlar este problema é manter piquetes reservados para a seca, onde o volume de capim seco e a suplementação por leguminosas verdes conseguem manter o gado.

Por outro lado, um pastejo moderado, evitando que o gado "rape" o pasto, permite a rebrota do capim nativo mesmo durante a seca.

Em regiões onde o capim rareia por causa das condições secas, a manutenção da flora herbácea é mais importante, não somente como sustento do gado, mas também para proteção do solo. O sustento do gado deve vir especialmente da vegetação arbustiva e arbórea.

A implantação de pastagens de capim-buffel e estilosantes em regiões semiáridas sempre deve ser acompanhada pela formação de quebra-ventos e de arbustos forrageiros, especialmente leguminosas, que protegem o capim ao seu redor.

Época adequada de pastejo

O momento adequado de colocar o gado num piquete depende:

a) do desenvolvimento das forrageiras (curva sigmoide);

b) da condição úmida ou seca do solo;

c) das exigências das forrageiras "chave", ou seja, sua necessidade de repouso para sua sobrevivência.

A quantidade de forragem por si não é ainda o suficiente para soltar o gado no pasto. A conservação do solo, em regiões subúmidas, é de suma importância, uma vez que a sobrevivência do gado depende do uso eficiente da água da chuva. Solo endurecido na sua superfície pelo pisoteio em épocas inadequadas, não permite a penetração da água pluvial, causando somente erosão e uma seca muito mais intensa.

Por outro lado, existem forrageiras anuais, que somente voltam após terem sementado. Impedindo-se a formação de sementes, extermina-se a forrageira. E existem plantas perenes, que dependem da acumulação de reservas na sua raiz para poderem sobreviver à seca. A formação de reservas é ligada à quantidade de folhas verdes que fotossintetizam substâncias que podem ser armazenadas na raiz. Um pastejo frequente, que impeça este armazenamento, extermina as plantas. O pecuarista deve conhecer sua pastagem. O sistema: "solte o gado e veja o que acontecerá" não é o adequado.

Distribuição adequada do gado sobre as pastagens

Normalmente o gado segue o princípio da menor dificuldade. Pasta onde existe água por perto, onde existem as forrageiras de que mais gosta ou onde já pastou uma vez e onde haverá rebrota nova. Com isso ele desnuda o solo, destruindo solo e pasto.

O pastejo permanente em áreas grandes sempre é destrutivo quando não existe mais migração de gado, mas sim seu confinamento a estas áreas. Portanto, a subdivisão em piquetes é indispensável. No mínimo deve permitir um pastejo alternado. Para isso, três piquetes já servem. Dois que estão sendo usados alternadamente durante as águas e o terceiro que deve criar reservas adicionais para a seca.

Em áreas muito grandes, o gado torna-se semisselvagem, juntando-se em grupos, os quais permanecem estacionários em determinadas regiões. Se estes grupos conseguem se locomover na estação da seca para pastagens melhores, o sistema não é o pior. Mas quando são obrigados a permanecer, destroem a pastagem do seu "ponto".

Nas regiões semiáridas três pontos básicos nunca devem ser negligenciados:

1) manter o solo permeável, para que as águas das chuvas penetrem e não escorram;

2) conservar a umidade na paisagem através de faixas de árvores que interceptem o vento, devendo estas árvores serem forrageiras;

3) disseminar leguminosas arbustivas nas pastagens que servem de suplemento alimentar na estação da seca e que protegem o pasto herbáceo de uma insolação direta durante o dia todo.

Manejo de pastagens em cerrados

Quase 25% do território nacional é de cerrados. Estes se localizam, em sua maior parte, nos Estados de Goiás, Minas Gerais e Mato Grosso, mas existem também em São Paulo, no Paraná e até no Pará. Segundo

Vilela (1977), ocupam 59,3% em Goiás, 37,3% em Minas Gerais e 35,4% no Mato Grosso.

Nestas áreas concentra-se quase metade (41,7%) do rebanho bovino, embora a carga animal esteja ao redor de somente 0,1 a 0,2 reses por hectare. Um ensaio de lotação no vale do São Francisco mostra que 0,3 unidades animais por hectare provocam o decréscimo percentual das forrageiras mais bem aceitas pelo gado, que nesta região é o Gir.

É interessante observar que o teor em proteínas nas gramíneas não varia muito entre a estação das águas e a da seca, sendo 6,81 % e 6,10% respectivamente (medido na massa seca).

Distinguem-se 4 tipos de pastagem no cerrado:

1) cerrado em pé (com queimada anual, segundo a necessidade de pastagem nova);
2) limpa manual e uso da vegetação gramínea (com queimada anual);
3) implantação direta de gramíneas predominantes na região, especialmente de capim-gordura e de leguminosas; e
4) agricultura e formação de pastagens cultivadas com capins exóticos.

No cerrado, os animais comem dos arbustos e árvores, inclusive da *Serjania spp*, que é um timbó, da pata-de-vaca (*Bauhinia spp*), de diversas cássias, do barbatimão (*Styphnodendron barbatiman*), do jatobá (*Hymenaea courbaril*) e de outros, segundo o cerrado. Parece que quantidades pequenas de plantas tóxicas não os prejudicam na estação da seca. E existem plantas tóxicas que não afetam o gado, enquanto não é forçado a caminhar, como, por exemplo, o tingui (*Mascagnia rigida*).

A carga animal suportada pelo cerrado é muito pequena e oscila geralmente entre 0,1 e 0,3 animais por hectare, conforme a estação do ano. Geralmente a lotação de 0,3 animais já tende a alterar a composição da flora do cerrado, que é ainda mais acentuada no campo limpo, como mostra Vilela (1977) (tabela 24).

Tabela 24 – Composição botânica (%) e disponibilidade de forragem (kg/ha de matéria seca) de pasto natural do cerrado sob três taxas de lotação (0,1; 0,2 e 0,3 UA/ha)

Mês	Gramíneas nativas			Ervas			Disponibilidade de forragem		
	0,1	0,2	0,3	0,1	0,2	0,3	0,1	0,2	0,3
Jan. (início)	82,5	82,5	81,9	7,7	7,7	7,8	1005	1021	1035
Fev.	82,6	81,0	79,0	7,5	8,3	11,8	1005	1021	1035
Abr.	80,5	78,0	75,0	7,5	12,0	15,2	905	952	612
Jun.	79,8	74,0	70,2	6,5	12,7	20,2	802	802	48
Ago.	78,1	73,3	65,1	6,8	12,3	24,1	608	501	227
Out.	79,1	76,7	64,1	7,2	12,4	24,6	608	362	132
Dez.	82,3	80,0	66,2	5,8	9,3	23,9	696	373	110

Percebe-se facilmente que a lotação maior do cerrado limpo provoca o desaparecimento das forrageiras gramíneas, ou seja, dos capins, e aumenta as ervas que, em parte, são simples invasoras, como jurubebas. Ao mesmo tempo, diminui a forragem disponível, que não tem mais condições de recuperação. Neste cerrado pesquisado, a lotação de 0,3 UA por hectare era uma superlotação.

A modificação da vegetação, com o desaparecimento da forragem mais apreciada e o aparecimento de plantas não aceitas pelo gado, como mostra a tabela 24, é um procedimento antiecológico, uma vez que piora gradativamente a pastagem.

Na época da pesquisa, a carga animal suportada, sem modificação da vegetação, era somente de um animal por cada 10 hectares de pasto natural do cerrado e com um aumento de 0,155 kg/dia/animal na média do ano, o que significa somente um aumento de 20,45 kg de peso vivo por hectare e ano, ou seja, abaixo da metade da média brasileira. Pode-se supor que o processo de degradação já vem de longe e que a pastagem, antigamente, era bem mais produtiva.

Com o melhoramento da pastagem do cerrado pela implantação de capim-gordura e capim-jaraguá, aumentou o suporte de 0,2 a 0,3 animais adultos/hectare.

O gado Gir podia ser substituído por mestiços Nelore e o aumento diário dos novilhos era de 0,430 kg/animal, porém, com uma lotação de 0,4 animais aumentaram as ervas indesejáveis e os arbustos, em prejuízo dos capins.

A tabela 25 mostra a lotação possível em pastagem melhorada.

Tabela 25 – Ganho em peso vivo (PV) em 364 dias em pasto natural melhorado de cerrado sob três taxas de lotação (0,2; 0,3 e 0,4) (Vilela, 1977)

Período	UA	ganho de kg peso vivo animal/dia	ganho de kg peso vivo animal/ano	kg peso vivo por hectare
chuva	0,2	0,669	131,12	51,66
(196 dias)	0,3	0,585	114,66	67,76
	0,4	0,395	77,42	61,00
seca	0,2	0,191	32,09	9,54
(168 dias)	0,3	0,141	23,69	10,61
	0,4	0,065	10,92	6,52

Nestas condições, a lotação máxima era de 0,3 UA/ha. Com lotação maior, não só a pastagem foi prejudicada, como os animais passaram fome. Porém, sabe-se que o suporte da pastagem aumenta até 3 vezes quando manejado em rotação, ou seja, quando concedido um repouso para a recuperação das forrageiras.

O gado mostra uma preferência nítida pelo gramão (*Paspalum notatum var.*), como mostra a tabela 26, elaborada por Vilela (1977).

Tabela 26 – Composição botânica e porcentagem na dieta animal em pasto natural no cerrado

Composição botânica	fevereiro		abril		junho		agosto		outubro		dezembro	
	P	D	P	D	P	D	P	D	P	D	P	D
grama batatais	25,5	76,5	10,9	40,5	5,3	45,4	3,4	23,7	8,2	74,8	23,3	80,3
capim-gordura	36,8	14,0	55,4	34,1	42,6	33,3	34,1	28,5	31,8	17,1	41,3	11,9
capim-jaraguá	0,1	1,8	2,8	18,8	1,0	7,1	1,9	1,7	0,1	2,3	2,1	1,4
leguminosas	5,3	3,7	1,0	1,2	3,8	0,8	1,0	0,6	0,1	0,3	4,2	2,3
ervas e arbustos	32,3	4,0	29,9	5,4	47,3	13,4	59,6	45,5	59,8	5,5	29,1	4,1
P = % da planta na pastagem D = % da planta na dieta animal												

Isso se deve provavelmente ao maior teor de cobalto que essa grama possui, e que é muito carente no cerrado.

Verifica-se igualmente que nos meses de seca o gado recorre a ervas e arbustos. A eliminação de todas as plantas nativas em favor de uma monocultura implantada pode trazer sérios problemas, quando não for feita uma suplementação mineral e quando não existe um recurso forrageiro para o período seco.

Num manejo ecológico tenta-se manter o equilíbrio forrageiro tanto por um manejo alternado ou rotativo, quanto por um cálculo correto da lotação, que age de três maneiras sobre a vegetação:

1) pelo pisoteio;
2) pelo pastejo e o desnudamento do solo e a perseguição das forrageiras mais palatáveis, alternando a composição botânica;
3) pela recuperação deficiente das plantas, seu consequente enfraquecimento e sua perda de valor nutritivo, inclusive de seu teor em proteínas.

Após uma lotação pesada durante o período da seca não há mais recuperação da relva na estação das águas.

Existem as pastagens cultivadas, que se implantam muitas vezes no primeiro cultivo agrícola, como *Brachiaria* no arroz, ou que se implantam na segunda colheita, por exemplo, de milho. Numa experiência com *Brachiaria* que recebeu 100 kg de $P_2 O_5$, 70 kg de K_2O, 100 kg de sulfato de amônia e 25 kg de FTE por hectare, conseguiu-se uma lotação de 2 UA/ha e uma produção de carne de 771,25 kg/ha/ano.

Tabela 27 – Comparação de produção nos diversos
tipos de pastagem em cerrado

pasto	ganho peso vivo		lotação UA/ha que permite recuperação do pasto
	kg/rês/dia	kg/ha/ano	
cerrado	0,155	20,45	0,1
campo limpo	0,258	39,20	0,3
campo limpo melhorado	0,311	101,02	0,5
Brachiaria adubada	0,753	550,48	2,0 (1º ano de uso)

Porém, a pastagem cultivada necessita de adubação de manutenção, geralmente de fosfato e de potássio, para não ser tomada pela vegetação nativa, especialmente pelo capim-gordura. Pela adubação aumentou no segundo ano a taxa de suporte da pastagem, enquanto sem adubação a produtividade decresceu sensivelmente, aumentando as invasoras onde se usou lotação maior. O melhor retorno, ou seja, o maior lucro, se obteve em pastagens plantadas em consorciação com leguminosas. Os melhoramentos introduzidos nas pastagens nativas não compensaram. Porém, o que entra neste manejo é que o gado Gir sem especificação de raça deu um aumento muito menor do que o gado mestiço. *Usar gado comum em pasto implantado pode resultar em lucro nenhum ou até em perda de dinheiro.*

Ecológico é somente o manejo onde solo-pasto-gado sincronizam. Verifica-se que também pastagem cultivada pode ter um manejo ecológico, e neste entram, antes de tudo, leguminosas, que devem ser conservadas pelo manejo, mas que também não devem aumentar desproporcionalmente, para não prejudicar o gado.

Manejo de pastagens nos trópicos úmidos (Amazonas)

Essencialmente, distinguem-se três tipos de pastagens diferentes, ou seja: as *dos cerrados* de Mato Grosso, Goiás e Pará, com uma vegetação entouceirada, muito pobre, sendo composta de gramíneas de muito baixo valor nutritivo, com variedades de barba-de-bode (*Aristida*), de capim-chorão (*Eragrostis*), de rabo-de-burro (*Andropogon*), capim-cabeludo (*Trachypogon*) e cabelo-de-porco (*Ciperaceae*) na paisagem típica do fogo. Segundo, existem as pastagens de *terra firme* que hoje, em sua maioria, são plantadas, e finalmente as das *várzeas*, que possuem uma vegetação toda específica, que é de muito boa qualidade, sendo composta por plantas que suportam a inundação ou que vegetam na água, como as canaranas (*Echinochloa polystachya* e *E. pyramidalis),* diversos sorgos (*Hymenachne amplexicaulis* e *H. donacifolia),* diversos Panicum (*Panicum elephantipes,* e *P. zizanoides),* diverso arroz nativo *(Oryza gandiplumis, O. perennis, O. hexandra)*, Paspalum *(P. fasciculatum, P. repens)* etc.

O valor nutritivo destas pastagens equivale aos cultivados da melhor qualidade. É absolutamente antieconômico querer drenar as várzeas para plantar pastagens exóticas. No período de seca, estas forrageiras servem para bovinos, nas águas são pastadas quase exclusivamente pelos bubalinos. Porém, ancorando-se no solo podem flutuar formando ilhas de capim. Estas, em parte, são rebocadas servindo de alimento ao gado recolhido nas marombas. Estas pastagens praticamente não têm indicação de manejo, a não ser evitar o superpastoreio na estação mais seca, onde o pisoteio pesado e a tosa excessiva podem prejudicá-las.

As pastagens melhores situam-se por toda a parte nos solos mais baixos, não importando se sofrem somente de inundação temporária ou por tempo prolongado.

Como na Mata Geral não existia capim, as pastagens na terra firme são praticamente todas plantadas, em boa parte abandonadas por terem sido escolhidas forrageiras inadequadas para as condições de clima e de solo e sendo invadidas maciçamente por jurubebas, malvas-brancas, vassoura-de-botão *(Borreria verticillata)*, assa-peixe *(Vernonia spp)*, capim-amargoso *(Digitaria insularis)* e rabo-de-burro *(Andropogon bicornis)*.

O problema mais comum nas pastagens de terra firme é seu crescimento muito rápido, de modo que o gado não consegue "vencer" a forragem. Sua lignificação rápida baixa seu valor nutritivo drasticamente. Embaixo, na forragem densa, graças ao ambiente úmido, assentam-se fungos. Fungos atacam igualmente as sementes das forrageiras, como uma espécie de carvão, as sementes do capim-colonião ou a "meia" nas leguminosas.

A leguminosa que se adaptou rapidamente é o kudzu-tropical *(Pueraria phaseoloides)*, que invade áreas de solos frescos e é usada para cobrir o solo nos cultivos de capim-colonião, elefante, guiné e outros.

Porém, não suporta pisoteio pesado nem queimadas e em estado fresco é pouco procurada pelo gado.

Nas pastagens de terra firme têm sido mais promissores o quicuio--da-amazônia *(Brachiaria humidicola)*, a leucena *(Leucaena leucocephala)* e o guandu *(Cajanus cajan)*, todos de boa aceitação pelo gado. A maioria das leguminosas testadas apresenta sérios problemas fitossanitários, por causa de ataque por fungos.

A *Brachiaria*, inicialmente muito plantada, foi aniquilada em muitas pastagens pela cigarrinha *(Deois flavopicta)*, que hoje está atacando a maioria dos capins, inclusive a cana-de-açúcar. Em áreas menos úmidas, com seca definida, o capim-jaraguá tem dado bom resultado. Na região do cerrado associa-se com babaçu *(Attalea speciosa)* ou *Attalea speciosa.*

O capim-cabeludo sempre rebrotará quando pastado e quando impedido de sementar, ficando parcialmente verde mesmo durante 6 meses de seca.

Em todo ecossistema os dois problemas máximos são:

1) o vento e
2) a monocultura.

Num clima muito favorável ao crescimento vegetal, encontram-se igualmente condições extremamente favoráveis ao desenvolvimento de fungos, bactérias e insetos. Na paisagem nativa a variedade de espécies é grande, justamente para evitar a "criação" de pragas e pestes. Assim, com as pastagens aparece grande quantidade de pernilongos que antes não existiam.

Tanto em culturas quanto em pastagens cultivadas, os problemas fitossanitários são graves enquanto se usa um manejo antiecológico, descuidando dos fatores de um ecossistema extremamente delicado.

O estabelecimento de faixas de vegetação arbórea que interceptam o vento e que inicialmente poderiam ser até faixas de "juquira" engrossadas por puerária ou a formação de "ilhas" de árvores, colocadas em forma de xadrez, ao mesmo tempo serve ao gado como abrigo contra o sol. Ou a "salpicação" das pastagens com árvores ou palmeiras que ao mesmo tempo fornecem forragem adicional, como de inajá *(Maximiliana regia)* ou *Attalea maripa,* tucumã *(Astrocaryum aculeatum)* e outras.

Num manejo ecológico das pastagens deveriam se usar, antes de tudo, forrageiras adaptadas à região, e como a formação de piquetes por enquanto é muito problemática, deveria se usar um pastejo alternado. A implantação de leguminosas, especialmente de arbustivas e arbóreas, é importante para suplementar o gado durante a seca.

Também as aguadas são um problema. Há poucos cursos de água na mata. Quando esta é derrubada, brotam primeiramente fontes por todos os lados e até se formam brejos. É a água que antes era transpirada pelas árvores e que igualmente contribuia para a manutenção de uma temperatura razoável. Mas, alguns anos mais tarde, as fontes secam e o gado tem de fazer longas caminhadas para chegar à água. Isso exclui automaticamente gado de pernas curtas, como Santa Gertrudis, Main-Anjou e semelhantes e dá preferência ao gado de pernas compridas, por poder "transportar-se" mais facilmente por distâncias longas. O gado indicado é o zebuíno, que menos sofre com o calor e se há mestiçagem com gado europeu não deve ultrapassar 1/16 a 1/8 de sangue.

O gado bubalino, ou seja, os búfalos, é perfeitamente adaptado às condições, especialmente para poder aproveitar sem problemas maiores as pastagens das várzeas, que são de qualidade excelente. A variação do valor nutritivo das forrageiras não é grande.

Nos trópicos úmidos, um dos problemas maiores é a deficiência de sais minerais para gado não adaptado à região. Especialmente o cobalto é deficiente, necessitando-se de 80 g de cloreto de cobalto para 100 kg de sal, para manter o gado em boas condições. A deficiência de cálcio e fósforo é grande a partir do momento em que entra o fogo. E como a roça da mata se faz queimando as árvores derrubadas, o gado desde o início necessita um suplemento de farinha de ossos, que, porém, não parece ser suficiente, por o gado procurar comer cinza em lugar de sal e sais minerais nos cochos.

A "salpicação" das pastagens com árvores, tanto faz se tratar de *Hevea*, palmeiras ou árvores forrageiras, é indispensável, para fornecer sombra ao gado e diminuir o "desconforto" que sente nesse clima, razão porque tem desempenho médio em pastagens ótimas.

Monoculturas de pastagens não são muito apropriadas para o gado em região nenhuma, mas são especialmente desfavoráveis na região equatorial úmida, não somente por fornecerem uma variação limitada de minerais ao gado, mas também por serem "criadoras" de pestes e pragas, em escala muito pronunciada.

A fibrosidade precoce das pastagens deve ser equilibrada pela implantação de leguminosas arbustivas, especialmente leucena, que o gado aprecia em qualquer época do ano. A formação de piquetes para um manejo rotativo não parece muito adequada, dada a grande diferença entre as pastagens de terra firme e as várzeas. A migração do gado para as várzeas durante a seca é bem mais vantajosa do que a construção de silos que, nessa região, fornecem ensilagem de péssima qualidade.

A seleção de gado para as condições particulares dessa região é importantíssima, caso contrário sempre será considerada pouco adequada à pecuária bovina.

Manejo das pastagens na região Sudeste

As pastagens chamadas de "nativas", na Região Sudeste, formaram-se de maneira espontânea após a derrubada da mata ou o abandono de campos agrícolas. O gado predominante é o Nelore, ao lado de outras raças zebuínas, como o Gir, Guzerá, Indubrasil e outras raças indianas mais recentemente introduzidas no Brasil, como a Sindi ou Kangayam. O Brahman, a raça mais promissora da região equatorial, não existe na Região Sudeste.

Nos últimos anos aumentou o número de mestiços entre zebuínos e gado europeu como o Santa Gertrudis, Pitangueira, Canchim e outros. Dada a maior pureza de raças produtivas, o zelo das pastagens é maior. A preocupação com o melhoramento das pastagens é grande. Existem técnicas muito antiecológicas, especialmente na manutenção de gado leiteiro, que, constituído especialmente de raças europeias, mal suporta o clima tropical, tem pouco aproveitamento da forragem em regime de pasto, dado o "desconforto" climático, e necessita de araçoamento intenso para conseguir uma produção razoável.

Quanto menor a propriedade tanto maior, geralmente, a superlotação, em prejuízo do pasto e do gado.

Manejo de pastagens para gado leiteiro na Região Sudeste

Antes de tudo as raças europeias puras são desaconselháveis para essa região, por exigirem cuidados excessivos, encarecendo a produção de leite. Os mais aconselháveis são os mestiços como o Girolanda, Pitangueira e outros, que além de leite também fornecem carne, sendo de duplo propósito. O mais importante, porém é que podem ser mantidos em regime de pasto. Também as búfalas deveriam ser consideradas. Como o gado leiteiro empobrece as pastagens em minerais, a adubação esporádica é necessária (vide tabela 28).

As pastagens mais adequadas são de capins baixos, como pangola, estrela, gordura e outros, com 30% de leguminosas misturadas. Cada esforço adicional do gado diminui a produção de leite, tornando-a mais cara.

Tabela 28 – Custo de produção de leite na Nova Zelândia e em São Paulo

	média de 1972/76 na Nova Zelândia	média de São José do Rio Preto/SP
leite/vaca em litros	2.665	2.564
leite/ha	4.475	2.609
vacas/homem	78	25
vacas/ha	1,67	1,02
renda líquida vaca/Cr$/ha	1.895	744
renda líquida vaca/Cr$	1.128	731
renda líquida/receita em %	12	38

Verifica-se que embora a produção de leite por vaca não seja muito inferior à das vacas neozelandesas, o custo do trato reduz o lucro drasticamente. É o drama do *know-how* importado.

O interessante é que em todos os países usam-se as raças e espécies mais adequadas para suas condições.

Pode-se obter leite em qualquer região do mundo, do Polo Ártico até o Equador, dos Alpes e do Himalaia até os desertos de Gobi e Saara. Porém, ninguém teve a ideia de que gado leiteiro deveria ser holandês, suíço ou jersey. Cria-se o que se adapta ao clima e às pastagens. No Ártico usam-se as renas, no deserto, camelos e cabras, nos Alpes, fleckvieh ou simmental ou suíço, nos Países Baixos, o holandês, na cordilheira dos Andes, as lhamas e no Himalaia, o Iaque. Cada região usa o gado leiteiro mais adequado às suas condições ambientais. Somente nosso produtor, desafiando clima e solos, dá-se ao luxo de criar gado não adaptado. É para mostrar que somos ricos?

A produção do gado depende da eficiência da raça na região em que está sendo criada, da fertilidade do solo e da excelência da pastagem que depende do solo e do manejo.

As raças leiteiras europeias, em clima tropical, segundo Ragsdale (1948):

1) crescem mais lentamente;
2) consomem menos alimentos para produzir menos calor;
3) reduzem os movimentos, caminhando e pastando menos.

Por outro lado, sabe-se que gado leiteiro, seja de que raça for, produz mais quanto menos caminha, nunca pode ser tocado a galope e sempre deve receber pastagens de porte baixo, onde o pastejo exige menos esforço, do que de forrageiras de porte alto, como capim-colonião, capim-elefante e outros. Os piquetes devem possuir água e sombra. Sal pode ser dado no curral. O pastejo rotativo é indispensável, uma vez que o "ponto" para o pastejo das forrageiras é quando iniciam a floração. Forrageiras recém-brotadas são mais apetitosas, mas são inadequadas para gado leiteiro, como explicado anteriormente. Por outro lado, os piquetes não podem ser muito grandes, para evitar o desperdício de forragem.

A fertilidade dos solos é importante. Solos muito pobres necessitarão adubação e muitos sais minerais no cocho:

1) para o feto;
2) para o leite;
3) para a cria ao pé.

Suficiente fósforo, cálcio e magnésio são indispensáveis.

Existem plantas ricas em fósforo e cálcio, especialmente entre as leguminosas. Por isso, pastagens sem leguminosas não devem ser oferecidas. Por outro lado, é perigoso deixar pastar as vacas somente em leguminosas, por serem quase todas tóxicas em maior quantidade, por causa de teores variáveis de substâncias cionogênicas e saponinas.

Muitas plantas nativas perseguidas, por ocuparem muito lugar e fornecerem pouca massa verde, são importantes na dieta do gado leiteiro, como dente-de-leão (*Taraxacum officinalis*), tanchagem (*Plantago spp*), confrey (*Symphytum officinale*) e outras.

Embora as pastagens possam ser muito produtivas, quando escolhidas as forrageiras adequadas para a região, o aumento do gado novo gira ao redor de 0,500 a 0,600 kg/animal/dia e a produção de leite à custa de ração. Isso, mesmo nos períodos mais favoráveis. Provavelmente é por causa do "desconforto" do animal num clima a que não foi adaptado.

Tabela 29 – Proteína bruta, cálcio e fósforo de gramíneas nativas e exóticas
(Fonte: Simão Neto & Souza Serrão, 1973)

Gramíneas	Estado de maturação	Proteína bruta %	Cálcio %	Fósforo %
Pasto nativo várzea	início floração	8,64	0,23	0,18
Pasto nativo cerrado	início floração	6,80	0,13	0,06
Capim-colonião (*Pan. maximum*)	início floração	8,88	0,26	0,12
Capim-jaraguá (*Hyparrh. rufa*)	início floração	7,14	0,28	0,16
Quicuio-da-amaz. (*B. humidicola*)	início floração	7,71	0,23	0,12
Brachiaria (*B. decumbens*)	início floração	7,79	0,28	0,13

Verifica-se que tanto a várzea quanto o jaraguá fornecem forragem rica. Porém, o manejo deve ser adequado. Parece indicado:

1) suprimir o fogo que é usado para forçar a brota nova. Um rolo-faca é mais indicado;

2) plantar árvores de sombra que possam servir também como forrageiras, como cajueiros, e deixar vingar árvores nativas que podem reciclar nutrientes lixiviados para o subsolo, enriquecendo assim o solo pastoril;

3) evitar, na seca, que os capins fechem seu ciclo. Após sementar infalivelmente secam;

4) proteger as leguminosas como desmódios, estilosantes, soja-perene, calopogônio etc., e implantar leguminosas arbustivas para sombrear o pasto;

5) selecionar o gado para as condições pastoris existentes.

Verifica-se que a pastagem limpa de qualquer vegetação arbórea é muito mais pobre do que a que possui árvores. Estas servem de sombra para o gado que, durante o calor do dia, tem onde se refugiar, aumentando a produção animal, e reciclando nutrientes para a superfície.

A variação do valor nutritivo das forrageiras é grande entre as estações, podendo ser de até 70% no teor proteico, entre as chuvas e o fim da seca. Um subpastoreio protege as pastagens da destruição maior.

O semiconfinamento do gado leiteiro, usando as pastagens principalmente como lugar para "tomar sol" e alimentando o gado com ração, não é uma maneira muito econômica para produzir leite. Deve-se recorrer mais ao pasto. Da alimentação que ingere, o gado utiliza a forragem primeiro para suprir as necessidades de sua manutenção, segundo para manter o feto e terceiro para a produção de leite. Do leite produzido parte deve ser reservada para o bezerro e somente uma parte pode ser comercializada. De modo que a produção depende:

1) da raça;

2) da forragem e seu valor nutritivo;

3) do manejo do gado.

A suplementação com fósforo e cálcio é importante. Mamites frequentes somente ocorrem em gado deficiente em fósforo.

Solos adensados, muito pisoteados, raramente comportam pastagens boas. Sempre são de crescimento vagaroso, raquítico e com maturação precoce. Os solos pastoris se adensam quando:

a) as pastagens foram implantadas após 2 anos de agricultura. O solo pode ser mais rico em nutrientes, mas é fisicamente estragado;

b) se costuma queimá-lo periodicamente, eliminando toda matéria orgânica da superfície;

c) houve pastejo permanente, talvez com superlotação, que facilmente ocorre em propriedades pequenas;

d) no manejo rotativo das pastagens foi esquecida a intercalação de um repouso mais longo, seguido de fenação ou roça do capim.

O manejo correto do solo é indispensável para a obtenção de uma forragem nutritiva. *Não adianta adubação, nem a melhor forrageira, quando o solo mal manejado não permite a ação do adubo e o desenvolvimento das capacidades genéticas da planta.*

Como o gado leiteiro somente pode pastar até 500 m de distância do curral onde se tira o leite, as pastagens são limitadas, e quando se tornam pouco produtivas por causa da deteriorização do solo, a solução é o semiconfinamento. Outra razão para o semiconfinamento é a precária ou inexistente adaptação do gado leiteiro, de *pedigree* europeu, ao nosso clima.

Porém, quanto mais artifícios se tornarem necessários, tanto mais cara ficará a produção de leite, até tornar-se um *hobby*.

Deve-se lembrar sempre: *solo-pasto-gado-clima devem constituir uma unidade ecológica.* "Ecológico" não é palavrão mas significa a inter-relação íntima dos fatores de um determinado lugar, constituindo um equilíbrio. *Quando manejada em equilíbrio, a atividade é econômica e dá lucro, quando manejada arbitrariamente, quebrando o equilíbrio, a atividade torna-se extremamente cara, dando prejuízo.*

Usam-se somente as forrageiras que o solo consegue suportar, usa-se somente o gado que as forrageiras conseguem nutrir e que nesse clima se sente confortável.

Vaca leiteira necessita de pastagem mista ou no mínimo piquetes com forrageiras diferentes e ricas em ervas. Em monoculturas, a saúde dos animais é seriamente comprometida, gastando-se muito mais em remédios do que custaria um manejo adequado de pastagens.

As forrageiras mais indicadas para gado leiteiro são: capim-pangola *(Digitaria decumbens)*, capim-estrela *(Cynodon plechtostachyum)*, Brachiaria, capim-buffel *(Cenchrus ciliaris)*, capim-gordura *(Melinis minutiflora)*, capim-jaraguá *(Hyparrhenia rufa)*, quando bem manejado, e outras. As leguminosas mais adequadas são soja-perene *(Glycine wightii)*, desmódios, estilosantes, siratro *(Macroptilium atropurpureum)* e outras. Na região sul dominam capins e leguminosas baixas e ninguém vai plantar capim-elefante para pastagem, embora seja um recurso bom durante a seca do verão. Neste caso tem de ser picado.

Quebra-ventos de guandu são recomendados em todas as pastagens tropicais.

Como a vaca leiteira, uma vez perdido o leite, só o recupera na lactação seguinte, a alimentação suficiente, equilibrada e constante é importante. Por isso, não se dispensa a ração de concentrados a partir de 6 litros de leite diário nem a suplementação de volumosos e suculentos durante o período de seca.

Gado de corte pode se manter em regime de pastagem durante o ano todo, mas gado leiteiro precisa de suplementação, quando as pastagens diminuem ou a produção é alta.

Manejo de pastagens para gado de corte na Região Sudeste

Para o gado de corte o manejo é bem mais fácil do que para o gado leiteiro.

Pode-se usar forrageiras de porte alto, como capim-colonião, capim-napier e outros e especialmente pode-se enriquecer a pastagem com árvores e arbustos forrageiros, como canafístula, leucena, guandu, diversos "charruteiros" (*Cassia spp*) etc. Importantes são os quebra-ventos, que interceptam o vento, conservando as pastagens mais produtivas.

O manejo rotativo é muito importante, porém, nunca se pode fazer uma lotação muito pesada, uma vez que solos úmidos no período das águas e muito secos, no período da seca, não a suportam, especialmente porque os solos de pastagem, em parte, são solos pobres e arenosos. Nessa região, o "gramão" é invasora indesejada, aparecendo em solos compactados por um manejo inadequado.

O principio básico é o de manter o solo sempre coberto. Se a vegetação é capim-colonião, que geralmente não cobre mais que 20 a 30% do solo quando baixo, a implantação de uma leguminosa ou de outras gramíneas é imprescindível.

O capim-gordura não suporta um pisoteio pesado e é especialmente sensível ao fogo. Quando em mistura com leguminosas arbustivas e volúveis, e consorciado com capim-jaraguá, dá ótima forragem, mesmo durante a estação da seca, em que rebrota antes das chuvas.

O capim-jaraguá é boa forrageira, quando não é permitido encanar e sementar. Em manejo rotativo rebrota durante a seca, podendo manter o gado. Porém, não se pode usar sempre os mesmos piquetes para pastagem de seca, para não prejudicar as forrageiras.

Num manejo bem orientado as necessidades da pastagem em fósforo, cálcio e nitrogênio deveriam ser mobilizadas pelas leguminosas, bem como por bactérias de vida livre. Importante é o retorno da matéria orgânica.

O fogo é o maior inimigo das pastagens!

No fim da seca, o recurso não é o fogo, mas leguminosas arbustivas. A vegetação velha deve ser eliminada por um rolete.

O plantio de pastagens deve ser feito com um "coquetel" de sementes de forrageiras que encontram condições boas de crescimento na região. As sementes das leguminosas devem ser peletizadas ou piluladas ou no mínimo pulverizadas com farinha de osso e micronutrientes, usando-se óxidos ou silicatados. Quando esta possibilidade não existe, aconselha-se a mistura da semente com um fosfato básico, como escória.

Porém, vale a regra: nunca plantar forrageiras que necessitam adubação maior. Se quantidades maiores que 200 kg/ha (500 kg/alq) de fosfato forem necessárias deve se reconsiderar a mistura de forrageiras. Uma adubação de manutenção com nitrogênio, potássio e micronutrientes se torna muito cara, geralmente não é feita, e a decadência da pastagem é inevitável.

Melhora-se o desempenho do gado de engorda por uma suplementação de grãos que pode triplicar o ganho de peso. As invasoras mais comuns nas pastagens da região sudeste são jurubebas *(Solanum spp)*, assa-peixe *(Vernonia spp)*, malvas e guanxuma *(Sida spp)*, leiteiras *(Sapindaceas e Euphorbiáceas)*, samambaias *(Pteridium aquilinum)*, ariri *(cocos vagans)* e outras. Quase todas se prendem a solos adensados, onde as deficiências minerais são pronunciadas devido às dificuldades das raízes em penetrar. Parcialmente fazem parte da paisagem do fogo. A invasora mais temida é o gramão *(Paspalum notatum var.)* que toma as pastagens plantadas decaídas. Consegue crescer nestes solos muito duros, mas não produz. Com pouco desenvolvimento, e geralmente piloso, mantém o gado, sem que este aumente de peso.

A particularidade das pastagens tropicais é que facilmente são invadidas por uma vegetação arbustiva. Necessitam de um manejo muito aperfeiçoado para se manter produtivas. As chuvas torrenciais, o calor e a seca exigem um equilíbrio muito bem calculado entre capacidade de suporte e lotação. Um manejo permanente geralmente acarreta a decadência das pastagens.

Onde o solo não é coberto pela vegetação, como no capim-colonião, o pisoteio animal consegue provocar o aparecimento de muitas invasoras adaptadas ao solo compactado, e o desaparecimento da forrageira. Por isso, a consorciação é tão importante. A partir do início das chuvas regulares, a lotação e a quantidade de massa vegetal produzida dificilmente podem ser sincronizadas, sem que haja rodízio. Em campos nativos, o manejo deve visar a manutenção de espécies forrageiras desejáveis, permitindo sua recuperação e ressemeio natural. A subdivisão da área é indispensável.

Vale a pena lembrar que espécies desejáveis não são somente gramíneas e leguminosas, mas igualmente ervas, arbustos e árvores, que possam servir de recursos alimentícios no período da seca.

Em pastagens com relva densa e solo bem fechado a lotação pode ser maior que em pastos com solo desnudo entre as touceiras de capins. Na época seca a lotação deve ser menor e o gado deve ser distribuído melhor sobre a área. Por isso, aconselham-se pastagens de reserva, que conseguiram crescer no fim das águas, para se tornarem mais resistentes à seca.

A limpeza dos pastos deve ser feita com rolete ou rolo-faca. A queimada não deve constituir uma técnica rotineira, mas uma exceção, somente sendo usada em solo úmido e nunca em solo seco.

O manejo de pastagens na Região Sul

A Região Sul é subtropical, com clima mais ameno e campos que, em parte, nunca foram mata. As pastagens mais ricas existem no Rio Grande do Sul, com uma flora variada que abriga 300 espécies e mais. O segredo dos solos ricos para pastagens é sua pouca profundidade.

Os "pampas" da fronteira do Rio Grande do Sul são famosos, suportando ovinos e gado europeu, sendo as raças predominantes o Hereford e Red-Polled enquanto que na serra dominam o Charolês e o Aberdeen-Angus. Pelo uso permanente e as queimadas na primavera a maioria das pastagens não possui mais a produtividade anterior. As invasoras são especialmente chirca *(Eupatorium spp)*, mio-mio *(Baccharis coridifolia)*, bem como carquejas *(Baccharis spp)*, capim-caninha *(Andropogon incanus)*, barba-de-bode *(Aristida spp)* e outras.

As forrageiras que sustentam o gado são especialmente grama-forquilha *(Paspalum notatum)*, e nos solos mais fracos, na serra, grama-missioneira *(Axonopus compressus)*. Quanto mais forte o pastejo e mais pesada a lotação tanto maior a quantidade destas gramíneas nas pastagens.

Em pastagens com lotação menor aparecem especialmente capins entouceirados como grama-comprida *(Paspalum dilatatum)*, capim--toicerinha *(Sporobolus spp)*, flechilha *(Stipa spp)* e outros. Também nos pampas da fronteira dominam os capins.

A variação entre as pastagens é muito grande e vai dos solos muito ácidos de Santa Catarina, que formam seus pastos principalmente por *Axonopus*, até os solos rasos, mas muito férteis, da fronteira. Geralmente em regiões de maior altitude os solos são mais ácidos, por causa do húmus ácido que aí se forma.

Hoje muitas pastagens foram tomadas em cultivo, inclusive em solos que nunca deveriam ter sido arados. Por isso existe a formação de áreas desérticas no Rio Grande do Sul (mas já em fase de recuperação por reflorestamento).

A vegetação primaveril das pastagens é diferente da de verão e existem muitas forrageiras, como pastinho-de-primavera *(Poa annua)*, cevadilha *(Bromus spp)*, vicias *(Vicia spp)*, trevo-carretilha *(Medicago hispida)* e outras que possuem brotação precoce constituindo valioso recurso forrageiro para as primeiras semanas da estação quente. Como no Sul não existe seca no inverno, mas chuva, o frio constitui o fator decisivo na falta de vegetação pastoril. O primeiro calor faz brotar inúmeras forrageiras. Porém, quando toda a carga animal se concentra nestas pastagens, ela consegue enfraquecer esta vegetação de tal maneira que sua rebrota já é muito menor. E pode acontecer que desapareça totalmente.

Segue-se a brotação das pastagens de verão, que é tão rápida que a vegetação não pode ser vencida pelo gado. Muitas vezes, os pecuaristas temem mudar o gado do piquete, por serem as forrageiras altas e densas atacadas por fungos, que produzem ácido oxálico, tóxico para o gado. Porém, com o fosfato bicálcico administrado aos animais pode-se evitar a intoxicação.

Em pastejo permanente o gado é bem-nutrido somente até fins de outubro, quando a forragem começa a tornar-se fibrosa. Daqui em diante o gado é bem alimentado, mas malnutrido. A única maneira de evitar isso é o manejo rotativo do pastejo, reservando-se alguns piquetes ou potreiros para a fenação.

Na Fronteira, nas pastagens muito rasas, duas semanas de seca no verão já se fazem sentir e as pastagens secam. Ali os recursos pastoris estão nas baixadas, que, porém, são tomadas de capim-caninha, o capim-colorado dos argentinos.

O capim-caninha, quando recém-brotado, é boa forrageira, mas pela queimada anual que sofre virou praga. Encana logo em seguida, tornando-se fibroso, não sendo mais aceito pelo gado. Porém, com uma adubação fosfatada e o manejo rotativo do pastejo ele permanece tenro e palatável, sendo ótima forrageira. Em pastejo pesado, com pouco repouso intercalado, desaparece.

O inverno é temido por matar a maioria das gramíneas e capins de verão. É a ação conjugada do frio, da chuva e da pobreza da forragem, graças a um manejo inadequado. Em pastagens permanentes as forrageiras criam raízes superficiais, explorando somente pequena camada do solo. Assim podem tornar-se subnutridas em solos ricos.

Porém, o valor da forragem oscila muito, não somente pela idade das plantas, mas igualmente de espécie para espécie e de região para região, como mostra a tabela 30.

Tabela 30 – Teor de proteína bruta de algumas pastagens nativas do Rio Grande do Sul e Paraná (Gavillon, 1963)

Local	Solo	Proteína bruta em % da matéria seca
Encruzilhada do Sul/RS	após trigo adubado	15,73
São Borja/RS	nativo, preto	11,92
Vacaria/RS	nativo	7,50
Ponta Grossa/PR	nativo	6,20
Com isso oscila igualmente a lotação, como mostra Schreiner (1972):		
Campo nativo	Lotação UA/ha	
Ponta Grossa/PR	0,2 a 0,3	
Piraí do Sul/PR	0,3 a 0,4	
Guarapuava/PR	0,3	
Palmas/PR	0,3 a 0,4	

Entretanto, a lotação não depende somente da pastagem e das forrageiras, mas igualmente do gado e do que ele pode fazer da pastagem. Assim, Palmas com solos extremamente ácidos e pastagens de espécies pobres, consegue uma lotação relativamente normal com gado Caracu.

Em pastagens produtivas aumenta o ganho de peso com o aumento de lotação, ao contrário das pastagens nativas do cerrado. Isso porque, com lotação fraca, as forrageiras envelhecem, ficando fibrosas.

Tabela 31 – Efeito da lotação na engorda de bovinos em pastagem nativa de Vacaria (Grossmann, 1963)

Período	Lotação baixa		Lotação alta	
	cabeça/ha	ganho kg/ha	cabeça/ha	ganho kg/ha
setembro 53 a março 54	0,5	91,00	1,6	182,00
setembro 54 a março 55	0,5	66,00	1,6	179,00

Ocorre que a lotação baixa é o máximo que as pastagens sustentam durante o inverno, de modo que no verão não existe muita possibilidade de aumentar a carga animal.

O problema é de aumentar o suporte das pastagens no inverno ou produzir feno, utilizando o excesso de forragem do verão. Isso permite um rebanho maior no inverno e uma utilização melhor das pastagens no verão.

Vale a regra de que quanto menos animais a pastagem suportar tanto mais anos o animal levará até alcançar o peso de abate. Por quê? Simplesmente porque a baixa lotação é o resultado da escassez durante o frio.

Tabela 32 – Suporte de pastagem e carne produzida

Unidades animal/ha	anos até o abate	peso vivo animal kg	Carne kg/ha
0,2	6,0	300	10,0
0,3	4,5	300	22,2
0,4	4,5	400	35,5
0,4	3,5	420	48,0 *
1,0	3,5	450	128,5
1,2	3,0	480	192,0
4,0	2,5	420	672,0 **

* média brasileira, ** pastejo rotativo racional em pastagem cultivada, gado de engorda com novilhos comprados.

Verifica-se que quanto maior a lotação nestas pastagens tanto maior a produção. As pastagens são muito produtivas durante o verão e a maior lotação proporciona forragem mais tenra e mais nova.

O impasse na criação de gado de corte na região sul é:

1) a escassez de forragem no inverno;
2) a raça nem sempre adaptada;
3) a baixa fertilidade do gado que se deve: a) à fome no inverno; b) à deficiência de fósforo nos solos devido a um manejo errado.

Ainda que fossem eliminados os dois primeiros itens, ou seja, a adaptação da raça e o alimento no inverno, o desfrute iria subir, mas o gado se iria extinguir, se não fossem tomadas medidas para um manejo de pastagens mais ecológico, aumentando a fertilidade dos animais. A escassez de forragem no inverno resolve-se para o gado de corte por meio do plantio de pastagens hibernais, para o gado de leite também por ensilagem, que será tratada mais adiante.

Aumenta-se o desfrute do gado quando seu desenvolvimento é mais rápido. Mas um desfrute maior exige imperiosamente uma fertilidade maior, para ter o que desfrutar. Mesmo que o animal de corte alcance o peso de abate com 2,5 anos, e a matriz der cria somente de dois em dois anos, nada resolverá. E que existe esta tendência prova o nosso rebanho bovino, que está se mantendo estável durante dezenas de anos.

A fertilidade do gado aumenta quando a alimentação é mais farta, quando não há perda de peso durante o inverno e quando a deficiência de fósforo é resolvida. Em pastagens queimadas anualmente, desaparecem as leguminosas e o gado não receberá fósforo suficiente pela forragem. Fósforo, cálcio, manganês e zinco são os minerais mais importantes para a fertilidade do gado. Portanto, solos que receberam calagens maciças são pouco adequados para a pecuária, por terem imobilizado manganês e zinco. Mas solos com deficiência muito grande de cálcio são igualmente inadequados, por possuírem elevada fixação de fósforo e darem origem a animais fracos.

Pastagens mistas com leguminosas até 30% do total da forragem são as mais indicadas. Monoculturas de capins e de leguminosas devem ser evitadas. Enquanto a monocultura de capim pode ser evitada plantando cada piquete com outra forrageira, a monocultura de leguminosas nunca dá certo, uma vez que praticamente todas as leguminosas possuem princípios tóxicos, que somente desaparecem quando fenados. Por isso, o gado não poderia comer alfafa no campo sem mistura de capim, porém pode comer o feno de alfafa.

Campos nativos bons, como os de Dom Pedrito e Ponche Verde, são muito superiores a pastagens cultivadas. Também as pastagens de Uruguaiana são famosas, especialmente por possuírem o maior aumento animal por hectare e ano. Porém, o segredo não são pastagens muito produtivas no verão, mas pastagens com boa produtividade durante o inverno.

Com um manejo adequado, que nunca dispensa a velha sabedoria: "o rastro do dono engorda o boi", tenta-se manter a diversificação da vegetação pastoril.

É importante observar:

1) o gado nunca deve pastar a primeira brota do mesmo potreiro em dois anos seguidos;

2) o gado nunca deve pastar a última vegetação vigorosa de outono do mesmo potreiro;

3) sempre deixar crescer a vegetação de alguns potreiros para aumentar o sistema radicular e poder superar melhor a seca do verão. "Pastagem curta queima mais";

4) evitar o pastejo permanente, alternando-o, ao menos, se já não puder se fazer um manejo rotativo;

5) se for necessário, usar a fosfatação do pasto para provocar o aparecimento de leguminosas. Geralmente aparecem quando se evita a queimada anual;

6) evitar as queimadas, especialmente as que derem força à brotação precoce na primavera.

Com o melhoramento das pastagens as exigências de higiene animal diminuem.

A seleção do gado para a pastagem

A adaptação da raça existe espontaneamente, como do Caracu nas pastagens ácidas de Santa Catarina, do Charolês na serra do Rio Grande do Sul, do Hereford nos pampas da Fronteira, do Nelore nas pastagens cultivadas da Região Sudeste, dos mestiços Gir nos cerrados e no sertão ou do Brahman nos lavrados do extremo Norte. Os Aberdeen-Angus, animais pequenos e rústicos, com crescimento rápido, são adequados para pastagens declivadas e os búfalos são os mais indicados para as várzeas da região amazônica. Mas uma seleção consciente do gado para a pastagem existente na propriedade ainda não existe.

A seleção ocorre em etapas, e ninguém, exceto o próprio pecuarista, pode fazê-la, porque em outras propriedades existem outras condições. Escolhe-se a raça mais adequada para a região, ou seja, a que já está em uso, e selecionam-se as matrizes que melhor passaram o período adverso, seja o do frio no Sul ou da seca nas outras regiões brasileiras. Deve-se:

1) selecionar os animais que melhor aproveitam a pastagem existente durante o pior período do ano, ou seja, os que com menos suplemento apresentam o melhor desenvolvimento. Procriá-los;

2) entre esses animais escolhem-se os de melhor fertilidade, ou seja, que derem cria anualmente;

3) entre os descendentes destes escolhem-se aqueles com ossatura mais forte e porte maior. O aprumo é também importante;

4) entre os descendentes destes escolhem-se os de desenvolvimento mais rápido e produção maior.

A seleção do gado para as pastagens da propriedade leva muitos anos. Mas vale a pena, porque proporciona um rebanho que com o custo menor terá a maior produção, sem muita suplementação e artifícios.

A seleção sempre se faz com base nas matrizes. Por isso, não se deve importar vacas. O touro deve ser trazido de fora, para evitar o "incesto" e deve ser de boa linhagem. O touro é que deve melhorar a produção. Matrizes importadas e compradas de longe podem ser um estoque para a futura seleção, mas nunca devem ser tomadas como gado definitivo.

Mas esta seleção exige que o pecuarista viva na estância e conheça seu gado. Pode haver cruza e mestiçagem bem dirigidas. Mas deve-se ter consciência de que a produção animal depende intimamente do aproveitamento da forragem. Animais exigentes sempre serão um luxo, por necessitarem muito para sua produção. A produção não depende da forragem nem do clima, mas da adaptação das matrizes às condições existentes.

A avaliação da produtividade de uma pastagem

Produtividade de uma pastagem é sua capacidade de produzir forragem abundante e nutritiva, proporcionando um máximo de produção animal.

Um pasto com abundância de vegetação não necessita ser produtivo, por exemplo, de barba-de-bode ou de capim-cabeludo. Exige-se igualmente que tenha elevada capacidade nutritiva. Por isso, durante muito tempo se avaliou a pastagem pelos teores bromatológicos de suas forrageiras, ou seja, seu teor cm fibras, proteínas brutas e amidos. Mas como a abundância de massa verde também é importante fizeram-se ensaios de corte pesando-se a forragem produzida. Com este sistema chegou-se à "melhor forrageira", que tinha produção abundante e teores admiráveis de amidos e proteínas, e que era o capim-colonião.

Mas como o teor de substâncias nutritivas em uma forrageira depende do solo em que esta foi plantada, fizeram-se ensaios de forrageiras em blocos sorteados, submetidos a diversos tratamentos, como de calagem, adubação, cortes mais ou menos frequentes e em altura diferente. Porém, os erros são grandes devido à falta de pisoteio e à uniformização dos cortes. Assim, por exemplo, capim-colonião produz mais quando cortado de 60 em 60 dias, enquanto grama-forquilha produz mais quando cortada de 24 em 24 dias. Destarte, a comparação das forrageiras tornou-se difícil.

Existe ainda a produção diferente nas estações diferentes do ano, e a maior produção nas águas somente era de valor enquanto não se mantinha gado na seca ou no frio. Mas, no gado de cria e de leite, a possibilidade de estabilização da lotação é quase mais importante que a produção máxima nas águas. O entrave de qualquer produção animal é a estação adversa, seca ou fria. Portanto, a produção de forragem neste período era mais importante que a produção máxima na estação de crescimento geral.

Hoje, optou-se pelo "desempenho animal", ou seja, sua produção de carne, leite e lã por hectare. E muitas vezes a produção máxima por animal não corresponde à produção máxima por hectare. Por exemplo, o aumento de gramas peso vivo/animal/dia constatado em pesagens mensais não é tão importante como a produção por hectare/ano.

Usam-se forrageiras diferentes e manejam-se lotes de animais de idade, raça, peso e sexo idênticos. Normalmente a avaliação é feita na estação das águas e na estação da seca ou, no Sul, do frio.

Este sistema está bem mais perto da realidade, embora a produção animal não dependa exclusivamente da forrageira.

A produção animal depende:
1) da raça e sua adaptação ao clima e à forragem;
2) da forrageira, sua abundância, aceitação pelo animal e seu teor em minerais e aminoácidos essenciais, bem como da digestibilidade. O valor nutritivo varia segundo o solo, sua riqueza ou pobreza mineral e seu estado biofísico, a adaptação da planta ao solo e do animal à planta. Da idade em que en-

tra na fase reprodutiva nesse solo à idade fisiológica em que é pastada. Um animal adaptado à forragem fibrosa não terá desempenho melhor em pastagem tenra, rica em proteínas;

3) da suplementação adequada com sal e sais minerais;

4) da verminose, que baixa a utilização da forragem pelo animal;

5) da distância das aguadas, que podem exigir um gasto grande de energias, tiradas da produção;

6) da sombra para as horas de repouso e ruminação;

7) do "conforto" climático sentido pelo animal (vide "o clima e o aproveitamento da forragem");

8) do manejo rotativo racional das pastagens. O pastejo permanente terá sempre menor produção de forragem e menor valor nutritivo;

9) da presença ou ausência de ervas que aumentam o apetite animal;

10) da saúde dos animais na pastagem.

As avaliações do valor de uma forrageira e da produtividade de uma pastagem são bem mais complexas do que a simples constatação dos quilos de forragem produzida por corte ou por hectare e ano e do teor bromatológico da forrageira. Elas dependem de todo pacote tecnológico a ser usado. Assim, por exemplo, capim-colonião, brachiaria ou grama-forquilha possuem outra produtividade quando manejados em pastejo permanente ou rotativo e possuem outro valor nutritivo quando usados em pastejo permanente ou em manejo racional, lotando o pasto quando o valor nutritivo da forrageira for maior.

Uma adubação pode aumentar em muito a produtividade ou pode aumentar somente a produção de massa verde. A monocultura pode ser muito menos produtiva que uma mistura de forrageiras, tanto em quantidade quanto em qualidade, inclusive por não conseguir manter a saúde animal. A *"melhor forrageira", a forrageira-maravilha, não existe, por depender o desempenho animal do solo, da forragem, da raça e sua adaptação à vegetação, e do clima.*

Por outro lado, sabe-se que a capacidade de produção de massa e de proteínas é muito maior em clima tropical do que em clima temperado. As forrageiras tropicais possuem maior eficiência fotossintética, fixando 70 mg de gás carbônico por dm^2 de área folhar por hora contra 20 a 30 g por dm^2 em clima temperado. A incidência de radiação solar é maior em 33% e a conversão é maior em 100% contra a de clima temperado. Poderemos produzir muito mais, se observarmos todas as condições ecológicas de solo-pasto-gado-clima.

Plantas tóxicas em pastagens

Anualmente morre muito gado por intoxicações. Mas o fato de que uma planta possui princípios tóxicos não a torna ainda uma planta tóxica. Por exemplo, o trevo-doce (*Melilotus albus*) é rico em cumarina, uma substância que impede a coagulação do sangue. A alfafa possui substâncias cianogênicas e saponinas que podem causar um timpanismo violento. Mesmo assim ambas são consideradas forrageiras.

Planta tóxica, sob o ponto de vista do criador, é aquela que, ingerida pelo animal sob condições naturais, e em quantidades pequenas, causa dano à saúde ou causa a morte dos animais.

Normalmente os animais não procuram as plantas tóxicas, mas as evitam. As intoxicações ocorrem quando essas plantas são ingeridas no meio de outra forragem, isto é, em quantidades regulares a reduzidas, podendo causar danos. Exceção é o mio-mio, que rebrota antes das pastagens e do qual as ovelhinhas podem colher os brotos, por serem a única vegetação verde.

Praticamente todas as plantas medicinais são tóxicas em maiores quantidades, e muitas plantas tóxicas, consumidas em pequena quantidade, especialmente quando as pastagens estão secas, não prejudicam os animais.

Existem plantas tóxicas que ocorrem em todo o Brasil, como o paina-de-sapo ou oficial-de-sala (*Asclepias curassavica*), a erva-de-rato (*Palicoura marcgravii*), o fedegoso ou lava-pratos (*Cassia occidentalis*).

Há outras que somente aparecem em determinadas regiões, como o mio-mio (*Baccharis coridifolia*), na Fronteira do Rio Grande do Sul, ou o tingui (*Mascagnia rigida*), a coerana (*Cestrum laevigatum*), que existe especialmente na Região Sudeste, ou o mata-zombando (*Indigofera pascuorum*) da Região Norte, boa forrageira para bovinos e tóxica para equinos.

Existem os brotos de samambaia (*Pteridium aquilinum*), que causam hematúria, ou seja, sangramentos em animais que os ingerem em pequenas quantidades durante tempo prolongado e que podem causar os sintomas quando o gado já não está mais na pastagem, podendo causar até "caraquatá", ou seja, um câncer no tubo digestivo superior. Até as sementes da maria-mole ou berneira (*Senecio brasiliensis*) podem ser tóxicas quando ingeridas em maior quantidade.

Muitas leguminosas, como erva-besteira (*Lupinus spp*), crotalárias (*Crotalaria spp*), mucunas (*Styzolobium spp*) etc., são boas forrageiras até a floração, engordando o gado. A partir da formação de sementes são tóxicas, podendo matar os animais.

Também pode ocorrer a toxidez em leguminosas por falta de fósforo e zinco, formando-se nos caules e folhas inferiores flavonas estrogênicas, como ocorre no cornichão, na alfafa, no trevo-subterrâneo e outras. Estas substâncias agem não somente sobre o útero das fêmeas, mas também sobre o comportamento sexual em geral, podendo esterilizar o gado enquanto pastar nesses potreiros.

O timpanismo é comum em pastagens com predominância de leguminosas. As horas mais perigosas são as da manhã, quando ainda há orvalho nas folhas, e a estação do ano mais perigosa é a do início das chuvas. Por isso deve-se cuidar de nunca ter mais que 30% da vegetação em leguminosas. Quanto mais forragem seca acompanhar as leguminosas, como no período seco, tanto menor o perigo de timpanismo ou intoxicação. Geralmente o timpanismo é causado por leguminosas que possuem também saponinas, que são facilmente detectadas por seu gosto amarguento.

Em muitos capins de porte alto, como em todos os sorgos, capim-sudão, capim-colonião, capim-napier, milho etc., existe acumulação de substâncias cianogênicas na brotação nova. Quando as plantas ultrapassam uma altura de 60 cm, geralmente possuem o suficiente em carboidratos e fibras para não causar mais dano ao gado. A toxidez dessas forrageiras aumenta até 20 vezes quando:

a) adubadas com fertilizantes nitrogenados, como sulfato de amônia;

b) o solo for tratado com herbicida, que pode aumentar consideravelmente o teor em nitrogênio das plantas;

c) a terra for irrigada;

d) ocorre um crescimento vagaroso por causa do frio;

e) ocorre o murchamento das plantas por geadas, secas ou pisoteio intenso do gado, libertando-se dos compostos cianogênicos ácido cianídrico.

A violência da intoxicação depende do grau de acidez do estômago do animal. Um animal faminto que come com avidez pode morrer, enquanto um animal que antes recebeu capim seco, milho quebrado ou qualquer forragem rica em carboidratos, não se prejudica. Brotação nova de forrageiras de porte alto sempre é perigosa. Os animais atingidos morrem de paralisia respiratória.

A forragem, tanto faz se nativa ou cultivada, pode crescer com tanta rapidez e ficar tão densa, que o gado não a vence. As partes mais baixas são atacadas por fungos, que causam a intoxicação no gado.

Outras forrageiras podem se tornar tóxicas pelo ataque de fungos às sementes, como a *Brachiaria*, especialmente a *var. Tanner,* e as linhagens australianas, mas também a *Festuca,* falaris, cevadilha e outros podem ter suas sementes atacadas por fungos. Uns produzem aconitina, especialmente em solos com deficiência de magnésio, outros produzem substâncias fotossensibilizantes. Em solos deficientes em potássio, algumas forrageiras, como trevo-doce (*Melilotus albus*), e uma variedade de capim-chorão (*Eragrostis curvula var*), produzem elevados teores em cumarina, tóxica para os animais, por causar hemorragias.

Como uma forrageira pode ser ótima numa região e tóxica em outra, a prevenção melhor é nunca plantar monoculturas. Em mistura, a toxidez não aparece.

Nem todos os animais se intoxicam, nem com plantas tóxicas nativas, nem com forrageiras. Pergunta-se por isso: quando é que os animais se intoxicam?

Quando ocorre a intoxicação dos animais?

a) gado faminto e subnutrido é mais suscetível à intoxicação, por comer com voracidade, não selecionando pelo olfato;

b) gado de tropa ou gado que foi mantido confinado. Existem "potreiros de morte" que normalmente são aqueles onde se trancam os animais de tropa ou recém-chegados. Os animais não se intoxicam por encontrarem mais plantas tóxicas, mas por estarem cansados e famintos. Animais confinados, ansiosos por comerem forragem verde, igualmente são mais inclinados a ingerir plantas tóxicas;

c) gado prenhe, leiteiro ou com terneiros ao pé sempre é mais suscetível, por sofrer facilmente de desmineralização. Quando arraçoado com farinha de ossos e sal, geralmente resiste melhor. Porém devem se considerar aqui igualmente as hipocalcemias em pastagens suculentas, que podem causar tetanias graves, que também ocorrem durante a seca em solos muito compactados;

d) terneiros desmamados sempre são mais suscetíveis do que animais adultos, especialmente quando não foram tratados contra verminose;

e) gado de pele branca, despigmentada, é sujeito a fotossensibilização tanto por brachiaria quanto por trigo-mourisco, trevo-carretilha e outros.

Em que parte da pastagem a intoxicação é mais fácil?

Solos deficientes em fósforo, magnésio e cobalto permitem a formação de toxinas em plantas que normalmente são boas forrageiras. A prevenção melhor é o cultivo de pastagens mistas, em lugar de monoculturas.

O excesso de nitrogênio pode tornar tóxicos aveia-forrageira, azevém, feterita, sorgo, capim-sudão, grama-seda e outros, especialmente em solos arenosos. Terras arenosas sempre sofrem mais com uma adubação desequilibrada que terras argilosas. Pode-se aumentar a massa verde da forragem, mas prejudica-se a saúde animal. Especialmente em solos compactados pode ocorrer a acumulação de nitritos em plantas consideradas boas forrageiras, simplesmente por falta de uma metabolização adequada do nitrogênio.

Em solos úmidos, facilmente aparece um excesso de molibdênio e a deficiência de cobre. A resistência animal nestes terrenos, já baixa pela verminose mais pronunciada, não consegue superar o desequilíbrio mineral, especialmente em pastos com leguminosas, e ocorre a "doença dos trevos", em que o gado urina sangue. Em pastos beirando os lagos do Rio Grande do Sul ocorre a deficiência pronunciada de cobalto, que pode permitir a formação de neurotoxinas em plantas forrageiras, causando tremedeira no gado.

Em solos muito secos a disponibilidade de molibdênio sempre é pequena e pode ocorrer facilmente a intoxicação por cobre, especialmente quando forem administrados vermífugos com base de cobre.

Quais as plantas que intoxicam?

Plantas permanentemente tóxicas, como mio-mio, timbós, coeranas etc. constituem perigo menor nas pastagens, por não serem tocadas por gado bem-nutrido. Porém existem plantas tóxicas escondidas na forragem, como o mio-mio rasteiro ou o cipó-do-sapo, um timbó, que matam em pequenas quantidades de maneira fulminante. O último possui um cardiotóxico muito forte, a asclepiadina.

Existem plantas tóxicas somente para determinada espécie animal. Assim capim-angola *(Panicum purpurascens) ou Brachiaria mutica* e milhetos são boas forrageiras para bovinos, mas tóxicos para ovinos. Mas existem igualmente plantas perigosas por sua seiva muito cáustica, como diversas *Euphorbiaceas,* por exemplo, o aveloz *(Euphorbia tirucalli)* ou a burra-leiteira *(Sapium scleratum).*

A maioria das plantas tóxicas é evitada pelo gado. Porém, pode-se tornar viciado em comê-las em pequenas quantidades, como coeranas. Muitas plantas tóxicas crescem somente em capoeiras ou na beira da mata e os animais as procuram quando com apetite depravado. Assim procuram abastecer-se com o nutriente deficiente, que geralmente é fósforo ou potássio, frequentemente sódio e cloro e também cobalto. Os animais tentam comer algo diferente. Em resumo: a intoxicação depende em primeiro lugar do próprio gado.

Animais suficientemente nutridos, também com minerais, descansados e em pastagens mistas, dificilmente se intoxicam. Porém, gado subnutrido, cansado, faminto e deficiente em minerais até procura plantas tóxicas. Tambem animais de cabanha, quando postos em pasto verde, facilmente comem plantas tóxicas. Não é que ou o gado conhece ou não conhece as plantas tóxicas. Sempre às distingue pelo olfato. Mas quando ansioso por comer alguma coisa verde não se dá ao luxo de cheirar primeiro.

Gado suspeito de intoxicação nunca deve ser movimentado, a não ser quando se tratar de timpanismo. Neste caso tem de ser movimentado.

Em segundo lugar a intoxicação depende do manejo da pastagem. Pastagens muito sujas, grosseiras, queimadas e mal cuidadas possibilitam muito maior número de plantas tóxicas que pastagens bem manejadas, e geralmente apresentam a deficiência aguda de fósforo. Durante períodos de seca ou frio, o gado procura sua alimentação em capões ou do cerrado, onde sempre existem plantas tóxicas. Não prejudicam quando ainda há capim seco no pasto. Mas quando o pasto é "rapado", não fornecendo mais massa seca, o gado se intoxica.

Portanto, mortes em grandes proporções geralmente ocorrem apenas quando os cuidados são falhos, e a culpa não está tanto na existência de plantas tóxicas, mas na deficiência mineral, na subnutrição, na fome ou na falta de costume de comer pasto verde.

Para eliminar as plantas tóxicas que possam prejudicar o gado, erradicar as invasoras e melhorar o suporte das pastagens, é preciso "formar" pastagens, ou seja, cultivar forrageiras, especialmente capins, mas também leguminosas cujo valor alimentício é comprovado.

A PASTAGEM PLANTADA

Os pastos nativos decaídos pelo mau uso, ou os campos agrícolas deficientemente gramados, cerrados e matas roçadas são plantados com forrageiras produtivas para aumentar a produção de carne por hectare.

Mas, como já verificamos, existem muitos ambientes e microambientes com vegetação específica, de modo que não se pode generalizar escolhendo uma ou duas forrageiras para todo o território nacional. Já foram feitas várias tentativas para indicar as forrageiras mais adequadas a determinadas condições de clima e de solo. Assim Alcântara & Bufarah (1979), tentaram um zoneamento do Estado de São Paulo segundo:

- a altitude;
- a temperatura média;
- as precipitações anuais;
- a chuva excedente;
- o clima (úmido, semi-úmido, subúmido e seco);
- o solo, segundo a taxonomia e capacidade de utilização.

Assim, dividem o Estado de São Paulo em região de Campos do Jordão, Vale do Paraíba, Vale do Ribeira, Cerrado Central, Noroeste e Contorno Leste.

Em Pernambuco, dividem em região litorânea, agreste e caatinga, o sertão seco.

No Rio Grande do Sul, Anacreonte Araújo (1971) tentou um agrupamento:

1) segundo a estação do ano, outono-inverno e primavera-verão;
2) segundo os solos, arenosos, médios, argilosos, úmidos drenados e alagadiços;
3) pelo uso: ferrejo, ceifa de forragem verde ou pastejo.

Souza (1979) indica para cada forrageira suas características de clima, solo e manejo, bem como sua resistência ao frio ou à seca. Pimentel Gomes (1973) indica forrageiras herbáceas, arbustivas e arbóreas para a região da caatinga.

Praticamente não existe autor que não indique as limitações e preferências de cada forrageira, para que o pecuarista não sofra amargas decepções e perdas de dinheiro.

Mesmo as firmas que vendem sementes de forrageiras, embora tendo maior estoque, e por menos preço, de capim-colonião e *Brachiaria decumbens*, indicam as regiões do Brasil onde se planta com maior sucesso uma ou outra forrageira e indicam igualmente o regime pluviométrico e a riqueza dos solos exigidos.

Não falta a conscientização, e enquanto uns procuram a forrageira com o melhor resultado bromatológico, outros procuram a melhor adaptação a determinadas condições locais.

Não faltam os experimentos que procuram, para o Cerrado, forrageiras mais seguras que as atualmente usadas.

Não é somente a carga animal que as pastagens plantadas suportam quando recém-instaladas e bem adubadas. O fator econômico entra também em jogo e todos sabem hoje que uma produção elevada, com grandes investimentos, é, às vezes, menos econômica que uma produção um pouco menor, mas com investimentos muito menores. Uma forrageira que se identifica com o solo e o meio ambiente permanece na pastagem por muito mais tempo e, de certa maneira, é mais indicada do que uma que exige a renovação cada 4 a 5 anos.

para sua região, como mostram inúmeras experiências. Assim, no Rio Grande do Sul as forrageiras mais plantadas são aquelas para a escassez do inverno. São encabeçadas pelo azevém *(Lolium multiflorum)*, que ocupa quase 80% do lugar das forrageiras hibernais. Também se usam aveia-forrageira e centeio-forrageiro. Na serra a festuca *(Festuca arrundinacea)* tem certa difusão. Entre as leguminosas o trevo-branco e o cornichão são as mais faladas, embora as ervilhacas *(Vicia spp)* pudessem ter difusão maior, crescendo parcialmente em forma nativa. Existem muitas forrageiras europeias em experimentação, como nas Estações Experimentais de São Gabriel e Cinco Cruzes, de Bagé, porém nenhuma outra forrageira ganhou maior importância. Existem plantadores de alfafa, como na região de Cerro Largo (RS), aproveitando-se do preço elevado, embora a produtividade deixe a desejar.

Tabela 34 – Teor em proteínas brutas na matéria seca de algumas forrageiras (seg. Otero, 1962 e Alcântara & Bufarah, 1979) variando com o solo e a secagem

Forrageira	PB (proteína bruta) %
Puerária *(Pueraria phaseoloides)*	20,92 a 23,83
Soja-perene *(Glycine wightii tinaroo)*	20,11 a 20,94
Leucena *(Leucaena leucocephala)*	20,00
Siratro *(Macroptiluim atropurpureum)*	19,00 a 20,83
Mucuna-preta *(Stizolobium aterrimum)*	18,36 a 21,07
Alfafa (*Medicago sativa*)	**14,70 a 22,80**
Cornichão *(Lotus corniculatus)*	17,13 a 17,24
Pega-pega *(Desmodium adscenden)*	16,36 a 17,33
Guandu *(Cajanus cajan)*	14,00 a 15,20
Soja *(Glycine Max Merrill)* (palha após a colheita)	15,5
Lab-lab *(Dolichos lablab)* ou *Lab-Lab purpureus*	14,80
Mas existem também capins com elevado teor em PB na matéria seca	
Quicuio *(Pennisteum clandestinum)*	17,20
Capim-elefante *(P. purpureum)*	10,24 - 13,64
Brachiaria *(Brachiaria humidicola)*	11,90
Bermuda-grass *(C. dactylon cv Taiwan)*	10,70
Grama-branca *(Panicum reptans)*	13,53
Jaraguá *(Hyparrhenia rufa)*	5,83 a 14,3
Capim-papuã *(Brachiaria plantaginea)*	13,93

Em São Paulo, nas Estações Experimentais, como na de Nova Odessa, as forrageiras testadas são para o período das chuvas, em lugar da seca, e fora das forrageiras, já tradicionais, a estrela-africana *(Cynodon plechtostachyus)* e o buffel *(Cenchrus ciliatus)*, ao lado de diversos estilosantes, são as que sobressaem, seguidas da galactia *(G. striata)*, da soja-perene, do siratro e do lab-lab.

Produção de diversas leguminosas durante o verão e o inverno (seca)
kg/ha

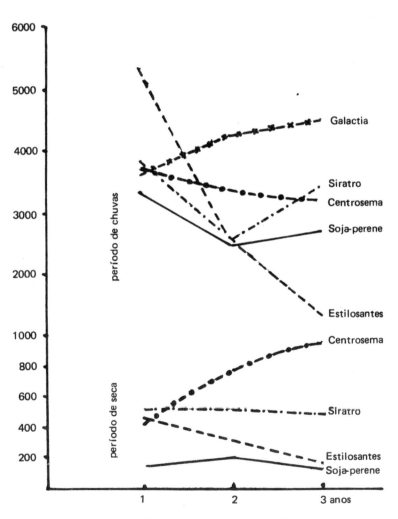

(Fonte: Boi. Indústr. Anim. jul./dez. 1976)

Fig. 6 – Neste ensaio, as mesmas leguminosas que se comportaram melhor nas águas também produziram mais na seca. As que não sofreram pelo uso durante 3 anos eram galactia e centrosema nas águas e na seca respectivamente.

Na Fig. 6, verifica-se que cada leguminosa se comporta de maneira diferente neste lugar. Enquanto a galactia aumentou sua produção no decorrer dos anos, os estilosantes diminuíram. Em consorciação ela cresce melhor do que em monocultura, onde tende a eliminar a si mesma. Por outro lado, em relação aos cortes e sua frequência, os estilosantes produziram a maior massa verde, como se pode verificar na tabela 35.

Tabela 35 – Produção de feno de leguminosas forrageiras (Mattos, 1975)

leguminosas	2 cortes/ano kg/ha	3 cortes/ano kg/ha	média kg/ha
Estilosantes	6.950	9.400	8.175
Soja-perene	4.950	6.590	5.770
Galactia	4.010	5.840	4.925
Centrosema	3.310	5.180	4.245

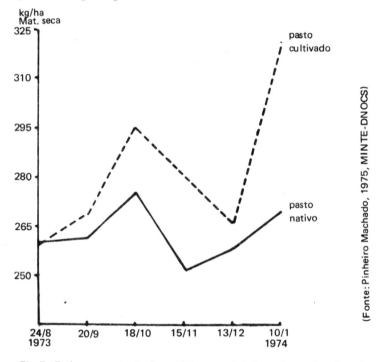

Fig. 7 – Embora a produção de matéria seca seja baixa, a forrageira plantada produziu 7 a 20% a mais que a pastagem nativa durante a seca.

Em Goiás, o capim que dá maior esperança é o gambá *(Andropogon gayanus)*, embora o colonião ainda seja o mais plantado. A leguminosa dos cerrados é o calopogônio, que no segundo ano toma conta da pastagem e no terceiro ano, geralmente, desaparece.

No Nordeste, o que mais se propaga é a mistura de capim-buffel com estilosantes para o período das chuvas e a pastagem arbórea, especialmente de algarobeiras *(Prosopis juliflora)*, a faveleira *(Cnidoscolus phyllacanthus)*, a jurema-preta *(Mimosa nigra)* e outras, ao lado de palmas-forrageiras *(Opuntia spp)* e palmeiras como babaçu *(Attalea speciosa)*, inajá *(Maximiliana maripa)* para a seca.

No Norte, são as canaranas, o quicuio-da-amazônia, puerária e estilosantes que mais se propagam, sendo o colonião ainda muito plantado.

Desenvolvimento de buffel-grass e *Stylosanthes humilis* no Ceará (MINTER-DNOCS, 1975)

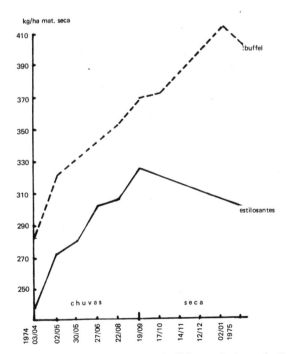

Fig. 8 – Na consorciação estilosantes-buffel a queda de produção é maior na leguminosa do que no capim durante a seca.

Em ensaios da Minter-Dnocs no Ceará, a consorciação mais promissora é o buffel com estilosantes para as "águas", como em todo o Nordeste. Porém, todas estas indicações são muito relativas porque em parte são forrageiras da moda, em parte fruto de ensaios em determinado lugar e em parte imposições de firmas que possuem estoque grande de uma ou outra forrageira em qualquer lugar do mundo. Assim um ensaio com lespedeza (Hawkins, 1959) mostrou que a matéria seca produzida, neste caso feno, varia de um lugar para outro, sendo 64,5% a variação da maior para a menor. O valor em proteínas brutas possui uma variação de 151% e de aceitação, pelos animais, de 53%, como mostra a tabela 36.

Tabela 36 – Feno de lespedeza de dez lugares (Hawkins, 1959)

Lugar	Consumo pelo gado kg/rês	Coeficiente de digestibilidade	
		matéria seca	proteína bruta
1	2,30	43,1	29,1
2	2,86	49,6	28,8
3	2,34	43,5	16,6
4	3,10	43,3	16,2
5	3,52	48,2	40,5
6	2,61	48,8	24,5
7	3,34	54,7	40,8
8	3,08	39,7	13,5
9	3,25	53,9	39,3
10	3,16	34,8	23,3

A mesma forrageira, em lugares diferentes, tem um desempenho e propriedades diferentes. De seu "conforto" neste solo, e sua identificação com o ambiente, depende sua maior ou menor riqueza e palatabilidade. Também o ataque por pragas depende do solo e do lugar e enquanto, num lugar, a forrageira é ecótipo, em outro é eliminada por pragas.

Muitas forrageiras são ótimas em mistura ou quando suplementadas por outras, como o capim com leguminosas, a palma-forrageira com fibras e sementes ricas em proteínas etc.

Geralmente acredita-se que a escolha da forrageira, para melhorar o suporte da pastagem, somente pode recair numa forrageira exótica, ou seja, importada ou no mínimo melhorada nos EUA ou na Austrália. Geralmente, estas forrageiras, com desenvolvimento muito bom, enquanto o solo ainda apresentar o efeito da calagem, adubação e aração, logo entram em decadência quando desaparecem os efeitos do preparo. Assim, por exemplo, tanto o capim-colonião quanto o capim-pangola exigem uma gradeação de vez em quando para voltar com maior vigor ou uma adubação fosfatada e nitrogenada. A manutenção da pastagem se torna cara.

A brachiaria em muitas regiões é atacada por cigarrinhas, em outras é atacada por um fungo causando fotossensibilidade dos animais, de modo que o entusiasmo por esta forrageira já está diminuindo bastante, sendo o capim-ruzi *(Brachiaria ruziziensis)* o novo favorito. Porém, o favoritismo na escolha de forrageiras é um erro econômico, uma vez que cada região e cada solo possuem outras capacidades de produzir pastagens.

As plantas que proporcionam pastagens mais duradouras, de vida mais longa, são os capins e as leguminosas já existentes na região. Mesmo se o suporte for algo menor nos capins nativos ou nos capins já adaptados, o custo é muito menor e o lucro será maior.

O maior suporte nem sempre significa maior rentabilidade. Quando a manutenção e a renovação das pastagens são muito caras, o preço da carne não consegue acompanhar os custos de sua produção. As propriedades se descapitalizam.

Deve-se encontrar o caminho do meio, entre maior produção de produtos animais, ou seja, de carne, leite e lã, e o maior lucro proporcionado por hectare, ou quadra de campo. O tamanho do boi vendido, a quantidade de leite ou lã produzida por animal, não indicam ainda o lucro obtido por hectare. E muitas vezes a maior produção não é a mais rentável.

Vale, pois, o princípio: escolher as forrageiras que mais fácil vegetam em seus solos, melhorando a forragem pela/o:

1) diversificação das forrageiras, escolhendo várias para o mesmo pasto;
2) introdução de leguminosas bem aceitas pelos animais;
3) supressão das queimadas, que diminuem a absorção de minerais pelas forrageiras;
4) manejo alternado ou rotativo do pastejo para aumentar a permeabilidade do solo.

Desta maneira conseguem-se pastagens boas, sem grandes despesas.

As técnicas de plantio de pastagem

O plantio de pastagens se faz necessário quando se pretende formar pastagens de inverno no Sul do país ou quando se pretende introduzir pastagens em terras de uso agrícola ou de mata. Aqui a regramação da terra, antes cultivada, ou o aparecimento de forrageiras num solo que não abrigava capins e leguminosas herbáceas será muito lento. Também pastagens completamente decaídas, tomadas por invasoras, terão recuperação lenta. Campos sujos e cerrados geralmente também necessitam do plantio de forrageiras, para poder iniciar a atividade pecuária.

Distinguem-se três técnicas de formação de pastagens:
1) a implantação de forrageiras após aração, adubação e dois anos de cultivo, para baixar o custo da implantação da pastagem;
2) a implantação em pastagens existentes;
3) o plantio direto em solos recém-roçados.

A implantação de forrageiras em terras corrigidas e cultivadas

Antigamente a formação de pastagens ocorria quase que exclusivamente por mudas ou toletes em solos recém-arados, às vezes adubados. No primeiro ano se deixava o capim sementar, queimava-se o capim seco no início da primavera e esperava-se o nascimento da "sementeira". Quando o capim alcançava a altura desejada, era pastado pela primeira vez. E a partir da rebrota, o gado permanecia no pasto em pastejo permanente. Esta formação de pastagem era cara, especialmente quando o capim não se dava com as condições encontradas, desaparecendo após poucos anos de uso.

Hoje existem sementes da maioria das forrageiras, importadas ou produzidas no Brasil, e o plantio, geralmente, é feito por semeação. Mas como a forragicultura obedeceu a regras idênticas às da agricultura, o preparo do solo por aração e gradeação, a adubação com adubos comerciais e finalmente o plantio oneraram demasiadamente a formação de pastagens. Passou-se então para o uso dos solos para a agricultura, onde se aplicou o adubo. Geralmente a formação das pastagens não é feita pelo proprietário, mas sim por um arrendatário ou empreiteiro. Eles recebem gratuitamente a terra para limpar e cultivar durante um a dois anos, com a obrigação de entregar a terra com capim plantado. Este método, de qualquer modo, barateou sensivelmente o custo da formação da pastagem para o estancieiro. Porém, após dois anos de algodão, a terra, geralmente, se encontrava em estado lastimável. Era compactada e lavada e muitas vezes não nascia mais nada a não ser guanxuma (*Sida spp*). Também era impregnada de defensivos, e o uso de herbicidas, às vezes, dificultava em muito o assentamento de capins. Após o uso de milho ou soja, a semeadura de forragem nem sempre surtia efeito satisfatório, e quando surtia, geralmente, a vida destas pastagens era curta.

A razão pode ser procurada nos famosos "anos de fome" por que cada pastagem cultivada tem de passar, e que geralmente se iniciam no terceiro ano. A causa são camadas adensadas que se formam logo abaixo da superfície. A invasão de plantas nativas é certa, especialmente de "gramão", às vezes de capim-favorito, ambos pouco apreciados, mas ecótipos em solos adensados. Assim a renovação torna-se necessária, geralmente após cinco anos. Esta rotatividade alta das pastagens cultivadas torna-as caras. São raras as pastagens que se conseguem manter produtivas durante muitos anos e que conseguem uma passagem vantajosa para pastagens mistas com capins e leguminosas nativas, tornando-se perenes.

A razão da decadência das pastagens cultivadas é sempre a formação de uma laje adensada logo abaixo da superfície do solo devido à agricultura antecedente ou simplesmente devido a uma aração profunda demais para as condições do solo. Em capim-colonião associa-se ainda a cobertura muito incompleta do solo, que será tanto mais acentuada quanto mais deficiente for o manejo. Quando plantada consorciada com soja-perene a pastagem conserva-se produtiva por muitos anos. O mesmo vale em maior ou menor escala para todas as forrageiras de porte alto.

O pastejo permanente dos animais, sem descanso da pastagem, é outro fator para sua decadência. Destruiu as pastagens nativas e destrói as pastagens cultivadas.

A escolha da forrageira segundo a propaganda feita pelas firmas de sementes, em lugar da consideração das condições de seu solo, é outro fator que encurta a vida da pastagem. Se a forrageira se identificar com o solo que se pode oferecer, sua permanência é garantida e a renovação da pastagem não se faz necessária. Ela permanecerá boa e produtiva, se receber um manejo rotativo.

A implantação em pastagens existentes

A implantação de forrageiras em pastagens existentes somente funciona quando o solo não for muito decadente e pisoteado. Exige que a pastagem esteja ainda em condições razoáveis. Antes da implantação se leva a vegetação existente até a plena floração. Põe-se o gado no fim do florescimento, quando as gramíneas já acumularam reservas, pastando-as radicalmente. Também pode-se proceder à sua fenação. A forragem existente tem de ser bem baixa quando se semeiam as forrageiras que se pretende implantar. Em forragem alta não nascerão. Nos trópicos, onde no fim da seca a pastagem geralmente é rapada, planta-se no início das chuvas regulares ou após a queimada feita no início das chuvas regulares. Esta prejudica um pouco o solo e a vegetação, mas remove a palha que impedirá o nascimento das sementes.

Em pastagem baixa, a implantação pode ser feita também com implantadeira de pastagens, plantando em linhas as forrageiras que se pretende introduzir. A vantagem da implantação está em que não se remove a vegetação existente. Se a implantação der resultado e as forrageiras se identificarem com o ambiente, tomarão conta da pastagem. Se malograr, as forrageiras existentes se beneficiarão do adubo aplicado, dando um pasto melhor.

Em todos os casos aconselha-se a passagem de gado sobre o pasto implantado, para prensar as sementes ao chão possibilitando seu nascimento mais rápido, No Rio Grande do Sul, a implantação de forrageiras de inverno nas pastagens de verão deve proporcionar pastagem verde durante o ano todo. Em muitas pastagens o azevém já ocorre de maneira espontânea.

Nos trópicos a implantação de leguminosas é mais importante. Pastagens fracas, tomadas por invasoras, podem ser salvas quando se implantam leguminosas, especialmente arbustivas, com raízes pivotantes, como indigóferas, guandu, jureminha (*Desmanthus virgatus*), diversos desmódios etc.

Plantio direto após a limpeza do terreno

Quando se limpa um terreno, especialmente de cerrado alto, existe geralmente uma camada fina de húmus, e, quando o cerrado não for queimado, também uma camada floculada, grumosa, de 5 a 8 cm de profundidade. Pela aração esta camada será soterrada. É preferível deixá-la na superfície. Limpa-se o terreno com correntão, enleiram-se as raízes e os galhos, junta-se a vegetação roçada, como samambaia, e, se a terra for muito pobre, aduba-se com um fosfato natural, hiperfosfato ou termofosfato. Em seguida, passa-se uma grade e lança-se a semente. Isso pode ser feito à mão, com a distribuidora do adubo, ou de avião. No início das chuvas regulares, a semente germinará rapidamente. A semente das leguminosas pode ser peletizada, ou seja, coberta por uma camada de calcário ou farinha de osso ou pulverizada com óxidos de micronutrientes, caso isso for necessário. As forrageiras a serem usadas numa implantação direta sempre devem ser ecótipos, ou seja, plantas que já existiam em pequena escala nesse terreno. Caso contrário, não terão possibilidade de dominar a vegetação existente. Por exemplo, num terreno de cerrado, onde dominava a samambaia (*Pteridium aquilinum*), existiam também capim-gordura, capim-jaraguá, estilosantes e desmódios. Implantou-se uma mistura destas quatro forrageiras, junto com uma aplicação de 200 kg/ha de hiperfosfato. Após três meses, fez-se o primeiro pastejo leve. Após 5 meses a pastagem estava formada, sendo manejada em pastejo rotativo. Dominou todo o "gramão" e a samambaia, e permitia uma lotação média de quatro animais por hectare. Porém, uma implantação feita na mesma fazenda, no mesmo cerrado, usando brachiaria, fracassou completamente, sendo dominada pela vegetação nativa.

O sucesso na implantação direta reside no uso de forrageiras adaptadas ao solo.

A adubaçao da pastagem

A adubação rotineira de pastagens sempre será cara e antieconômica. Além disso, diz-se no Rio Grande do Sul que a adubação baixa o rendimento do pasto nativo. Por quê?

Pastagem não é agricultura. É um ecossistema muito delicado, e cada planta que aparece em pastagem nativa é indicadora de alguma condição do solo. Quando este sistema é modificado arbitrariamente, muitas plantas desaparecem e outras surgem. Pode ocorrer que plantas bem assentadas desapareçam pela adubação. Mas as que surgem não encontram ainda seu ótimo nas condições criadas. Serão fracas e sem desenvolvimento. A forragem piorou!

Outros dizem que a adubação não penetra no solo pastoril. Isso é verdade em pastos queimados, com uma terra sem vida. Quem deve fazer a terra permeável são os meso (significa meso- ou mesoanimais) e macroanimais do solo e quem transporta parte do adubo, novamente são estes animais. Se não existirem, a penetração do adubo será difícil. Porém, quando se roçar o pasto antes da adubação, deixando-o semiapodrecido, e somente depois se aplicar o adubo, este penetra, como mostra a tabela 37.

Tabela 37 – Efeito de adubo num pasto nativo, apurado após 6 meses e dois anos, em três profundidades (cm)

Tratamento	0-5 cm	pH 6-10 cm	11-20 cm	0-5 cm	Ca ppm 6-10 cm	11-20 cm	0-5 cm	P ppm 6-10 cm	11-20 cm
Testemunho	4,8	4,5	4,9	125	80	40	1,5	1,1	1,1
Calcário:									
após 6 meses	5,0	4,5	4,8	540	120	40	5,0	2,0	1,0
após 2 anos	5,2	5,1	4,3	380	150	40	18,0	18,0	9,0
Escória:									
após 6 meses	5,3	4,7	4,3	250	80	40	5,2	3,0	1,0
escória + ureia após 6 meses	5,0	4,3	4,4	250	80	40	24,0	1,5	1.4

Porém a adubação somente faz efeito quando a forrageira for carente. A carência aguda de fósforo manifesta-se:

1) pelo ciclo vegetativo curto. Capim ou grama formam poucas folhas, soltando sua inflorescência muito cedo;
2) pela falta ou pelo desenvolvimento deficiente de guias em capins decumbentes, como brachiaria, estrela, pangola e outros;
3) pelas invasoras típicas de solos pobres e pela ausência de leguminosas.

Também existe a deficiência induzida pelo adensamento do solo ou pela queimada rotineira. Neste caso a adubação nada resolve. Mas é fácil determinar a causa do desenvolvimento fraco das forrageiras. Extrai-se uma raiz de forrageira com ajuda de enxadão. Quando a raiz é bem desenvolvida até uns 15 ou 20 cm de profundidade, a planta sofre de deficiência mineral e precisa de adubo. Quando a raiz é fraca, raquítica, retorcida e superficial, o problema é a compactação do solo e a medida mais urgente é a passagem de uma grade pesada ou de um subsolador, afrouxando a terra até 20 cm.

A adubação fosfatada

Fósforo é o nutriente mais importante em pastagens. Num manejo bem conduzido os valores de cálcio e fósforo geralmente aumentam sem necessidade de sua aplicação. Em pastagens queimadas a tendência é diminuir a absorção de cálcio e fósforo. Há deficiência! A adubação fosforada aumenta até quatro vezes a produção de massa verde.

Em pastagens usadas extensivamente basta abolir as queimadas e introduzir sementes de leguminosas, adaptadas à região, piluladas ou peletizadas com farinha de ossos ou hiperfosfato. Raramente será necessária uma adubação com 120 a 200 kg/ha de termofosfato ou escória.

As leguminosas aumentam o teor de fósforo no solo. Por exemplo, puerária aumenta o teor de fósforo de 5 a 42 mg por cada quilo de terra, feijão-miúdo de 2 a 20 mg/kg, guandu até 28 mg/kg etc.

Em pastagens em uso intensivo, com manejo rotativo, a aplicação de fosfato pode ser necessária. Porém, desaconselha-se usar superfosfato ou, no máximo, um terço do fosfato aplicado. Em pastagens, o fosfato usado deve ser sempre de ação lenta, mas prolongada, como hiperfosfato, escórias básicas, termofosfato etc. Aplicam-se entre 120 e 200 kg/ha, ou seja, 300 a 500 kg/alqueire. Isso deve ser suficiente para quatro anos. Quando a deficiência de fósforo aparece antes, alguma coisa no manejo está errada.

Nunca se deve aplicar fosfato sem que haja uma deficiência pronunciada na pastagem, ou seja, quando as forrageiras encurtarem muito seu ciclo e aparecerem capins com folhas purpuradas a roxas. Caso contrário é antieconômico.

Em solos arenosos e muito pobres em fósforo, parece mais econômico implantar leguminosas robustas, bem ambientadas e dedicar-se à engorda. Nestes solos a cria é problemática, exigindo quantidades de fósforo muito élevadas, que tornam a atividade antieconômica. Também não adianta querer plantar capins exigentes em fósforo, como pangola ou estrela-africana.

A política mais sensata será produzir somente aquilo que o solo permitir. Em terras ricas, cria e gado leiteiro são indicados, em terras pobres a engorda é mais aconselhável.

A adubação nunca deve ser um método para introduzir forrageiras inadequadas para seus solos, mas somente para corrigir deficiências que possam aparecer após um uso intensivo que esgotou o solo apesar de um manejo bem conduzido e a consorciação de gramíneas e leguminosas. A época para a aplicação de fósforo é sempre o início da primavera, ou seja, antes do início das chuvas regulares.

A calagem

Em pastagens raramente se necessita de correção do solo, mas sim de aplicação do nutriente cálcio! O pH ótimo para pastagens está entre 5,3 e 5,6. Em pH maior, muitos micronutrientes serão ligados, prejudicando o desenvolvimento animal. Mas existem muitas forrageiras que crescem em pH bem menor, como muitos dos *Andropogon*, como capim-gambá, capim-rabo-de-burro e outras, e as das espécies *Axonopus*, como grama-missioneira, grama-larga etc. O mesmo vale para as leguminosas tipicamente tropicais, como puerária, indigóferas, guandu, mucuna, estilosantes e outras. Também tremoço desenvolve-se bem num pH ao redor de 4,6, o que não indica que seja pobre em cálcio e fósforo; ao contrário, é tido como planta acumuladora desses elementos. Muitas leguminosas conseguem mobilizar fósforo e cálcio de solos ácidos, de modo que a pobreza do solo, revelada pela análise química de rotina, não se precisa transmitir à vegetação.

Várias forrageiras reagem bem a uma calagem, como mostra a tabela 38, especialmente após o uso de adubações nitrogenadas.

Tabela 38 – Produção total de oito cortes de matéria seca em kg/ha de *Brachiaria decumbens, B. ruziziensis* e capim-elefante (*Pennisetum purpureum*) (Neptune, 1975)

Tratamento	B. decumbens jun. 1968-mar. 1970	B. ruziziensis jun. 1968-mar. 1970	P. purpureum fev. 1969-abr. 1971
Testem.	783	2.817	4.845
+ calcário	1.456	4.085	6.320
cortes	20.132	21.237	32.240

Verifica-se um aumento entre 45 e 85%, conforme a forrageira, quando se usa calcário. Porém, duvida-se da rentabilidade de uma calagem em pastagem. Geralmente aumenta-se o teor em cálcio na forragem pela consorciação com leguminosas e no solo por uma fauna terrícola ativa, uma vez que minhocas, milipés e outros possuem glândulas calcíferas, as *"glândulas Morren"*, com que "calcificam" seu ambiente, aumentando os valores de cálcio trocável. Estes animais assentam-se quando não há queimadas e quando o solo está coberto pela vegetação, ou ainda quando existe matéria orgânica morta, que se consegue pela roça dos restos da pastagem. Beneficiam-se pela aplicação de fosfato natural ou escória, mas desaparecem pela adubação nitrogenada.

O fim mais importante de uma calagem é o de fornecer cálcio e magnésio ao solo, de modo que somente os calcários dolomíticos deveriam ser usados. Calcário com menos de 12 % de óxido de magnésio é inadequado.

A calagem de uma pastagem nunca deve ser elevada, mas sempre ao redor de 1.000 a 1.200 kg/ha (2,4 a 2,9 t/alq) para não fazer desaparecer forrageiras existentes, modificar o pH e fazer desaparecer animais benéficos ao solo.

Em pastagens de gado leiteiro, onde há exportação considerável de minerais, pode ser uma prática necessária, especialmente quando o manejo das pastagens não foi muito bem conduzido, diminuindo a participação de leguminosas que deveriam fornecer cálcio ao gado.

A adubação nitrogenada

O nitrogênio pode ser introduzido no sistema de produção pastoril por meio da fixação simbiótica e assimbiótica de nitrogênio, sendo não somente as leguminosas aptas a fixarem nitrogênio através de bactérias noduladoras; também as gramíneas possuem no seu espaço radicular bactérias fixadoras, como o *Azotobacter* ou *Spyrillum (Azospirillum)* e outras, que, em condições favoráveis, podem fixar até 150 kg de nitrogênio por hectare e ano. Embora as forrageiras tropicais possam responder até 1.800 kg de nitrogênio por ha/ano, o valor econômico desta prática é duvidoso.

Como a rebrota das forrageiras gramíneas ocorre em base de reservas de carboidratos, que pela aplicação de nitrogênio são parcialmente gastas para o crescimento, pode-se concluir que o uso rotineiro de nitrogênio em pastagens enfraquece as forrageiras. Ao mesmo tempo transportam-se menos carboidratos para as raízes, que ficam menores e tornam as plantas mais suscetíveis à seca (Corsi, 1975). Por outro lado aumentam a perfilhação e a área folhar, produzindo mais matéria orgânica, significando uma ocupação melhor do terreno; aumenta igualmente o teor em proteínas no vegetal.

Pelo que se sabe, pode-se concluir que uma adubação nitrogenada não deve ser rotina, mas somente exceção, usada com o fim de aumentar a resistência das plantas ao frio ou de provocar uma ou outra vez a brotação precoce de um piquete.

O nitrogênio na pastagem deve provir de leguminosas e de um manejo adequado da pastagem, o que permite a fixação por microrganismos de vida livre na decomposição de matéria orgânica. Em pastagens rotineiramente queimadas esta fixação ocorre muito pouco ou falta. Na forragem as leguminosas devem fornecer as proteínas que ainda faltarem nas gramíneas. Numa pastagem consorciada com leguminosas e manejada em rodízio racional, geralmente a adubação nitrogenada pode ser dispensada.

Porém, em pastagens com uso muito intensivo em rotação racional com gado leiteiro, que somente permanece por algumas horas no pasto, o nitrogênio pode faltar. Para gado de corte, que permanece na pastagem, defecando ali, o retorno de nitrogênio ao solo é considerável e pode ser até excessivo, como ocorre em lotação de até 200 animais/ha por um dia, deixando 8 t de excrementos em cada passagem.

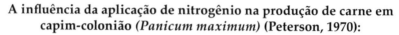

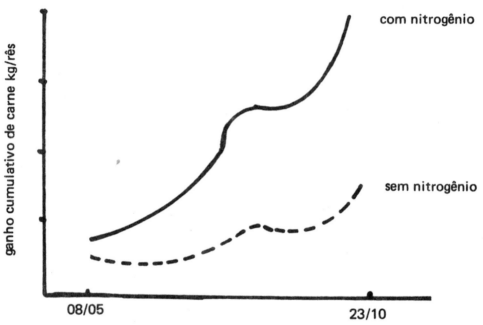

Fig. 9 – A aplicação de nitrogênio no outono aumenta o crescimento de capim-colonião durante o período de seca.

Normalmente usa-se nitrogênio para corrigir problemas de escassez de forragem no inverno ou no início da primavera.

O fim de uma adubação nitrogenada sempre deve ser: aumentar a pastagem verde durante o inverno no sul, e durante o início da seca no Brasil tropical, e proporcionar uma rebrota mais cedo na primavera, ou no início das chuvas. No Nordeste e Norte a estação chuvosa chama-se inverno, no Centro-Sul é o verão. No Sul o verão é a estação menos chuvosa, caindo a maior parte das chuvas na estação fria. Quando nos referimos à primavera, é o início da vegetação.

O nitrogênio deve ser aplicado no fim da estação, ou seja, antes que as pastagens sequem. Normalmente a pastagem se conserva mais tempo verde quando recebe nitrogênio e rebrota mais cedo, de modo que o período de pastagem seca é encurtado.

Porém, nunca se deve aplicar nitrogênio em área maior do que aquela que se tem certeza será pastada logo no início da estação. Portanto, é somente aplicável em pastejo rotativo racional e nunca em pastagens extensivas, onde existe o perigo de intoxicação do gado por fungos que se assentam embaixo na forragem alta e densa, produzindo ácido oxálico que intoxica o gado. Assim, é um perigo ter forragem sobrando. Toda forragem alta e densa oferece condições para fungos e pragas.

Como o nitrogênio enfraquece a planta, por esgotamento de reservas, nunca deve ser aplicado dois anos consecutivos na mesma área.

Em solos muito pobres uma adubação nitrogenada não faz efeito e até pode prejudicar as forrageiras. Somente em solos com quantidades suficientes dos outros nutrientes minerais o efeito é satisfatório.

Muitas vezes diminui a absorção de cálcio pela aplicação de nitrogênio, de modo que a forragem adquire efeito descalcificante sobre os animais. Na deficiência de fósforo e manganês a transformação de nitrogênio para aminoácidos é muito vagarosa, acumulando-se nitritos e nitratos na planta, que podem ascender até níveis tóxicos.

Deve-se lembrar: o enriquecimento do solo com nitrogênio se faz através de leguminosas e matéria orgânica. O enriquecimento da forragem com proteínas é feito por leguminosas. O adubo nitrogenado somente é um recurso para encurtar a escassez de forragem na estação fria no Sul.

Na forragicultura pura, onde a forragem é levada ao gado, em vez de se levar o gado ao pasto, a adubação com NPK é indicada. Também a produção de forragem para ensilagem deve ser adubada. Nas pastagens parece pouco econômica. Aqui a escolha acertada de forrageiras, sua consorciação com leguminosas, e o manejo correto das pastagens, sem queimadas, conservam e aumentam a produtividade.

Leguminosas com raízes profundas, bem como diversas árvores, são capazes de recambiar nutrientes lixiviados, do subsolo à superfície.

Durante a estação seca existe a ascensão de nitrogênio à superfície do solo, e a presença de algas verde-azuladas consegue iniciar a fixação de nitrogênio logo após a primeira chuva primaveril, possibilitando o verdejar explosivo das pastagens. A presença de suficiente nitrogênio na pastagem depende da habilidade de manejo do pastejo. Se este for errado, é mais importante sanar o erro do que aplicar nitrogênio.

A adubação com NPK nem sempre aumenta a produção das forrageiras em todos os solos e todas as espécies. Assim, a fig. 10 mostra o efeito de uma adubação no cerrado de Goiás. Embora houvesse aumento em todas as forrageiras testadas, esse aumento não foi superior à quantidade de forragem produzida pelo capim-gambá sem qualquer adubação, com exceção do capim-gordura. Isso mostra que forrageiras inadequadas para uma região, de maneira alguma dão um resultado satisfatório e econômico.

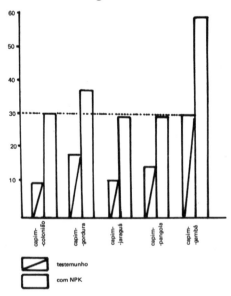

Produção de cinco forrageiras em Goiás (Emrich, 1972)

Fig. 10 – Em Goiás, o capim-gambá produz sem adubação o que o capim-colonião, jaraguá e pangola produzem com adubação. Portanto, é o capim mais indicado para as pastagens.

A adubação nitrogenada, quando faz efeito, aumenta a produção de carne acima do aumento da massa verde. É a produção de proteínas, que sem nitrogênio era deficiente. Porém, proteínas podem se produzir mediante leguminosas, que ao mesmo tempo enriquecem o solo com nitrogênio. E quando o solo está suficientemente suprido com matéria orgânica e fósforo, normalmente há fixação de nitrogênio por bactérias de vida livre, tanto no solo quanto na rizosfera das gramíneas.

Seja lembrado: a adubação não faz efeito quando a razão do desenvolvimento deficiente das forrageiras está no adensamento do solo. O exemplo mais drástico é a pastagem na ilha Fernando de Noronha, que possui as rochas vulcânicas mais ricas do mundo, as terras mais ricas da América, e que somente produz uma vegetação pobre, deficiente em cálcio, magnésio e potássio, nitrogênio e micronutrientes, especialmente em boro e cobre. Não adianta a riqueza do solo quando a água não consegue penetrar e quando as raízes são confinadas à camada superficial, onde uma semana sem chuva já significa seca.

A riqueza mineral e a adubação somente conseguem uma maior produção vegetal, quando a água penetra no solo, as raizes conseguem absorvê-la e as plantas conseguem metabolizá-la. Portanto a decadência física do solo não pode ser corrigida por uma adubação!

Rentabilidade da adubação

A adubação da pastagem pode produzir mais forragem e também mais carne por hectare. Mas se é econômico cada um tem de verificar. A produção maior consegue-se por um custo maior. Geralmente o máximo de produção alcançável não significa um lucro maior. A Fig. 11 mostra que a produção maior já não corresponde à maior rentabilidade (A_2). Em qualquer contagem de aumento de produção deve se partir do nível de produção sem adubação. Se uma forrageira possui uma produção muito baixa, sem adubação não é adequada para sua região, porque obriga a adubações anuais que encarecem sobremaneira a produção.

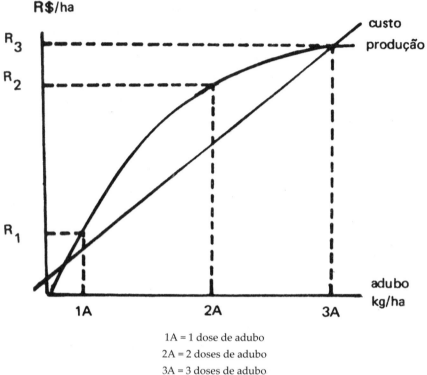

1A = 1 dose de adubo
2A = 2 doses de adubo
3A = 3 doses de adubo
R_1 = rentabilidade mínima
R_2 = rentabilidade máxima
R_3 = limite da rentabilidade

Fig. 11 – Na adubação a maior produção não significa o maior lucro. A produção diminui com o aumento da adubação em relação ao adubo, até tornar-se menor do que sem adubo. Portanto, o limite da rentabilidade deveria ser apurado.

Distúrbios de fertilidade em gado bovino

O cultivo de pastagens com uma única forrageira e adubada com NPK é costume em muitos países. Visa exclusivamente ao aumento da massa verde e ao aumento de proteínas brutas. O desenvolvimento do gado é bom e até ótimo, porém os problemas de fertilidade não tardam a aparecer.

A quantidade de forragem, mesmo produzindo um aumento de carne ótimo, com até 1,200 kg por dia, não deixa de ser um alimento de valor nutritivo incompleto.

Sabe-se que os animais de cabanha, criados para a exposição, muitas vezes sofrem de uma superalimentação com proteínas, o que provoca uma série de problemas de saúde, inclusive de fertilidade, e pode chegar a ponto de degeneração dos testículos, de modo que acarreta a infertilidade dos animais.

Sabe-se hoje que a maior produção animal nem sempre se harmoniza com a melhor saúde do animal. Em animais de engorda e corte isso pode ser negligenciado enquanto o animal alcança o peso exigido. Mas nos animais de cria e de leite, saúde e fertilidade são indispensáveis.

É interessante constatar que com o melhoramento da quantidade de forrageiras "boas" aumentam: a matéria seca, a fibra bruta, as proteínas brutas, a cinza e o teor em P e K. Enquanto que por plantas menos apreciadas geralmente aumenta o teor em magnésio, manganês, zinco, iodo, enxofre e boro na forragem (Schiller, 1967).

Com o uso de nitrogênio e chorume diminui o teor em fibras brutas. Cada adubação modifica a flora, quando não se tratar de uma forrageira única. Quase sempre diminui o teor em cálcio. Geralmente, as ervas e em parte as leguminosas são mais ricas em cálcio que os capins. O teor em manganês, zinco e iodo baixa com o aumento de fósforo.

Em granjas leiteiras com adubação intensiva das pastagens e suplementação elevada, existe uma produção muito elevada de leite, porém, a idade média das vacas está abaixo de 5 anos. Após duas, no máximo três crias, elas se tornam estéreis.

Via de regra valores baixos de boro, zinco, manganês, cobalto, magnésio, cobre e iodo possuem efeito desfavorável sobre a saúde animal. Esta riqueza não se consegue por meio de adubação, mas por meio da diversificação da flora pastoril. Onde existe o uso de monoculturas, devem se manter *"pastagens de recuperação"*, onde os animais possam recuperar sua saúde e sua fertilidade.

A adubação com estrume de curral consegue diversificar a flora em pastagens nativas, chorume não o consegue, ao contrário, diminui a quantidade de capins, gramas e ervas em favor de alguns poucos. A "mineralização do gado" por sais no cocho aumenta a fertilidade, porém não consegue mantê-la.

A decadência das pastagens e suas razões

Quando as pastagens se tornam pouco produtivas e grosseiras, a solução é plantar pastagem artificial. E submete-se esta pastagem plantada ao mesmo regime que destruiu a pastagem nativa, esperando que o suporte melhor, embora a forrageira, geralmente, seja menos adaptada às condições do solo e do clima que as forrageiras nativas.

Por que a pastagem entra em decadência?

1. Os cuidados da pastagem são entregues ao gado, em lotação permanente:

    1.1 as plantas mais palatáveis e mais apreciadas são perseguidas pelo gado, e nunca conseguem recuperar-se. Elas desaparecem;

    1.2 o gado submete trechos da pastagem à superlotação e outros à sublotação. Em ambos os casos há invasão de plantas indesejadas como jurubebas (*Solanum paniculatum*), unha-de-boi (*Bauhinia candicans*) e outras;

    1.3 pelo pisoteio compacta-se a superfície da pastagem, especialmente em épocas de chuva. Nos rodeios, em volta de aguadas, ao redor dos cochos e em lugares preferidos pelo gado a terra fica desnuda. Instalam-se guanxumas;

    1.4 o repouso das pastagens, que ocorre nas fazendas invernaderas, está faltando, prejudicando a vegetação de brotação precoce.

2. As queimadas: a limpeza dos pastos é mais rápida e mais barata, mas

    2.1 instala-se uma vegetação própria para o fogo;

    2.2 ocorre uma decadência física pronunciada da terra;

    2.3 diminui a absorção de cálcio e fósforo pelas forrageiras;

2.4 desaparecem os animais terrícolas benéficos e aumentam os parasitas.

Portanto, o *pastejo permanente e as queimadas são métodos que destroem qualquer pastagem, por melhor que seja.*

Até os animais selvagens vivem migrando, impulsionados pelo instinto, para conservar suas pastagens. Mas, como a divisão em propriedades não permite mais a migração, o pecuarista tem de cuidar de uma minimigração, ou seja, um pastejo rotativo.

A pastagem plantada é mais suscetível que a nativa. Muitas vezes, a forrageira plantada não se identifica com o meio e tem dificuldade de se manter. Monoculturas sempre são sujeitas a pragas, especialmente capins de porte alto, como o colonião, o elefante e outros, que não cobrem bem todo o solo. A exposição do solo ao sol e ao impacto da chuva contribui para que apareçam muitas invasoras e se formem lajes no subsolo. Finalmente as invasoras, especialmente o "gramão" e a guanxuma, tomam conta.

Como evitar a decadência das pastagens

Na implantação da pastagem deve-se evitar uma aração profunda. Uma gradeação e um afrouxamento do solo por um "subsolador" são muito melhores, por não soterrarem a parte do solo que é estável à água. Geralmente, a decadência se inicia nos dois anos de agricultura que a precedem. O uso de culturas consorciadas com a proteção total da terra contra o sol e o impacto da chuva é importante. O retorno da matéria orgânica é essencial. A queimada dos restolhos prejudica a pastagem que deve ser instalada.

Usando-se forrageiras de porte alto, a consorciação com leguminosas é importante, para cobrir o solo que não é ocupado pelo capim. Assim, capim-colonião consorciado com soja-perene ou calopogônio proporciona uma pastagem muito mais estável e produtiva do que capim-colonião em monocultura. Lab-lab suporta mais o pisoteio e puerária ou galactia podem abafar o capim, por terem crescimento muito rápido.

Também nas pastagens hibernais aconselha-se a consorciação com leguminosas, como ervilhacas, algum medicago, serradela ou outras. Em pastagens de capim-ruzi e quicuio-da-amazônia, que têm a tendência de abafar as leguminosas durante a estação das águas, as leguminosas são necessárias para a estação da seca. O uso de leguminosas arbustivas como guandu pode manter a pastagem densa durante a seca.

O pastejo permanente é pernicioso em qualquer pastagem, nativa ou cultivada, por contribuir para o enfraquecimento de forrageiras em algumas partes e o endurecimento em outras, provocando o desnudamento do solo onde o pastejo foi mais intenso. Como sobra vegetação seca e se instalam invasoras, usa-se o fogo para a "limpeza" do pasto, para permitir a brotação nova. Mas destrói-se com isso boa parte da vegetação pastoril, criando-se plantas "nativas do fogo". É o fim de cada pastagem! O manejo rotativo do pastejo é indispensável para a manutenção da pastagem, por permitir um descanso para a recuperação das forrageiras.

Lajes no subsolo, pisoteio pesado em períodos secos ou úmidos, pastejo permanente e fogo são as causas primordiais da decadência pastoril, que muitas vezes exige a renovação, a adubação e a irrigação, para superar temporariamente a decadência. A produção de carne se torna muito cara, mas a produtividade não se recupera. O banimento do fogo, o pastejo dirigido e a consorciação com leguminosas geralmente são o suficiente para recuperar as pastagens.

No Rio Grande do Sul, as pastagens de verão descansam durante o inverno graças ao uso de pastagens hibernais, ou, pelo menos, são menos usadas, de modo que não sofrem pisoteio muito pesado durante os meses de frio e chuva.

A escolha acertada das forrageiras contribui decisivamente para a vida das pastagens. Uma escolha errada, mesmo com muitos artifícios, dificilmente conseguirá conservar produtiva a pastagem cultivada. Mas após a escolha acertada das forrageiras pode-se criar uma pastagem permanente, sem renovações periódicas, quando bem manejada.

A escolha acertada geralmente será: plantas forrageiras já existentes no lugar ou forrageiras das quais se sabe que são subespontâneas na região, como o azevém no Rio Grande do Sul ou o capim-gordura em muitas partes do Brasil tropical. Frequentemente essas forrageiras não são as mais produtivas, mas associadas com leguminosas e outras gramíneas, talvez exóticas, dão boa forragem e garantem a continuidade da pastagem. O lucro será maior no decorrer dos anos, do que se se tivesse usado forrageiras muito produtivas, mas de pouca duração. E quem escolheu a atividade pecuária geralmente não pretende reunir os problemas agrícolas aos pastoris, dobrando suas preocupações.

Fique lembrado: *qualquer pastagem cultivada, após plantios agrícolas no campo, sofre decadência pronunciada após 2 ou 3 anos, mesmo se foram usados ecótipos como forrageiras, ou seja, forrageiras naturais da região. Mas quando a pastagem for manejada em rotação a decadência será menor.*

FORRAGICULTURA

Chama-se forragicultura o plantio de forrageiras para serem levadas aos cochos ou para serem ensiladas. Existe geralmente um rodízio com a agricultura, onde a forrageira melhora o campo para a cultura agrícola, de modo que se diz: "O lucro da forragicultura reside na cultura agrícola seguinte".

Normalmente usam-se forrageiras de porte alto como sorgos, milhetos, capim-napier e outras, consorciadas com leguminosas como galactia, siratro ou outras leguminosas volumosas de crescimento rápido. Essas forrageiras destinam-se ao gado leiteiro ou à ensilagem.

O plantio de forrageiras deve partir de dois pontos básicos:

1) fornecer forragem para o gado em períodos de escassez, ou aos animais em confinamento;

2) melhorar o solo para os cultivos agrícolas seguintes, cobrindo-o e enraizando-o da maneira mais perfeita possível. Cultivos em linhas distantes não conseguem este propósito.

O plantio mais adequado é o direto ou com preparo mínimo conforme o estado físico do solo. Se o solo for muito compactado e duro faz-se o preparo mínimo com a mistura superficial da palha da cultura precedente através de uma grade pesada e afrouxa-se a terra até 20 a 25 cm com ajuda de um "subsolador", ou seja, um "bico-de-pato" ou um "arado-toupeira" que não revolvem. Se o solo ainda for produtivo, passa-se somente um rolo-faca para picar a palha da cultura anterior e implantam-se as forrageiras com uma semeadeira-implantadeira como a Semeato (Passo Fundo-RS), Unimaquinas (Matozinhos-MG), Max (Carazinho-RS), ou uma semeadeira comum adaptada à implantação.

Para a forragicultura não se podem usar forrageiras que depois possam virar praga na cultura. Por isso desaconselham-se capim-colonião, pangola, brachiarias e semelhantes. Quando é para ensilagem, os sorgos são os mais adequados, uma vez que fornecem a ensilagem melhor. Mas também milho pode ser usado, bem como pasto-romano (*Phalaris minor*) etc. Importante é que tenham crescimento rápido, sejam volumosos e possuam um teor suficientemente alto em açúcares para garantir uma fermentação boa. Cana-de-açúcar não se pode usar para ensilagem, por ser muito dura e, mesmo finamente picada, não permitir a expulsão de todo o ar da massa vegetal, o que provoca uma fermentação menos favorável.

A ensilagem

A escolha do tipo de silo é importante. Proprietários que possuem rebanhos grandes de gado leiteiro em semiconfinamento geralmente optam por silos-torre, que implicam, todavia, em investimentos grandes não somente por causa da construção dos silos, mas também devido às máquinas para picar a forragem e transportá-la para a boca do silo. Este tipo já não pode ser mais considerado como suplemento de pastagem.

Os silos mais baratos e mais simples são os de trincheira, que podem ser somente de terra, mas podem também ter suas paredes revestidas de madeira, de concreto ou de tijolos, impermeabilizadas por tinta própria para silos.

Antes da construção do silo deve-se fazer um cálculo exato do diâmetro do silo. Deve-se considerar que uma fatia de 5 cm de grossura se perde diariamente da ensilagem, devendo ser descartada, por sofrer processos de oxidação e putrefação devido ao contato direto com o ar. Todas as contas que trabalham com fatias de até somente 10 cm são teóricas e irreais, uma vez que o gado não aceita a ensilagem transformada pelo ar e quando a aceita, por causa da fome, o leite adquire um gosto ruim.

Cálculo de um silo de trincheira

O tamanho do silo sempre dependerá do número de animais a araçoar e dos dias em que se pretende suplementar os animais. Por exemplo: 60 vacas durante 150 dias fornecendo uma ração de 8 kg diários para cada animal. Isso perfazeria uma quantidade de 72 t de ensilagem. E como 1 m^3 de ensilagem pesa aproximadamente 600 a 700 kg, equivale a 1,45 a 1,67 m^3 para cada tonelada, de modo que para 72 t necessitam-se 100 até 120 m^3.

Geralmente opta-se pelo número maior.

Para 60 vacas necessitam-se, num dia, 480 kg de ensilagem, na base de 8 kg por dia, o que corresponde a mais ou menos 0,70 a 0,73 m^3. Mas vale o princípio de nunca cortar uma fatia menor do que 50 a 60 cm de grossura por dia, uma vez que os primeiros 5 cm se perdem. Se a fatia fosse somente de 10 cm iria-se perder metade da ensilagem. Por outro lado, as medidas mínimas de um silo de trincheira são 2 m de largura de boca, para poder entrar ainda com trator. E como a inclinação das paredes deve ter mais ou menos 20 graus, a diferença entre a largura da boca e a do fundo deve ser mais ou menos 60 cm por metro de profundidade. Nesse caso do exemplo, o silo com uma boca de 2 m de largura e 1,40 m de largura de base não poderia ter mais que 1 m de profundidade.

Calcula-se a seção vertical, ou seja, a entrada do silo, pela fórmula seguinte:

$$\text{Seção vertical (S)} = \frac{\text{largura do topo (t)} + \text{largura da base (b)} \times \text{altura (a)}}{2}$$

$$\text{ou seja } S = \frac{(t + b)\,a}{2}$$

No caso anterior a seção vertical terá:

$$S = \frac{(1{,}40 + 2{,}00)1}{2} = \frac{3{,}40}{2} = 1{,}70$$

quer dizer, a seção vertical tem 1,70 m^2.

Uma fatia de 1 metro de grossura pesará 1,70 x 0,6 = 1,02 t, de modo que cada fatia de 50 cm pesará aproximadamente 500 kg. Para conseguir 480 kg de ensilagem mais a fatia de 5 cm desprezada com peso de 50 kg, menos a palha que serviu de absorvente no fundo do silo, teríamos de cortar diariamente ao redor de 55 a 60 cm de ensilagem deste silo-trincheira.

Se o silo tivesse uma profundidade de 3 metros as perdas diárias corresponderiam à ração de mais ou menos 20 vacas.

Quando as paredes e o fundo do silo forem forrados e impermeabilizados não haverá perdas de ensilagem nas paredes, por não existir contato direto com o ar. Mas quando é somente terra, também aqui há uma camada de 5 a 8 cm de ensilagem perdida, de modo que a justificação de ensilagem será somente no caso de excedentes de pasto que são conservados.

Plantar forragem para depois perder a metade não vale a pena.

Enchimento do silo-trincheira

O material a ensilar deve ser suficientemente maduro, caso em que o valor nutritivo já é baixo, ou deve ser pré murchado, para perder água e não haverá muita perda de minerais por escorrimento de líquido rico em substâncias nutritivas. De qualquer maneira, o fundo do silo deveria ter uma leve inclinação, ao redor de 2%, para permitir a drenagem do líquido que escorre do material ensilado, ou deveria ter uma camada absorvente de 15 a 20 cm de palha picada para cada metro de altura de ensilagem.

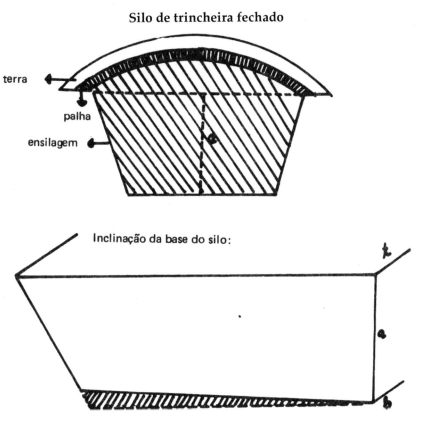

Fig. 12 – Silo de trincheira corretamente enchido e fechado. Seu fundo é inclinado, para permitir a drenagem dos líquidos que saem da massa.

Quando o material for seco demais deve ser borrifado com água até perder sua rigidez. Material rígido ou duro não pode ser bem socado. Leguminosas não podem ser ensiladas isoladamente, mas somente em mistura com forrageiras ricas em carboidratos, especialmente em açúcar. Se o material é capim de pastagem deve-se acrescentar até 3% de melaço para adoçar o material e permitir uma fermentação melhor.

A forragem a ensilar é picada por um picador. Nunca deve ser jogada inteira no silo. Soca-se cuidadosamente toda a massa, sempre que forem colocados 20 a 25 cm de material. Nunca se soca somente no fim do enchimento, porque assim a socagem fica deficiente e a fermentação pode virar putrefação, perdendo-se toda a ensilagem. Cuidados especiais devem ser dados aos cantos, onde facilmente se conserva ar. Por isso, opta-se normalmente por cantos arredondados ou mesmo silos redondos, que já não são mais silos de trincheira. O silo deve ser de tamanho que permita seu enchimento num dia. O enchimento sai melhor quando feito em dia encoberto, porém sem chuva. Cálcio + ureia na proporção 1:1 melhoram a ensilagem. Enchido o silo coloca-se no meio mais uma camada, para compensar o assentamento e evitar que se forme uma cavidade. O sistema mais prático é cobrir o silo com uma lona e repor o material assentado no dia seguinte.

O enchimento é feito começando na extremidade fechada. A extremidade aberta, de onde se começará a retirada da ensilagem, deve ser firmemente fechada por tábuas cobertas por papel de silo, jogando-se terra, até 1 m de espessura, contra essas tábuas.

Após o carregamento final do silo, que ocorre no segundo dia, ele é fechado, primeiro com uma camada de palha de 10 a 15 cm de espessura e depois com uma camada de terra de 35 a 40 cm de espessura. A cobertura sempre deve ser arredondada sendo 0,50 m mais alta no meio, no mínimo, para permitir o escorrimento da água.

A ensilagem ficará pronta após 35 a 40 dias.

A fermentação mais favorável é a láctica, que ocorre em temperaturas de 19 a 21 °C. O material permanece verde, com um cheiro muito agradável. Também aqui as perdas de digestibilidade são menores.

Numa temperatura de 22 a 25 °C ocorre a fermentação acética, fornecendo um produto marrom, com cheiro de vinagre, mas ainda bem aceito pelos animais. Se as temperaturas forem maiores facilmente ocorrerá uma putrefação, produzindo ácido butírico, propiônico ou até amônia. Esta ensilagem não é mais aceita pelos animais. A putrefação ocorre também em temperaturas mais baixas, quando o ar não for cuidadosamente expulso por uma compactação bem feita.

Nos primeiros dias os animais não devem receber mais que 2 a 3 kg de ensilagem, até se acostumarem.

Como qualquer ensilagem é descalcificante, a suplementação com calcário é importante. Esta é também a razão pela qual não se apreciam mais que 8 kg de ensilagem para gado leiteiro. Para gado de corte pode ser até 12 e em casos extremos 15 kg, o que, no entanto, não é econômico.

O comprimento da trincheira deve ser mais ou menos 20 metros. Faz-se, pois, tantos silos em série, quantos forem necessários para fornecer a forragem exigida. Em nosso exemplo seriam 6 trincheiras de 20 m.

A alimentação de animais exclusivamente com ensilagem é absolutamente desaconselhável. Devem receber feno ou, pelo menos, capim seco, que colhem nas pastagens, constituindo a ensilagem somente uma suplementação, caso não haja outros recursos, como cana, mandioca, palha de amendoim ou de soja etc.

Digestibilidade da ensilagem

Como o material a ensilar geralmente não é do mais novo, sua digestibilidade já é baixa. Conta-se que na produção de uma ensilagem por fermentação acética, fornecendo um produto parecido com feno marrom, perde-se mais de 35 a 50% da digestibilidade do produto original.

Leguminosas enriquecem a ensilagem com proteínas, mas necessitam um aumento de melaço para garantir uma fermentação boa.

A adição de ureia para capim pode aumentar o valor nutritivo da ensilagem.

Tabela 39 – Valores de carboidratos na forragem
segundo sua idade (Silveira, 1975)

Forrageira	Carboidratos % M. S.
Sorgo:	
grãos leitosos	15,4
leitosos duros	10,5
secos para maduros	4,3
Napier:	
51 dias vegetação	14,1
80 dias vegetação	9,3

A fenacão

As plantas mais indicadas para a fenação são capins finos, como rhodes, pangola, estrela e também jaraguá, mas especialmente leguminosas, como lab-lab, centrosema, trevos etc.

Plantar forrageiras para a fenação em nosso meio não é muito indicado. A fenação deveria ocorrer se existisse excesso de forragem em piquetes, graças ao manejo rotativo racional. Portanto, é um subproduto do pastejo rotativo. Forrageiras grossas e suculentas, como capim-guatemala, capim-colonião, capim-elefante e outras nunca deveriam ser consideradas para a fenação, por serem de secagem demorada e difícil, e não serem suficientemente socadas, para evitar o autoaquecimento do feno.

O ponto exato para a fenação seria no início da floração dos principais capins. Mas como a fenação no pastejo rotativo visa a acumulação de reservas na planta, o ponto deve ser algo mais tarde, ou seja, pelo fim da floração. Nesse estado, a planta já é bem mais pobre em proteínas, mas ainda constitui um suplemento bom para o gado, especialmente quando provém de pastagens com capins e leguminosas consorciadas.

Nosso problema máximo é a secagem. No Rio Grande do Sul, onde o verão é relativamente seco, ainda é possível. No Brasil tropical, onde as chuvas de verão são quase diárias, é quase impossível. Mas capim cortado que recebe chuva perde quase todo o seu valor nutritivo.

Nos países do Hemisfério Norte, onde a fenação é indispensável, a forragem é cortada e diretamente transportada para secadores, onde é desidratada.

No Texas é fenada e secada no campo e juntada em medas de até 4 m de altura, que permanecem no campo. São cobertas por um plástico e cercadas por arame farpado, que se retira quando a meda é liberada para o uso animal.

Em nosso meio, plantar forrageiras para fenação não faz muito sentido, uma vez que é mais interessante plantar forrageiras para a estação de escassez. E mesmo capim seco em pé é bem aceito pelo gado quando tiver alguma leguminosa no meio. Assim, até palha de milho pode servir de forragem, quando tiver siratro, galactia ou centrosema misturada.

A fenação de forrageiras muito pobres, como de rabo-de-burro, não vale a pena, por perder parte de sua digestibilidade durante a secagem.

Sabe-se que uma área capaz de nutrir 4 vacas em pastejo pode nutrir 5 vacas com ferrejo da vegetação, por "comer" a vaca com a boca e as patas.

Os fenos mais valiosos são os de leguminosas.

Não é feno:

1) capim cortado após a sementação;
2) capim secado em pé (feno-em-pé).

Ambos não possuem valor nutritivo e não passam de palha, não podendo ser usados como tal. Nas regiões semiáridas o capim seco em pé ainda contém apreciável teor em minerais e é bastante volumoso para ser ingerido com palma-forrageira ou ervas silvestres que, em parte, podem ser tóxicas, mas não prejudicam após ter o gado comido substâncias fibrosas. Especialmente o mata-pasto, uma Cássia que não é tocada pelo gado enquanto verde, serve de alimento quando seco em pé.

Quando se fornecem ureia ou biureto, esta forragem seca em pé pode manter o gado, mas deve-se ter o cuidado de fornecer antes sal para que o gado não ingira a ureia com muita pressa, prejudicando-se.

Em nosso meio a fenação se justifica quando é de leguminosas e destinada ao gado leiteiro ou cavalos de haras, quando colhida na própria fazenda e quando o administrador está acostumado a avaliar o valor nutritivo desse feno. *Como os processos enzimáticos nunca param completamente, a partir de 3 meses de estocagem o valor inicial de proteínas não existe mais!*

O gado leiteiro necessita de uma ração muito bem calculada, tanto em volume quanto em amidos, proteínas e minerais. Um suplemento com valor proteico desconhecido pode baixar a produção.

O valor do feno depende:

1) das forrageiras utilizadas para a fenação;
2) da idade em que estas foram cortadas;
3) da rapidez da secagem;
4) do tempo de estocagem.

Feno novo, ainda não estabilizado, com suas enzimas trabalhando, geralmente é perigoso para o gado.

O feno, quando não for enfardado, deve ser muito bem socado para evitar aquecimento e autoincêndio. Geralmente usam-se 5 a 8 kg de sal por tonelada de feno para evitar o aquecimento. O valor do feno varia muito.

Tabela 40 – Valor do feno (fonte: Klapp, 1956)

Feno	PBD %	VA %	Inerte %
ótimo	10,2	40,5	26
médio	7,2	38,0	26
ruim	2,6	23,1	26

PBD = proteína bruta digerível, VA = valor amido

A secagem possui efeito pronunciado sobre o valor de proteínas digeríveis: secagem rápida 7,42% e secagem lenta 5,89%. Outra diferença provém da quantidade de leguminosas no feno.

Tabela 41 – Valor do feno, em % (Fonte: Klapp, 1956)

Capim %	Leguminosas %	PBD	Fibra bruta	CaO	P_2O_5	K_2O
90	2	8,0	30,4	0,72	0,48	2,29
60	30	10,7	25,6	1,33	0,57	2,74

Porém, a análise bromatológica nem sempre consegue informar sobre o valor nutritivo, uma vez que a digestibilidade não depende somente da forrageira, mas igualmente do gado.

Classificação de feno bom:

1) pela cor esverdeada. Quando é marrom perdeu muito de seu valor nutritivo e de sua digestibilidade;

2) pelo cheiro fresco e agradável. Mofo, falta de cheiro próprio etc., indicam feno alterado, com valor diminuído;

3) elementos estranhos como poeira, plantas lenhosas etc., desclassificam o produto.

Produção de feno por hectare

Segundo a pastagem e as forrageiras, podem-se colher entre 0,5 e 20 t/ha de feno. Normalmente o feno constitui 1/5 da forragem verde, quer dizer, 10 t de forragem verde cortada fornecem 2 t de feno. Este valor oscila conforme o teor em água da forrageira. É interessante que o gado não somente come mais em pastagens boas, mas igualmente come mais do feno bom. E enquanto pode comer até 15 a 16 kg/dia de feno bom, come somente 10 a 11 kg de feno de qualidade pobre.

O feno de capim da primeira brotação geralmente é algo mais pobre do que da segunda brotação, conforme a própria pastagem, cuja primeira brotação, graças ao crescimento muito rápido, possui menos valor nutritivo do que a segunda brotação.

Tabela 42 – Valor de feno do primeiro e segundo corte (Zürn, 1951)

	1º corte %	2º corte %
proteína bruta	10,37	13,02
proteína digerível	68	58
P_2O_5	0,52	0,65
CaO	1,08	1,65
K_2O	1,77	2,08
MgO	0,32	0,50

Alternância de agricultura-pastagem

Especialmente no Rio Grande do Sul e São Paulo, existe a alternância entre agricultura e pastagens. Quando as terras ficam exauridas e empobrecidas pelo cultivo, passa-se a usá-las como pastagem, trocando-se "o boia-fria pelo boi", aproveitando a gleba sem grandes despesas.

Muitas vezes ocorre um regramamento espontâneo. Outros exigem a implantação de forrageiras, especialmente em São Paulo, onde os capins espontâneos, como "marmelada" (*Brachiaria plantaginea*) e "colchão" (*Digitaria sanguinalis*) não são próprios para pastagem. Mas também existem terras que se opõem à formação de pastos. É a formação de desertos.

Uma pastagem mal conduzida não consegue melhorar o solo. Nas terras de arroz irrigado usa-se intercalar uns anos de pastejo para dominar o capim-arroz (*Echinochloa crusgalli*). Um rodízio propriamente dito não existe, uma vez que uma agricultura predatória não beneficia as pastagens e pastagens mal conduzidas não beneficiam a agricultura.

Sabe-se que as excreções das raízes dos capins possuem efeito floculante sobre o solo, recuperando a estrutura perdida durante os anos agrícolas e contribuindo para a formação de um sistema poroso vantajoso, que aumenta a produtividade do solo. Enriquece o solo igualmente com matéria orgânica, quando o pastejo for rotativo racional sem superlotação permanente e com uma roçada do capim por ano. Com o sistema de queimadas, a matéria orgânica não aumenta, mas diminui. Especialmente as culturas de amendoim, melancia e batatinha beneficiam-se muito quando plantadas em pastagens revolvidas.

Há milhares de anos as pastagens são consideradas recuperadoras, e o uso de *pousio* e *alqueive* é muito antigo, visando a recuperação das terras agrícolas. Na Inglaterra usa-se o *ley-farming*, ou seja, a alternância planejada de 3 anos de agricultura com 3 anos de pastagem. Lá, as pastagens são ceifadas e usadas para fenação. Com superpastoreio permanente e fogo não há recuperação nem benefício! Pastagens plantadas com uma forrageira única conseguem arruinar o solo como qualquer monocultura. Assim, por exemplo, o plantio de azevém para pastagem hibernal não pode ser feito sempre na mesma área por baixar radicalmente a produção de massa verde. Também a monocultura de capim-colonião consegue arruinar a terra e não é recuperadora. Recuperação necessita de pastagens mistas com manejo cuidadoso e uma fenação intercalada.

PROBLEMAS DE PASTAGENS PLANTADAS

Pestes e pragas

Quanto mais pronunciada a monocultura, quanto pior o manejo e quanto mais decaído o solo, tanto mais preocupante tornam-se as pragas que aniquilam as forrageiras.

A *cigarrinha (Deois spp)* é a praga mais difundida em todo o Brasil. Ataca *Brachiaria*, capim-gordura, pangola, colonião, napier, jaraguá, angola, sempre-verde, bermuda, quicuio e até cana-de-açúcar. Seu combate mais efetivo se faz pela pulverização de esporos do fungo *Metarhizium anisopliae* que penetra nas larvinhas, matando-as.

Um manejo rotativo das pastagens, com superlotação dirigida e faixas de essências florestais, como quebra-ventos, bem como o uso de variedades resistentes à cigarrinha nesta região, podem controlar eficazmente os prejuízos.

A *cochonilha (Antonina graminis),* que geralmente ataca as plantas na região do colo da raiz até as primeiras folhas, infesta 76 espécies de capins e gramíneas no Brasil, tanto cultivados quanto nativos. Normalmente não ataca plantas suficientemente abastecidas com cálcio. Existem aqui duas alternativas:

a) o solo é muito deficiente em cálcio;

b) o solo é compacto demais para permitir a infiltração suficiente de água e a solubilização deste nutriente que, portanto, não pode ser aproveitado, sendo este caso o mais comum.

O melhoramento da permeabilidade do solo bem como o uso da mosquinha *Neodusmetia sangwani* conseguem controlar este parasita.

O *curuquerê-dos-capinzais (Moscis latipes* e *Spodoptera frugiperda)*, lagarta proveniente de uma borboleta noturna, chamada também lagarta-militar ou mede-palmo, começou a difundir-se pela primeira vez pela monocultura da pangola. Não suporta insolação direta, de modo que um superpastoreio ou uma roçada baixa das forrageiras e talvez a pulverização adicional de esporos do *Bacillus thuringiensis* eliminam o ataque.

As *saúvas* podem cortar alqueires de capim-colonião numa única noite. Estão entre as pragas mais temidas do Brasil e uma das campanhas contra estas formigas-cortadeiras *(Atta spp)* dizia: "Ou o Brasil termina com as saúvas ou as saúvas terminam com o Brasil". Elas aparecem em todos os campos onde pelo fogo e pela falta de matéria orgânica a micro, meso e macrovida se tornaram escassas. Onde a vida do solo é ativa, existem muitas formigas carnívoras, como a correição (da espécie *Eciton)*, bem como melívoros, como os lava-pés *(Solenopsis saevissima)* ou a cuiabana *(Paratrechina fulva)*, que caçam saúvas e as fazem desaparecer.

O aparecimento da saúva é sinal de que o solo é inóspito, não somente para a maior parte dos pequenos animais terrícolas, mas também para muitas forrageiras. Pastagens com sauveiros não são das mais produtivas! Enquanto a terra da pastagem não é melhorada fisicamente, usa-se formicida em forma de isca, geralmente em base de clorados, como Mirex.

Cupinzeiros podem infestar pastagens em quantidades incríveis. Não danificam as forrageiras em si, mas podem ocupar boa parte do terreno. Os cupins, especialmente das espécies de *Cornitermes, Syntermes* e *Nasutitermes*, aparecem especialmente em campos rotineiramente queimados e, portanto, muito pobres em matéria orgânica. Em pastagens corretamente manejadas desaparecem, por serem caçados por formigas, como as carnívoras, mas também por colêmbolos, ácaros e outros animais terrícolas. À medida que aumenta a matéria orgânica no solo desaparecem os cupins da pastagem.

Percevejos como *Blissus leucopterus,* recentemente (1975) introduzido no Brasil, vindo dos Estados Unidos, podem se tornar muito mais perigosos que as cigarrinhas. Atacam tudo que é gramínea, do milho até a erva-cidreira, e por enquanto conhece-se somente o combate químico, nem sempre bem sucedido, como mostra a larga difusão desse percevejo na América do Norte.

O ácaro-vermelho (*Tetranychus sp.*) ataca várias forrageiras, entre elas leguminosas; o método aconselhado para combatê-lo é roçar e queimar a pastagem.

Gafanhotos-migratórios (como *Schistocerca americana)* criam-se exclusivamente em pastagens muito pobres, de solos compactos e, portanto, secos, com frequência, tomados pelo capim-favorito (*Rhymchelytrum roseum)* que, por isso, possui também o nome de capim-gafanhoto. Seu combate direto é difícil, especialmente porque quando aparecem em grandes quantidades é tarde demais para combatê-los. Com o melhoramento das condições dos solos de pastagem e a animação de sua vida o perigo dos gafanhotos diminui sensivelmente.

Verificamos que praticamente todas as pragas são "ecótipos" provocados pelas condições específicas de pastagens mal manejadas e pelo desequilíbrio biológico resultante. Deve-se distinguir claramente entre o combate momentâneo para se livrar do ataque da praga e o combate verdadeiro, ou seja, a remoção das causas de seu aparecimento. O mesmo vale para as pestes, como ferrugem, os parasitas da raiz, como nematoides etc.

Toda monocultura, não importa se de forrageiras ou de cultivos agrícolas comerciais ou alimentícios, é sujeita a pragas.

A ferrugem, a cigarrinha, os curuquerês, as saúvas especializadas em determinadas forrageiras, nematoides, especialmente em leguminosas, fungos que atacam as sementes, tornando-as tóxicas, ocorrem sempre, se houver o plantio em grande escala de uma única forrageira.

De certo modo, é mais fácil plantar somente uma forrageira, especialmente quando se considera o manejo do piquete, porém as desvantagens tanto em relação ao desenvolvimento do gado, quanto concernentes a pragas e pestes, são evidentes.

Existem regiões onde as pragas e pestes não ocorrem em escala devastadora e existem outras regiões em que aniquilam as forrageiras.

É aconselhável plantar coquetéis de várias gramíneas e leguminosas, que têm a vantagem de:

1) impedir a criação de pragas em escala maior;
2) encontrar mais facilmente as forrageiras mais adaptadas a suas condições;
3) fornecer ao gado uma forragem mais completa e portanto mais nutritiva.

Existe a desvantagem de que o gado pode preferir umas forrageiras e deixar sobrar outras, o que se pode controlar em parte por um manejo racional.

Também o aparecimento de ervas não gramíneas e leguminosas pode contribuir para o melhor aproveitamento das pastagens, porque aumenta o apetite dos animais e melhora sua saúde. Mesmo se estas ervas ocupam um lugar relativamente grande, como a tanchagem (*Plantago spp*), suas vantagens são grandes também. E quanto mais diversificada a vegetação de uma pastagem tanto menor a possibilidade de ser aniquilada por uma praga.

Parasitas animais

O aparecimento de parasitas não somente depende de plantas hospedeiras, como o *Senecio brasiliensis*, a berneira ou maria-mole, que se diz hospedar as larvinhas do bicho-berne, mas igualmente da resistência dos animais. Assim, por exemplo, uma pastagem exclusivamente de *Brachiaria* geralmente favorece o ataque dos animais pelo bicho-berne, enquanto o cerrado, mesmo com possibilidades enormes de criar o bicho-berne, geralmente possui gado muito pouco atacado. A variação da alimentação torna o gado mais resistente.

Os carrapatos geralmente aumentam à medida que aparecem "macegas", ou seja, plantas fibrosas sem valor nutritivo. Assim, por exemplo, em campos com muita barba-de-bode os carrapatos abundam. Pode-se dizer que quanto pior a pastagem e quanto mais uniforme a alimentação, tanto mais parasitas aparecem.

A verminose depende especialmente de dois fatores:

a) que o animal seja deficiente em proteínas e

b) que não haja pastejo rotativo, de modo que exista animal no pasto quando o verme nasce. Portanto, pastagens plantadas em monocultura, sob regime de pastejo permanente, não protegem os animais contra os parasitas. Especialmente os ovinos são suscetíveis.

Recomenda-se:

1) nunca manter ovinos em pastagens plantadas com uma única forrageira;

2) evitar campos onde aparece musgo (falta cálcio);

3) evitar pastos em solos mal drenados;

4) evitar pastos fortemente adubados;

5) manejá-los sempre em rotação;

6) cuidar para que haja suficientes leguminosas nas pastagens.

O controle dos parasitas não se faz exclusivamente com banhos e vermífugos, mas igualmente pela alimentação sadia, rica em proteínas, e pela rotação do pastejo.

Invasoras persistentes

As invasoras das pastagens podem ser agrupadas em quatro itens:

1) têm sua origem no solo e suas deficiências físicas e químicas. Assim, por exemplo, em solos ricos em alumínio aparece samambaia; em solos com umidade estagnante aparecem rabo-de-burro, rabo-de-coelho e outras *Andro-*

pogon; pela falta de cálcio aparecem cabelo-de-porco; em solos muito adensados ou compactados aparecem malvas e guanxumas, assa-peixe e à medida que a permeabilidade do solo diminui aumentam as euforbiáceas, como pinhão *(Jatropha spp)* e outras. Invasoras são ecótipos, ou seja, plantas perfeitamente adaptadas às condições do solo e do clima;

2) podem ser provocadas pela monocultura, uma vez que toda monocultura modifica as condições químicas do solo, esgotando-o unilateralmente num ou outro nutriente e enriquecendo-o em uma ou outra substância química excretada pelas raízes. Assim, *centrosema* cria pangola ou capim-colchão *(Digitaria sanguinalis),* capim-colonião sempre é invadido pelo gramão *(Paspalum notatum var.)* etc.;

3) dependem do modo como a forrageira cobre o solo. A "rebrota" do cerrado ou da mata geralmente não é somente rebrota, mas sim plantas que se assentam posteriormente, como as jurubebas *(Solanacea spp)* e as embaúbas *(Cecropia spp),* bacuris e outros. Elas conseguem nascer onde o solo é desnudo. Especialmente nas forrageiras de porte alto, como capim-colonião, muita terra fica desnuda, ou seja, não ocupada pela forrageira. Quando o gado baixa esta, as invasoras têm vez. *E quanto mais deficiente a cobertura do solo, tanto mais invasoras podem aparecer.* Mas o desnudamento ocorre igualmente pelo pastejo seletivo, pelo pisoteio em períodos de seca ou muita chuva, e pela erosão;

4) também o manejo da pastagem e do pastejo pode permitir o aparecimento de invasoras. Especialmente quando se usa o pastejo permanente, o pastejo seletivo do gado contribui para o desenvolvimento de plantas indesejadas. E uma adubação, especialmente de nitrogênio, contribui para o aparecimento de plantas como cardos.

Outro fator de manejo é o fogo, geralmente utilizado para limpeza dos pastos. Ele cria uma vegetação toda especial, resistente ao fogo, como barba-de-bode, capim-cabeludo, ariri *(Cocos vagans)* etc.

O uso de Tordon, um herbicida que contém o "agente laranja", poderoso desfolhante, utilizado no Vietnã, não resolve o problema das invasoras e plantas indesejadas. Pode matá-las por um certo lapso de tempo, mas não se consegue evitar que surjam novamente, sempre com maior vigor. São as condições do solo, da forragem e do manejo que as provocam. E enquanto não se removem as causas, aparecerão sempre de novo.

Em pastagens bem conduzidas, a "juquira" ou as plantas invasoras são mínimas. Por exemplo: na região da Mata Geral, no Pará, uma pastagem de 16.000 ha, plantada com *Brachiaria humidicola*, o quicuio-da-amazônia, foi invadida fortemente por rabo-de-burro *(Andropogon bicornis)* e "juquira", e o capim mostrou todos os sinais de deficiência de nitrogênio e cálcio. Corrigir o solo, adubar com nitrogênio, roçar manualmente, dinamitar as lajes do subsolo que represaram a água foram as medidas indicadas por técnicos. Mas transportar calcário e adubo sobre 500 km por avião, alugar uma adubadeira e helicóptero em Miami, contratar turmas de dinamitação era antieconômico e o abandono das pastagens foi considerado. Pela simples implantação de guandu *(Cajanus spp)* removeram-se as deficiências, quebraram-se as lajes impermeáveis e conseguiu-se uma vegetação tão densa que a "juquira" não tinha vez. A pastagem ficou limpa.

A remoção das causas nem sempre coincide com o combate dos sintomas, mas remove estes automaticamente de uma maneira bem mais simples do que teria sido o seu combate.

A limpeza das pastagens

As pastagens mantêm-se limpas quando:

1) se impede que haja manchas desnudas no solo. A densidade da cobertura vegetal depende da fertilidade do solo, seu estado físico, da adaptação das forrageiras e do manejo do gado;

2) se manejam as pastagens rotativamente, obrigando o gado a comer todas as plantas não poupando as plantas piores;

3) se impede a compactação excessiva do solo pela intercalação de ferrejo – ceifa de forragem verde;

4) se usam coquetéis de forrageiras, de modo que uma pode aumentar e outra diminuir, mas nunca há desnudamento do solo e lugar para invasoras;

5) se adubam os nutrientes que possam faltar.

A vegetação excedente elimina-se pelo rolo-faca ou roçadeira com facas muito bem afiadas para cortar, em vez de esfacelar as folhas e caules das forrageiras. Vegetação cortada rebrota após 3 a 4 dias, plantas esfaceladas e rasgadas somente após 3 a 4 semanas. Somente o mio-mio multiplica-se violentamente quando seu caule principal é esfacelado.

A compactação do solo

A maioria das forrageiras cultivadas exige um solo mais ou menos solto. Tanto o capim-colonião, quanto pangola, brachiaria, estrela e outros diminuem a massa verde, formam menos guias e desaparecem onde a compactação do solo for grande, não importando se é pelo pisoteio ou pelo impacto das chuvas.

A passagem de uma grade muitas vezes revigora a pastagem. Mas pode ser necessário um subsolador.

Em pastagens mistas, a compactação é menor graças aos sistemas radiculares diferentes. Especialmente leguminosas conseguem manter o solo aberto. O ferrejo em lugar do pastejo contribui para o afrouxamento do solo.

Existem forrageiras como o gramão, diversos panicum de porte baixo, setárias e grama-seda que, com seu sistema radicular forte, conseguem aproveitar solos compactados. Porém, a rusticidade se perde com o melhoramento das gramíneas. Assim a grama-seda, quando melhorada para bermuda-grass, ou o gramão, quando usado o cultivar pensacola, não conseguem mais aproveitar solos compactos.

Safra e entressafra

Atualmente nossa pecuária está acostumada a viver em regime de safra e entressafra. Durante as águas o gado engorda e a forragem é farta. Durante a seca ou o frio a forragem rareia e o gado emagrece, perdendo parte do peso ganho nas águas (efeito sanfona).

A Fig. 13 mostra os aumentos e quedas de peso do gado durante seu desenvolvimento. Pergunta-se: isso é inevitável?

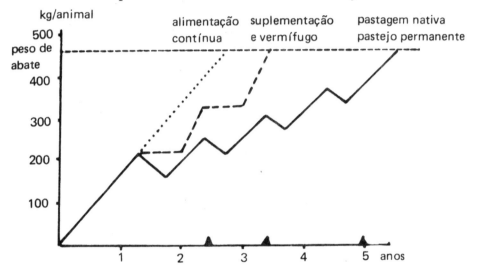

Fig. 13 – Em pastagem nativa e pastejo permanente o gado perde parte do peso ganho durante as águas. Com suplementação consegue-se estacionar o peso. Em pastagem bem conduzida o ganho de peso é permanente e o gado alcança o peso de abate com 2,5 anos.

Nos climas temperados, onde não existe possibilidade alguma de manter o gado no pasto durante os meses de inverno, uma vez que a neve e o gelo o impedem, a formação de estoques de forragem em forma de feno e ensilagem é obrigatória.

Por isso, entre nós a propaganda para a fenação e ensilagem é grande, e a última moda é o "feno em pé", ou seja, capim que secou por não ter sido pastado. Mas o nome de "feno" infelizmente não aumenta seu valor nutritivo. O máximo que ele pode fornecer ao gado são fibras e minerais. No Sul, onde o inverno é úmido, nem isso ocorre e restam somente as fibras.

A ensilagem é utilizada por muitos pecuaristas, especialmente por produtores de leite, o que não impede que boa parte do valor nutritivo se perca pela fermentação acética que ocorre em nosso clima.

Plantam-se pastagens de inverno nos Estados sulinos, mas nos tropicais planta-se somente para as águas. E a seca? Existem vários métodos de superar a entressafra. E eles são capazes de eliminar o que castiga nossa pecuária: as perdas de peso durante a estação adversa:

1) administrar um vermífugo ao gado antes da entrada da estação adversa;

2) selecionar o gado para o melhor aproveitamento de *forragem fibrosa*, ao mesmo tempo que se fornecem os minerais que facilitam sua digestão, como *molibdênio, zinco e enxofre*;

3) administrar ureia ou biureto ao gado que se nutre quase que exclusivamente de "feno em pé", ou seja, de forragem velha e fibrosa, e utilizar, onde for possível, bagaço de cana (melhor cana industrial picada com ureia mais sulfato de amônio), folhas de babaçu e outros produtos fibrosos enriquecidos com melaço para suplementar a forragem nos campos;

4) plantar pastagens de inverno ou leguminosas e arbustos e árvores forrageiras;

5) manter o vento fora da paisagem para economizar água;

6) usar o rodízio racional para poupar a força das forrageiras e possibilitar a rebrota mesmo durante a seca ou o frio;

7) conservar os excedentes de forragem em silos de trincheira.

Quando se usam silos de trincheira, enchendo-os com excedente de forragem, de certa maneira pode-se acreditar que é uma medida boa de conservar forragem para a época de escassez. Porém, quando se constroem silos-torre de alvenaria, e planta-se forragem para enchê-los não é mais medida econômica, mas simplesmente a transferência de uma técnica, nascida de condições completamente diferentes das nossas. No Rio Grande do Sul existe a possibilidade de plantar tanto forrageiras no verão quanto no inverno. Azevém, aveia ou centeio forrageiro, falaris híbrida, ervilhacas, serradela, trevos, cornichão etc., vegetam com toda a facilidade durante os meses do frio e não se compreende a razão por que se plantam forrageiras no verão, para poder conservá-las para o inverno. Não é mais fácil plantá-las no inverno, deixando que sejam pastadas pelo gado?

Nas regiões tropicais, com sua estação de seca, o plantio de leguminosas arbustivas, de árvores forrageiras e de leguminosas em geral enriquece a forragem, que não necessita secar quando:

1) se impede que a forrageira feche seu ciclo, florescendo, frutificando e sementando. Planta que sementou seca, mesmo quando chove. Pelo manejo rotativo das pastagens impede-se a conclusão do ciclo, e as pastagens permanecem verdes;

2) por quebra-ventos economiza-se muita umidade, de modo que a seca é muito menos intensa;

3) plantas que receberam uma vez por ano um repouso prolongado possuem raízes mais profundas e portanto encontram ainda água no solo, que as plantas de pastejo permanente, com suas raízes superficiais, não alcançam. Pastagem repousada aguenta mais seca! Pode-se usar gesso agrícola para as raízes se desenvolverem em profundidade.

4) leguminosas arbustivas dêem algo de sombra ao capim, como leucena, feijão-bravo *(Cratylia floribunda)*, camaratuba *(Cratylia mollis)*, guandu *(Cajanus spp)* e outras, que ao mesmo tempo servem de suplemento forrageiro para o gado;

5) árvores forrageiras, como algarobeira *(Prosopis juliflora)*, canafístula *(Peltophorum dubium)*, joazeiro *(Zyziphus joazeiro)*, jurema *(Pithecellobium diversifolium)* e outros;

6) se mantêm plantas silvestres nas pastagens, as quais, durante a seca, são procuradas pelos animais. Pastagens mais limpas são sempre mais desfavoráveis;

7) se evita o fogo para não criar uma vegetação própria a ele; o valor nutritivo dessa vegetação é péssimo, e ela seca rapidamente.

Exemplos: pelo uso de um pastejo alternado conseguiu-se manter as pastagens existentes verdes durante o "verão", que é a estação de seca em Roraima. O gado engordou durante a seca. A lotação das águas podia ser mantida durante a seca.

No Pará, a "salpicação" das pastagens com moitas de guandu mantinha-as verdes durante a seca e permitiu a engorda na época de entressafra. A lotação de 1,5 animais/ha podia ser mantida durante a seca.

No Espírito Santo, quebra-ventos resolveram o problema, mantendo as pastagens verdes durante a seca.

Em Santa Catarina, uma adubação nitrogenada no outono e um pastejo rotativo impediram que as pastagens "queimassem" pelo frio.

Em Goiás, nas pastagens "sujas", as plantas silvestres mantinham o gado, enquanto o capim-colonião secou.

Existem muitas possibilidades bem mais racionais, baratas e eficientes que a formação de estoques de forragem, como ensilagem ou feno.

A situação muda, quando o gado é mantido semi-confinado ou confinado, como o gado leiteiro europeu, por exemplo, o holandês, que até pode ter ar condicionado nos estábulos. Um Girolanda no pasto é bem mais econômico.

E vale a pena se conscientizar de que 6 meses de neve e gelo, com temperaturas de até 20 °C negativos, ou menos ainda, exigem outras técnicas que 6 meses de seca em clima tropical. Ninguém desenvolverá uma técnica inadequada para seu meio. Mas importam-se técnicas prontas, sem se perguntar pela razão de seu desenvolvimento.

A entressafra existe, porque na época dos "barões de gado gordo" este sistema não somente era o mais simples, mas igualmente o mais racional para as pastagens, que descansavam durante a seca ou o frio. Numa pecuária algo mais intensiva é um sistema pouco salutar.

Finalmente, não somente existe um cuidado maior das pastagens, existe igualmente a possibilidade de criação de raças de gado, por seleção, que se dão bem em épocas secas ou frias. Exemplo é o gado Brahman com leve mistura de Hereford, na Guiana, que sem qualquer trato, a não ser um vermífugo antes da entrada da seca, se mantém gordo em pastagens quase secas, e onde o único trato das pastagens é um pastejo alternado. No lado brasileiro o gado morre em quantidade no mesmo tipo de pastagem, sem vermífugo, sem adaptação e sem pastejo alternado.

A seleção do gado se faz pelas matrizes, como se explicou anteriormente. O fenômeno de entressafra ocorre, pois, por nossa livre e espontânea vontade.

Recursos pastoris para a estação do frio nos Estados sulinos

No Rio Grande do Sul, Santa Catarina e Sul do Paraná existe o problema do frio, que, acompanhado por uma chuva fina e persistente, prejudica seriamente gado e pastagens. As pastagens "queimam" pelo frio e o gado faminto é facilmente atacado pela aftosa, e na primavera pela verminose. Porém, apesar de ser verdade que as pastagens secam no inverno, raramente isso se deve ao frio.

Geralmente, durante o verão, ou seja, a estação quente, porém com relativamente pouca chuva, a vegetação é exuberante e o gado não vence a forragem. Isso porque a lotação no verão poderia ser 1,5 a 2,0 animais por hectare, enquanto que no inverno oscila entre 0,3 e 0,4. Portanto, o pecuarista acomoda-se a meio termo, tendo pouco gado para a forragem de verão, mas gado demais para o período hibernal.

O gado existente não consegue comer toda a forragem do verão e a única época em que o gado é bem nutrido é na primavera, quando pode comer a brotação nova. A partir de novembro a pastagem já se torna mais fibrosa e é cada vez menos nutritiva no decorrer do verão, embora o gado ande até a barriga na forragem. E finalmente esta sobra de forragem, que em algumas estâncias é muito grande, consegue amadurecer, jogar suas sementes e entrar em repouso natural, ou seja, o capim seca. Constitui isso que hoje se chama euforicamente de "feno em pé". A planta quando amadurece recambia para o solo potássio e fósforo, as proteínas são decompostas por enzimas e as sementes, a parte mais rica, foram jogadas. A palha pobre que permanece no campo é lixiviada pelas chuvas frias. É certo que para a engorda de gado ainda serve, quando misturada com melaço e biureto, ou seja, ureia tratada a quente ou até com sal proteinado. Mas nessa mistura pode-se usar papel de jornal para a engorda, como se faz na Suécia, ou bagaço de cana, como se usa em Minas Gerais. Em todo o caso, as pastagens secam, geralmente bem antes de entrar o frio. Se tivessem sido "roletadas", isto é, se tivesse sido passado um rolo-faca para cortar a vegetação alta, teriam ficado verdes. Mas nas pastagens pastadas com bastante gado, a vegetação pastoril é baixa e a grama exausta. E como pelo pastejo permanente, em superlotação, a grama tem raízes superficiais, também sofre de fome aguda, uma vez que explora somente uma camada muito reduzida de solo. Geralmente a maioria das raízes concentra-se em 3, raramente em 4 cm de terra superficial.

Iniciando-se a chuva, lixivia das folhas, potássio, cálcio, aminoácidos e micronutrientes. Ocorre agora um ataque maciço de bactérias e a grama morre, geralmente muito antes da geada.

Por outro lado sabe-se que a vegetação bem-nutrida suporta temperaturas de até 4 °C negativos, não necessitando morrer a 0 °C ou, como ocorreu muitas vezes, com temperaturas de 4 °C positivos.

Também existem plantas nativas, como a macega-mansa (*Erianthus angustifolius*), a grama-missioneira (*Axonopus compressus*), uma *Festuca* nativa e outras que, mesmo não tendo crescimento no inverno, resistem ao frio, podendo ser um recurso valioso para o gado.

Em pastagens não queimadas aparecem leguminosas, como diversos *Lathyrus*, que crescem bem durante o inverno, especialmente quando foi dada uma leve adubação fosfatada.

Pelo manejo rotativo das pastagens e por uma adubação nitrogenada no outono, em alguns campos, consegue-se não somente uma vegetação verde até fins de junho, mas igualmente uma brotação cedo na primavera.

O Rio Grande do Sul é rico em plantas forrageiras primaveris como a *Poa annua*, a cevadinha *(Bromus spp)*, o trevo-carretilha *(Medicago hispida)* e outras. Os problemas do inverno, em pastagens bem conduzidas, onde o dono dirige em lugar do boi, podem ser reduzidos a praticamente 6 semanas. E para estas basta plantar azevém ou aveia-forrageira, que, em pastejo rotativo, rendem até 4 vezes mais do que em pastejo permanente.

Importante no azevém é que consiga sementar, para voltar no ano seguinte. Da raiz ele não volta. O plantio frequente de azevém no mesmo lugar estraga a terra e após uns 5 ou 6 anos ele não dá mais forragem neste lote. O problema da cultura hibernal é justamente este: não se pode utilizar cada ano outra gleba, porque no verão não dá pastagem. E não se pode plantar sempre no mesmo lugar, porque estraga a terra.

A solução encontrada é a implantação do azevém na pastagem de verão. Quando esta diminui aparece a de inverno.

Também pode ser implantado no milho, fazendo a pastagem hibernal parte da agricultura.

Mas como a "Campanha" do Rio Grande do Sul é terra "descampada", o gado sofre sobremaneira com o vento frio do sul, o minuano. Amenizariam este problema, quebra-ventos, ou faixas de árvores que proporcionassem alguma proteção aos animais. Ao mesmo tempo, diminuem o efeito da seca de verão.

As forrageiras de inverno mais plantadas são: Azevém *(Lolium multiflorum)*, trevo-branco *(Trifolium repens)* e cornichão *(Lotus corniculatus)*, trinômio que se tornou famoso pela Estação Experimental de Bagé. Porém, há outras forrageiras hibernais como falaris *(Phalaris tuberosa)*, festuca *(Festuca arrundinacea)*, datilo *(Dactylis glomerata)*, aveia-

-forrageira e centeio-forrageiro, e também capins, que permanecem verdes, como o capim-annoni *(Eragrostis plana)*, embora não cresçam no inverno.

Pode-se contornar muitos problemas do inverno com um manejo rotativo das pastagens, a supressão do fogo e a impossibilidade das forrageiras encerrarem seu ciclo no outono, e talvez uma adubação nitrogenada, que, porém, se torna desnecessária em pastagens não queimadas, por terem rica flora em leguminosas. A morte das plantas por fraqueza não ocorre em campos que tiveram um repouso adequado. A implantação de forrageiras de inverno nas pastagens de verão é bem sucedida em muitos lugares. Barreiras contra o vento, em forma de faixas de árvores, ajudam a resolver o problema.

Seja advertido: as barreiras de vento têm de cortar a direção do vento. Não adianta plantar árvores nas baixadas onde o vento não "bate", mas onde já há uma cerca que impede ao gado pastar as árvores. E quando o gado é muito ávido por comer árvores, é porque falta cobalto na dieta.

Recursos pastoris na estação de seca nos trópicos

Não se usa a palavra "verão" ou "inverno", porque a seca é chamada de "inverno" em São Paulo e Minas Gerais, enquanto no Nordeste é "verão".

Em muitas regiões, especialmente nos cerrados, no sertão e no "lavrado", a seca é quase total e dura 6 meses ou mais. Ela é tanto pior quanto menos água penetra no solo durante as chuvas.

O problema da seca não é somente a falta de forragem, mas especialmente de forragem verde, que infalivelmente acarreta a falta de vitamina A. Com isso ocorre a cegueira noturna, aumenta a frequência de herpes, ou seja, ulcerações nos olhos, baixa a produção de leite, ocorrem distúrbios de reprodução, os bezerros nascem mortos ou muito fracos, ocorrem abortos no fim da prenhez e a retenção da placenta é mais frequente.

Muitos dizem que a seca é o repouso natural da terra, permitindo a ascensão de nutrientes, como de nitrogênio, potássio e boro, que, durante as águas, foram lixiviados para o subsolo. O verdejar explosivo com o início das chuvas dá alguma razão a esta teoria. Mas como o gado faminto necessita de alimento, para salvá-lo resolve-se antecipar as chuvas, queimando a vegetação velha. Assim, a seca não é um benefício, mas um castigo. Por causa da seca ocorrem as queimadas, que formam os cerrados, que destroem as terras e que possibilitam a erosão e as enchentes.

Os princípios da paisagem nativa devem ser observados na paisagem cultural. Porém as soluções da natureza e do homem terão de ser outras.

Antes de tudo tem de se examinar a seca. Ela é simplesmente a falta de chuva ou a má distribuição destas? Chuva alguma rega as plantas, mas somente a água que penetra no solo. Para isso, o solo tem de ser permeável. Solo periodicamente queimado perde sua permeabilidade. Grande parte da umidade é levada pelo vento constante. É somente uma brisa, mas ela pode levar até 7.500 toneladas de água por ano de cada hectare. Isso é a metade das águas que caem, em média, nos diversos Estados do Brasil e mais do que cai no Agreste nordestino.

Pelo pisoteio do animal e pelo fogo forma-se uma camada compactada na superfície do solo. As plantas permanentemente tosquiadas formam somente raízes superificiais, de 3 a 4 cm de profundidade. Uns dias de seca já se fazem sentir e duas semanas de seca já são uma calamidade. Por isso se plantam forrageiras de porte alto, como capim-colonião e capim-elefante. Mas o capim-colonião têm raízes que são ávidas por oxigênio, e quando o solo começa a se compactar elas sobem à superfície e finalmente o capim morre. O capim-elefante forma a maior parte de suas raízes em 40 cm de profundidade. Assim ele escapa mais facilmente à seca.

Plantas malnutridas sofrem mais com a seca que plantas bem-nutridas. A seiva nas células é fina e aguada e se perde facilmente por transpiração. Plantas bem-nutridas possuem uma seiva celular viscosa e grossa, que dificilmente perde sua água. Por isso elas gastam até 4 vezes menos água, para a formação de um quilo de matéria seca, do que plantas malnutridas. Um excesso de nitrogênio não é nutrição boa! A nutrição das plantas não depende somente dos nutrientes existentes no solo, depende igualmente da penetração de água e de sua dissolução, uma vez que planta não "engole" nutrientes sólidos, e depende das raízes poderem penetrar nas camadas onde houver os nutrientes.

Para uma nutrição boa a planta necessita de nutrientes no solo, de água para sua dissolução e absorção e oxigênio no solo, para sua metabolização. E é muito importante que haja equilíbrio entre os nutrientes. Pelas queimadas rotineiras, a quantidade de água que penetra nos solos é mínima e as raízes da maioria das plantas são superficiais. Plantas com raízes profundas suportam melhor a seca que plantas com raízes superficiais. E finalmente existem plantas que melhor suportam a seca economizando água, como todas as cactáceas, opuntias etc., e existem outras que a gastam liberalmente. Nem todas as plantas que crescem bem em regiões secas são econômicas no uso de água. Assim, por exemplo, a alfafa, conhecida como planta de regiões secas, necessita alcançar a água do subsolo, porque é muito gastadora de água. Por outro lado as portulacas são extremamente econômicas.

Verifica-se que a seca não depende somente da ausência de chuvas, mas também do manejo do solo, das pastagens e da escolha das forrageiras, bem como de barreiras que quebrem o vento e brisas.

A água que escorre e a água que o vento leva poderiam ficar nas pastagens, se o manejo fosse adequado.

Existe também capim bem mais sensível à seca que outros. Por exemplo, a *Brachiaria* suporta bem a seca, mas somente enquanto o gado não a pisoteia. No momento em que se solta o gado no piquete, ela seca em poucos dias. O mesmo ocorre após uma geada. Onde não anda gado, a Brachiaria suporta relativamente bem a seca. Onde anda gado, ela vira pó. Em contrapartida, o capim-jaraguá (*Hyparrhenia rufa*) mesmo durante uma seca bem forte se mantém verde quando pastado e mantido baixo. Quando consegue crescer e amadurecer abafa a brotação abaixo da palha morta. Quando queimado rebrota bem. Ao contrário do capim-gordura que, quando queimado durante a estação seca, não rebrota mais e morre. A escolha e o tratamento das forrageiras são importantes. E geralmente o pecuarista, que mora em sua estância, possui uma experiência boa.

O grande recurso dos trópicos são leguminosas arbóreas e arbustivas, plantadas nas pastagens e nos quebra-ventos. Estas árvores forrageiras se colocam geralmente em faixas ou em "ilhas" distribuídas pela pastagem, enquanto os arbustos se "salpicam", ou seja, se distribuem irregularmente pelos campos. Em pastagens com quebra--ventos e arbustos salpicados, o capim sofre muito menos com a seca e o gado encontra aqui seu grande recurso de suplemento alimentar, comendo folhas e vagens das leguminosas, como já mencionado no parágrafo de "safra e entressafra".

Nas regiões do polígono da seca, ou seja, no "sertão", o problema da seca é muito mais grave, porque deriva da destruição da paisagem e do solo. Os recursos à disposição do pecuarista são: árvores-forrageiras, palmas-forrageiras, especialmente como recurso de água, como as opuncias, e forrageiras como portulacas com suas folhas carnudas que suportam a seca. Quebra-ventos e a proibição do fogo seriam as medidas mais urgentes a serem tomadas. Em diversas zonas, as chuvas são tão poucas que plantas como *Athriplex* e *Artemisia*, plantas de regiões semidesérticas, deveriam ser testadas, até que se conseguisse estabelecer uma paisagem mais sadia, através de quebra-ventos. Para tal, pode-se usar leguminosas arbóreas, palmeiras e outras. Antes de tudo, porém, deve-se cuidar que as parcas chuvas possam penetrar no solo. E para isso o retorno da matéria orgânica é indispensável. E como em clima subúmido a decomposição é lenta, as quantidades necessárias não são tão grandes como nos trópicos úmidos.

Outro sistema de dominar a escassez na seca é deixar crescer o capim e roçar faixas de 5 a 6 metros de largura deixando em pé outras faixas de largura idêntica. Nas faixas roçadas o gado encontra suas proteínas, nas faixas de capim seco, sua fibra.

Propaga-se nas regiões secas a cabra. A raça Bush da Índia é a mais apreciada. É a reação natural do homem, tentando aproveitar o que restou de uma natureza destruída. Mas sabe-se que a cabra é a precursora do deserto, por impedir qualquer vegetação arbórea ou arbustiva. Diz-se que a cabra é a vaca do homem pobre. Mas as cabras do Nordeste, em sua maioria, não fornecem leite. São somente de corte.

A descapitalização das propriedades rurais

A descapitalização das propriedades rurais não é mistério para ninguém. É a desproporção do aumento dos preços industriais, até 300% por ano, e dos agrícolas e pecuários no âmbito do produtor ao redor de 30 a 40% por ano. Um trator pelo qual se pagava 33 novilhas em 1980, em 1981 já se necessita de 66 novilhas.

Por outro lado, especialmente nos Estados de pecuária tradicional, como no Rio Grande do Sul ou Minas Gerais, o orgulho do "boi gordo" ainda existe, entrando somente lentamente um pensamento mais racional. Toda a tragédia da pecuária veio à tona com os levantamentos do Incra, e os impostos que vieram.

E enquanto o sistema tributário acompanha o desenvolvimento industrial, a estrutura pecuária data ainda dos tempos antigos, onde tudo que se produzia era fartura e as estâncias tinham de manter uma família e não uma população urbana cada vez maior. Quantos pecuaristas que usufruíram as vantagens de suas terras verificam que vivem da substância e que estão se descapitalizando! Por quê? Dá o que pensar que o rebanho bovino, nos últimos 20 anos, praticamente permaneceu estável, aumentando muito pouco. A razão é a época de escassez que não somente provoca a perda de peso do gado, mas igualmente baixa sua fertilidade e, com isso, o desfrute. Seria racional não contar os bois gordos, mas sim os quilogramas de carne produzidos por hectare. E dois bois de 420 kg, somando 840 kg de carne, podia-se produzir com a mesma quantidade de forragem de um boi de 600 kg, uma vez que a partir de 400 a 420 kg o animal necessita o dobro de proteínas para a produção de 1 kg de carne do que um animal novo. Um boi de 600 kg produzido em 4,5 anos, numa lotação de 0,4 animais por hectare, ou seja, em 2,5 ha de área, dá uma produção de carne por hectare e ano de 53 kg. Se produzimos animais menores, com 420 kg, alcança-se este peso em 3 anos. E como o animal até este peso consome a metade das proteínas de um animal acima deste peso, a pastagem não somente pode ser menor, mas também com forragem mais velha do que para o "boi de engorda". De modo que podemos contar com 1,5 a 1,7 ha por animal. Isso dá aproximadamente 80 kg de carne por hectare e ano. Neste sistema de "engorda", o boi velho naturalmente recebe a pastagem melhor para seu "apronte", uma vez que seu gasto em proteínas é maior.

A consequência é que o gado novo recebe a pastagem pior. Mas como em pasto pobre se desenvolve mal, leva muito mais tempo para alcançar o peso para ser posto à engorda. Em pasto fraco desenvolve uma ossatura fraca. E por isso não pode formar muita carne. Em pasto bom somente cria gordura mesmo. O resultado são nossos bois com carne dura e gorda, que não é bem aceita no mercado internacional. E como a pastagem ainda sofre a queimada anual, os parasitas são muitos, especialmente no gado de origem europeia, com pele mais fina e mais sensível. Por isso o gado recebe banhos com clorados que podem causar uma contaminação tão grande da carne, que esta é recusada no mercado externo.

Em monoculturas de capim até o gado zebuíno pode exibir apreciável número de bichos-berne. Se o gado novo recebesse as pastagens melhores, iria se desenvolver mais rapidamente, e em 2,5 anos podia dar o peso suficiente para o abate. Mas como nossa legislação também ainda data de tempos antigos, a classificação das carcaças, reclamada pelos pecuaristas progressistas, ainda é deficiente. Mas, se a venda ocorresse mais cedo, de animais menores, logo o boi estaria entre as espécies em extinção, uma vez que a fertilidade da maioria dos rebanhos é baixa. O problema é a estação de escassez, e a falta de fósforo nas pastagens queimadas. De modo que a descapitalização é o resultado dos preços aviltados e do manejo pastoril fatalista, segundo o princípio: a gente deve aceitar o que Deus manda! A resposta deveria ser um manejo mais racional das pastagens.

PASTEJO ROTATIVO RACIONAL

Desde os tempos pré-históricos, em que o homem se dedicou à criação de animais domésticos, ele sabe que o pastejo permanente de uma área é prejudicial. As manadas de elefantes, antílopes e búfalos, bem como todos os animais herbívoros, migram de um lugar para outro para poupar suas pastagens, evitar um superpastoreio e deixá-las se recuperar. Têm suas pastagens de primavera, de verão e de seca, quando procuram as pastagens nas baixadas dos rios.

As tribos indígenas da África e da Ásia Menor eram nômades, justamente por causa de seus rebanhos. E enquanto os agricultores eram sedentários e pacíficos, por necessitarem de paz para sua atividade, os pecuaristas ou pastores eram nômades e beligerantes, porque necessitavam obter sempre outras pastagens para seus rebanhos.

Mais tarde, quando os agricultores também passaram a criar gado, estabeleceu-se o sistema de "transumância". No verão, levavam os rebanhos aos pastos verdes das montanhas e no inverno voltavam às baixadas mais quentes, repousadas e verdes. Outros levavam seus rebanhos aos vales dos rios durante a seca.

Mas quando a população cresceu e a distribuição das terras se tornou mais rígida, impossibilitando o nomadismo e a transumância, o problema da manutenção das pastagens tornou-se grave. A forma mais primitiva de um rodízio pastoril é a migração dos rebanhos nos pastos da comunidade, dirigido por um pastor. O pastor leva o gado a um determinado campo, e quando este foi pastado, o leva adiante. Este pastoreio dirigido por um pastor existia para todos os animais, tanto o gado bovino, quanto caprino, ovino, suíno e até para as aves, como os gansos.

Na Europa antiga, os pastos de emergência eram da comunidade, ou seja, do município, que igualmente mantinha o pastor. Os proprietários entregavam seus animais aos pastores. Este sistema ainda é praticado nos Balcãs, no urzal do Norte da Alemanha, e no Círculo Ártico, pelos lapões.

Quando se instalaram cercas, os pastores desapareceram. A alternância do pastejo consistia agora na troca dos piquetes. Esta troca foi aperfeiçoada na Suíça, país de tradicional pecuária alpina, que era obrigada a tirar o máximo proveito de suas poucas pastagens. Instalou-se o maneio em piquetes, a chamada *Koppelweiden ou Umtriebsweiden,* onde as pastagens, subdivididas em 6 a 14 piquetes, eram pastadas sucessivamente, o que possibilitava o aproveitamento de parte dos piquetes para a fenação.

A subdivisão das pastagens já se fazia na França em 1768 e na Escócia em 1772, quando apareceram as primeiras publicações descrevendo a rotação de pastejo em piquetes, que receberam carga animal somente por quatro dias. As vantagens eram evidentes. Na Alemanha o sistema é muito antigo, porém somente em 1907 apareceu o primeiro livro sobre o manejo rotativo *(Umtriebsweide)* com todas as suas dicas, sendo o sistema conhecido como "pastejo Falke", autor do livro, ou "pastejo de Hohenheim", de Friedrich Falke, o autor do livro *Dauerweiden* ou Pastos Permanentes, ensinado pela primeira vez nas Escolas Superiores de Agricultura da Alemanha e da Áustria, inicialmente em Leipzig. Sua entrada na América Latina, ou, mais precisamente, no Chile, ocorreu por intermédio de Arno Klocker-Hornig, com seu Sistema de Pastos Permanentes bem Manejados, com resultados que pareciam tão milagrosos que provocou uma verdadeira peregrinação de argentinos para conhecer o pastejo rotativo racional. Atualmente é bem difundido nesse país.

No Brasil, o sistema de pastejo racional foi introduzido pelo engenheiro agrônomo e pecuarista Nilo Romeiro, de Bagé-RS, com o nome "Sistema Voisin" (com base nos trabalhos sobre manejo intensivo de gado e pasto, de André Voisin, com seu primeiro livro *Produtividade do Pasto* lançado em 1957), e que, finalmente, em julho de 1970, após o "Forum sobre melhoramentos de pastagens" na Assembleia Legislativa do Rio Grande do Sul, foi reconhecido como de magna utilidade para a pecuária nacional. O desenvolvimento do Sistema Voisin Florestal, adequado para os Cerrados, em ambiente tropical, foi realizado por Jurandir Melado.

Nos EUA foi adotado e intensificado (Intensive Rotational Grazing) e, finalmente, levado até o "pasto-hora", onde o gado permanece por somente 3 horas no piquete, e que a Inglaterra superou com seu pastejo de somente uma hora num piquete, o que é possível com gado leiteiro. Na África, Allan Savory difunde o pastejo racional para combater a desertificação.

No Brasil, ainda deve ser lembrado o Sistema Rotacionado Intensivo de Produção de Pastagens, para produção intensiva de leite desenvolvido pelos prof. Vidal Pedroso de Faria e Moacyr Corsi, da ESALQ-USP, a partir de 1972 com trabalho de mestrado do prof. Corsi, com exploração da capacidade de resposta de gramíneas tropicais (de metabolismo C4) a doses elevadas de nitrogênio (aplicações maiores nos primeiros sete anos) e outros nutrientes. O sistema visa o manejo agrotécnicos, econômico e social integrado de solo-forragem-animal-administrador e também microclima. Permite a elevação da lotação animal por unidade de área, mesmo no período seco do ano e também em solos arenosos.

Ocorrem melhorias nas características físicas, químicas e biológicas do solo, pelo aumento do teor de matéria orgânica, também em profundidade, bem como melhorias no ambiente, especialmente quando integrado com cobertura arbórea. Um exemplo prático de sucesso é o projeto Balde Cheio, para o gado de leite. Também está sendo utilizado para gado de corte. Não se enquadra como sistema de baixo insumo, mas tem seu nicho em propriedades tecnificadas para agricultura e pecuária. Em geral, prioriza alguma forrageira gramínea de alta produtividade, cuja pastagem pode ser mantida por dez anos ou mais (já existem pastagens com mais de 20 anos). O sistema em geral recupera pastagens degradadas sem necessidade de romper o solo mecanicamente, processo realizado pelas raízes das forrageiras estimuladas nutricialmente e os períodos de descanso.

Outros sistemas em uso no Brasil, e que devem ser lembrados, são a integração lavoura-pecuária, os sistemas silvipastoris e mais recentemente a Integração Lavoura-Pecuária-Floresta (ILPF) numa visão mais holística e econômica de utilização da terra, participando do Programa Agricultura de Baixo Carbono (ABC) do governo federal. Essa ILPF pode utilizar o plantio direto no aspecto agrícola, e o pastejo rotativo racional normal e o intensivo no aspecto pecuário. Se o aspecto pecuário for bem manejado, perenizando as pastagens (sem necessidade de reformas), poderia ser abolido o aspecto agrícola. A não ser que se queira utilizar o aspecto pecuário (pastagens) para melhorar o solo (nos aspectos físicos, químicos e biológicos) para fins agrícolas (atividade principal). Mas deve ficar marcado que o componente arbóreo (florestal ou frutífero ou paisagístico ou medicinal) devem ser considerados para a regulação térmica e da umidade relativa do ar e como barreira para a propagação de insetos e de vetores de patogenias, para pastagens e cultivos.

Os diversos métodos de manejo de pastejo

1) pastejo permanente,
2) pastejo alternado,
3) pastejo rotativo,
4) pastejo rotativo racional,
5) pasto-hora.

O pastejo permanente

Neste tipo de pastejo, praticamente não há cercados divisórios ou há muito poucos. O gado escolhe onde e o que comer. Alguns alegam que é mais saudável para o gado. Porém, ninguém pode negar a deteriorização da flora pastoril e a formação de pastagens menos nutritivas e mais grosseiras, como já explicado anteriormente. O sistema impede a continuidade de uma pecuária próspera.

Onde as pastagens são muito grandes, ocorre ainda a migração dos rebanhos, especialmente durante o período da seca, quando os animais procuram as baixadas ainda verdes ou entram nos cerrados. De fato, mantêm-se em estado melhor do que quando são obrigados a permanecer em pastagem cultivada, limpa mas seca. Desde os tempos mais remotos, o homem procurava outros métodos que não somente proporcionariam aumento momentâneo do gado, mas também garantiriam a conservação das pastagens para a criação dos rebanhos futuros.

O pastejo alternado

No pastejo alternado existem basicamente somente duas subdivisões. Quando o gado terminou com a pastagem de uma é passado para a outra. Não consegue um melhoramento maior da pastagem, mas pelo menos impede um desperdício grande de forragem pelo gado e concede às forrageiras um repouso que permite sua recuperação, impedindo sua decadência rápida.

O pastejo rotativo

No pastejo rotativo as subdivisões já são mais numerosas e o gado permanece num piquete o quanto for necessário para comer toda a forragem. Permite a fenação de um ou outro piquete durante o período de crescimento maior e evita um desperdício maior de forragem, que sempre ocorre quando o gado entra em forragem alta. O melhoramento deste sistema por certo possui suas vantagens sobre o pastejo permanente. Porém, como não considera ainda o fator tempo, em relação à rebrota e ao repouso, pode ou não ser racional, dependendo isso da sorte do pecuarista.

O pastejo rotativo racional

A racional idade do pastejo rotativo consiste em utilizar a pastagem no momento exato em que termina o crescimento mais rápido da forragem, que é representado na curva sigmoide, em retirar o gado antes que se inicie a rebrota e em permitir à pastagem um repouso suficientemente longo para que as forrageiras consigam se recuperar e armazenar reservas. Com isso, limita-se a ocupação da pastagem a 4 ou no máximo 6 dias, e exige-se um repouso, conforme o porte da forrageira na entrada dos animais, entre 21 e 90 dias.

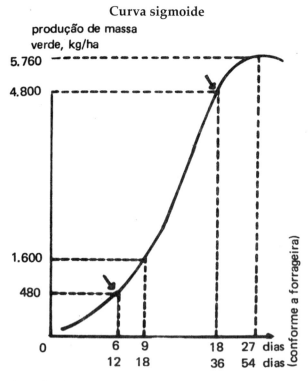

Fig. 14 – A curva sigmoide indica o período de crescimento mais rápido das plantas (entre as duas setas), que depende da forrageira e da nutrição da mesma. O repouso poupa a planta neste tempo.

O repouso não tem sentido quando a forrageira subnutrida começa a florescer, amadurecer e sementar muito antes do término desse repouso, de modo que o gado somente encontra palha seca no pasto, quando finalmente entra.

Portanto, *uma adubação fosfatada ou o afrouxamento do solo pastoril se faz necessários, quando as forrageiras tendem a encurtar seu ciclo vegetativo.*

O mais importante no pastejo racional é evitar o pastejo no início do período produtivo sempre na mesma área e manter as forrageiras vigorosas, impedindo o desaparecimento das mais apreciadas, manter as forrageiras perenes e as leguminosas que enriquecem a forragem, e, finalmente, evitar o pastejo no fim da estação sempre na mesma área, para poupar as forrageiras para a estação do frio ou da seca e possibilitar sua rebrota mais cedo.

Os quatro fatores fundamentais são:

1) dias de pastejo,
2) dias de descanso,
3) pressão de pastejo,
4) acumulação de reservas.

Os dias de pastejo e descanso geralmente visam tão-somente à produção máxima de forragem. A acumulação de reservas geralmente não está incluída aqui.

A pressão de pastejo é a quantidade de forragem oferecida à unidade animal por dia, ou seja, o cálculo exato da carga animal suportada por uma área pastoril durante determinado número de dias. Aumentando a carga animal diminui a forragem à disposição de cada animal, obrigando os animais a comerem tudo, mesmo as forrageiras menos apreciadas. Com isso, a pastagem se mantém produtiva, por terem todas as forrageiras possibilidades idênticas.

O princípio básico é, pois: superlotação a curto prazo.

O ganho por animal seria algo menor, o ganho de carne por área será maior. Porém, esta superlotação também tem limites e deve ser bem controlada.

O pasto-hora

Na Inglaterra e nos Estados Unidos da América do Norte desenvolveu-se o pasto-hora, onde os animais, sempre vacas leiteiras, permanecem de uma a três horas num piquete.

Na Inglaterra usa-se isso para animais de altíssima produção de leite, até 68 L por dia; é permitido ao gado colher durante uma hora pasto verde, abundante, comendo nesse lapso de tempo entre 12 e 15 kg de forragem. No restante do dia o gado é tratado com ração concentrada, administrada em 5 doses de 5,4 kg cada. A vida útil desses animais é curta e geralmente não se consegue mais que três lactações.

Nos EUA o gado pasta 3 horas num piquete, é retirado para uma área arborizada, onde deve ruminar, e recebe no fim do dia, quando o calor passou, mais 3 horas de pastejo, mas em outro piquete. A alimentação básica é, pois, forragem verde em abundância. Neste sistema, a carga animal em cada pastejo é muito elevada, mas somente por tempo muito curto, a que se segue o repouso adequado para o pasto.

Em outras fazendas, onde existem duas ordenhas por dia, o gado entra 3 vezes ao dia, cada vez uma hora no pasto, passando o resto do dia no parque de repouso. Mas cada vez que entra no pasto, o piquete é outro. O gado não é movimentado, mas simplesmente se abre a porteira e o gado passa, por vontade própria, para o pasto. Nos parques de repouso, encontram-se os bebedouros e os cochos com a suplementação.

O rodízio racional

Em princípio, a rotação de pastejo consiste em levar o gado de um piquete a outro, após determinado tempo de pastejo. Isso funciona durante o tempo em que o crescimento vegetal for uniforme e a carga animal constante. Porém, como a carga animal da estação adversa é muito menor que a da estação das águas, haverá menos animais do que a pastagem suporta. Sobrará forragem. Esta sobra de forragem faz com que, por exemplo, num rodízio de 10 parcelas somente 6 ou 7 serão pastadas. As restantes serão cortadas, ou para feno, ou para enriquecer o solo com matéria orgânica, dando à pastagem mais força. Durante os veranicos, as parcelas cortadas produzirão melhor que as pastadas, porque podem repousar por mais tempo e acumular reservas. No fim da estação, deixa-se repousar outros piquetes, para entrar mais vigorosos na seca ou no frio. Cada ano outros piquetes devem ser poupados no fim da estação, para não enfraquecer uns sobremaneira, mantendo somente poucos produzindo bem. Durante a seca ou o frio as reservas de forragem serão utilizadas.

O solo pastoril

Não há dúvida que se pode corrigir e adubar o solo, arar e irrigar, mas se isto é econômico é de se duvidar.

Um manejo correto não pode ser feito antes de se verificar as condições e deficiências do solo.

Ninguém pode implantar um manejo rotativo racional, com seu pastejo intenso, em solo arenoso pobre, com pouca produção de massa verde, nem pode considerá-lo na estação das águas em solos argilosos, de fácil compactação.

O manejo tem de ser feito segundo a textura do solo e da vegetação que suporta, dentro dos moldes das exigências do clima tropical.

Neste sentido, devem entrar no manejo todos os fatores que aumentam a quantidade e qualidade da forragem e que incluem:

1) a permeabilidade do solo para ar e água e sua capacidade de produzir;
2) a riqueza do solo em minerais e a adaptação das espécies a esse solo;
3) a textura do solo e sua tolerância ao pisoteio;
4) a declividade e a drenagem;
5) a proteção contra o vento;
6) o tipo de exploração (engorda, cria, leite, lã).

Não é vantajoso simplesmente subdividir a propriedade ou a área pastoril em piquetes e implantar um rodízio "a la Voisin". Em propriedades, como na Fronteira do Rio Grande do Sul, onde se alternam pastos bons com áreas encharcadas e partes pedregosas, não há manejo, quando se subdivide a área toda. Ninguém pode obrigar bovinos a colher ervas entre as pedras e ninguém pode deixar entrar ovinos em áreas de drenagem deficiente, especialmente no período de parição. Áreas planas podem suportar um pisoteio mais intenso que ladeiras, e áreas com forragem abundante suportam maior carga animal que áreas pedregosas, de litossolos, com forragem parca.

As propriedades do solo mostram-se em sua capacidade de deixar crescer as plantas. Porém, estas propriedades não precisam ser aceitas sumariamente. Podem ser melhoradas. Geralmente entende-se por melhoramento a aplicação de calcário e adubo. Mas, este tipo de melhoramento garante uma pastagem de pouca duração. Quando terminar o efeito da adubação e calagem, termina a forragem produzida nesta base de melhoramento.

Melhoramentos têm de ser permanentes; eles incluem:

1) o aumento da permeabilidade do solo pelo repouso e talvez uma aplicação de 120 a 200 kg de fosfato natural, para dar uma "partida" ao crescimento vegetal;

2) a implantação de leguminosas, onde estas não existem, devido ao manejo errado anterior;

3) a instalação de quebra-ventos, para poupar umidade e gás carbônico para a vegetação;

4) a drenagem onde isso for necessário. Esta drenagem pode ser feita por drenos, por grupos de árvores com raiz pivotante ou por leguminosas arbustivas, como o guandu.

E, finalmente, a escolha acertada de atividade pecuária. Em solos pobres não se pode criar, nem ter gado leiteiro. Em solos úmidos não se pode criar ovelhas e em solos rasos e pedregosos não se pode engordar boi. Normalmente o bom senso do pecuarista escolhe a atividade certa para cada tipo de solo.

A queimada é como uma corda elástica que não permite um melhoramento pastoril, mas puxa o pecuarista sempre para trás, fazendo-o "marcar passo". Os melhoramentos que obteve durante o ano, o fogo destrói. No ano seguinte pode começar novamente da estaca zero.

Em clima com estação chuvosa, com boa distribuição das chuvas, a subdivisão em 12 a 15 piquetes é o suficiente para um tipo de gado. Nas regiões secas, ou semiáridas, é preciso que haja no mínimo 20 a 25 piquetes para cada tipo de gado. Isso para poupar o solo, a vegetação e deixar morrer à míngua os parasitas intestinais, "nascidos" no pasto.

Solo e vegetação, por certo constituem uma unidade inseparável. Porém, o que o gado consegue fazer da vegetação depende do gado e não do solo. E os animais podem ser selecionados a fazer o máximo uso de sua pastagem. O princípio básico deve ser: *aproximar o gado da pastagem e nunca aproximar a pastagem do gado*. O manejo da vegetação, porém, impede que espécies valiosas para o gado sejam exterminadas e as pastagens se tornem grosseiras.

As espécies vegetais e suas propriedades

O equilíbrio entre as espécies vegetais na pastagem é de interesse máximo do pecuarista, do gado e do solo.

Pastagens semeadas, não importando se se trata de monoculturas ou pastagens mistas, sempre representam uma comunidade vegetal instável, de manejo extremamente delicado. Raramente são adaptadas ao ambiente, que foi criado artificialmente pela aração, calagem e adubação e que desaparece após alguns anos. E a competição não será entre forrageiras, mas sim entre invasoras e forrageiras, exóticas ao lugar.

As oscilações climáticas podem modificar a comunidade vegetal de um pasto. Portanto, é extremamente importante amenizar este efeito através de uma estrutura melhor do solo e quebra-ventos, que poupam umidade.

A seleção do gado é o fator mais importante.

Uma pastagem entregue aos cuidados e critérios do gado rapidamente mudará para uma pastagem pouco produtiva e grosseira, simplesmente porque o gado persegue as plantas mais palatáveis e as mata por exaustão. As plantas tóxicas, fibrosas e pouco palatáveis se desenvolvem livremente.

O manejo do pastejo justamente visa:

1) a manutenção do equilíbrio da vegetação pastoril;
2) o máximo aproveitamento da vegetação existente.

Invasoras geralmente são ecótipos com que as forrageiras não podem concorrer.

Dá o que pensar se considerarmos que nas *prairies* estadunidenses, ou seja, nas regiões de pastagens naturais, em parte regiões secas, viviam antigamente aproximadamente 60 milhões de bisões mais uns 40 milhões de antílopes, embora a vegetação fosse bastante parca. Hoje, com toda a técnica, existem lá 106 milhões de bovinos (Knapp, 1965). Isso mostra que o manejo das pastagens pelos animais selvagens não era inferior a toda a técnica moderna. O instinto mantinha as pastagens produtivas!

O manejo rotativo racional orienta-se pelos seguintes fatores:

1) crescimento vegetal, apresentado pela "curva sigmoide";
2) clima, ou seja, a quantidade de água disponível para a planta;
3) solo e sua permeabilidade à água e ar, sua acidez, sua riqueza mineral, sua drenagem e retenção de água útil ou disponível;
4) espécies vegetais e sua reação à luz, pisoteio e tosa;
5) tipo de exploração (invernada, cria, leite – de acordo com a fertilidade do solo);
6) manejo conforme o solo, o clima da estação e o gado.

Pretende-se tirar o máximo da pastagem, em benefício do animal, sem prejuízo da vegetação e do solo.

Neste tipo de exploração, a continuidade da produtividade da pastagem é tão importante como o aumento da produção animal. E é tão errado ver somente a produção animal destruindo as pastagens, como ver somente a manutenção das pastagens sacrificando os animais.

Esquema comparativo do desenvolvimento de raízes e parte aérea das plantas (Peterson, 1970)

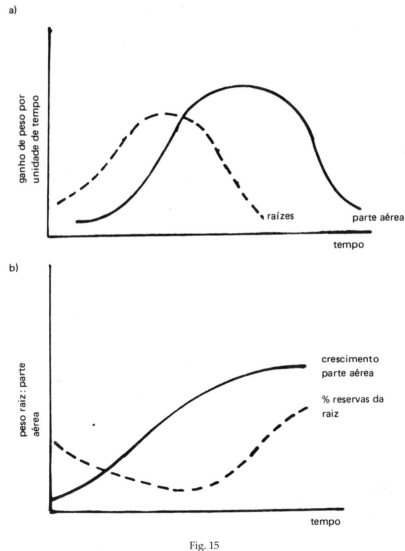

Fig. 15
a) O crescimento da raiz tem de sustentar o crescimento aéreo rápido, até a planta iniciar a fase reprodutiva.
b) Mostra como o crescimento rápido da planta esgota as reservas radiculares, que somente pelo fim do desenvolvimento vegetal começam a se recuperar.

Verifica-se pela Fig. 15 que as reservas radiculares se esgotaram justamente durante o maior crescimento da parte aérea da planta. Somente quando a fase vegetativa passa para a reprodutiva, a planta começa novamente a acumular reservas. Isso significa que a utilização mais racional da forragem, pelo pastejo justamente no ponto do maior desenvolvimento da parte foliar, é a utilização mais predatória para a parte radicular, enfraquecendo as plantas sobremaneira. Esta é a razão pela qual o pastoreio rotativo racional deve ter uma fenação intercalada. Não por causa do feno, mas por causa do fortalecimento das forrageiras.

Efeito dos cortes em diversos estágios de crescimento:

Corte	Efeito
reservas pequenas, crescimento rápido	reservas baixas no início da seca – a planta pode morrer
reservas esgotadas (fim do crescimento rápido)	a rebrota demora muito, a planta desaparece
reservas acumuladas (último corte do ano suprimido)	rebrota cedo na primavera

A acumulação de reservas é mais importante no outono, antes da seca. O dano causado por um pastejo em época de esgotamento das reservas depende da espécie. Por exemplo, *Agropirum spicatum,* quando pastado no início da floração, com todas as suas reservas esgotadas, não rebrota mais. Quando pastado no início do emborrachamento, rebrota do resto das reservas, e quando pastado no início da maturação rebrota das reservas acumuladas após a floração.

Rebrota de *Agropyrum* (Capim-azul):

início da floração	reservas esgotadas	não rebrota mais
depois da floração	reservas acumuladas	rebrota vigorosa
início do emborrachamento	reservas suficientes	rebrota regular

Neste exemplo, pode-se verificar a importância da intercalação de uma fenação no sistema do pastejo rotativo, para garantir a sobrevivência da espécie e a rebrota na primavera. Caso contrário, mesmo com um manejo bem executado, as plantas vão enfraquecendo pouco a pouco e a rebrota será cada vez mais demorada.

A frequência do pastejo e o repouso dependem, como antes foi dito, da espécie. As plantas estoloníferas suportam um pastejo com muito mais frequência que as plantas cespitosas, uma vez que têm suas reservas nos estolões em lugar da raiz. Geralmente 4 semanas de recuperação são o suficiente para aguentar outro pastejo, enquanto as forrageiras de porte alto necessitam entre 40 e 90 dias.

Tabela 43 – Produção e conteúdo de proteínas de duas espécies sob diferentes frequências de corte (Peterson, 1977)

Intervalos entre os cortes	*Panicum purpurascens* (capim-angola) kg/ha mat. seca	prot. %	*Panicum maximum* (capim-colonião) kg/ha mat. seca	prot. %
40 dias	20.300	9,9	23.758	9,0
60 dias	36.727	7,9	29.184	7,0
90 dias	56.517	5,4	36.910	5,6

Estas duas forrageiras foram adubadas com 400 kg/ha de nitrogênio.

Com o pastoreio intenso, altera-se o comportamento das forrageiras, diminuindo para o ano seguinte sua altura, o número de rebrotas, a largura das folhas e o tamanho das raízes. Ocorre a adaptação genética das forrageiras às condições de pastejo, o que significa que plantas recém-melhoradas geralmente possuem uma adaptação muito pior a um pastejo frequente do que plantas nativas das pastagens.

Geralmente as plantas submetidas a pastejo frequente são de porte menor, com maior capacidade de rebrota, mas menor capacidade de produzir sementes e menor precocidade na primavera do que as plantas submetidas a cortes periódicos.

Para garantir a rebrota de plantas cedo na primavera é preciso proporcionar-lhes um repouso maior no outono, caso contrário essas plantas serão eliminadas e o verdejar das pastagens será retardado. Assim, por exemplo, capim-gordura e capim-jaraguá, quando receberam repouso prolongado no fim da estação, podendo sementar, rebrotam na primavera muito antes do início das chuvas, quando roletados, para eliminar a massa seca.

O efeito da luz sobre as plantas forrageiras

De maneira geral, pode-se dizer que as plantas estoloníferas necessitam de luz nos seus pontos vegetativos, enquanto as cespitosas apreciam a sombra. Disso resulta que as plantas estoloníferas desaparecem das pastagens quando falta o pastejo e a vegetação tem possibilidades de ficar alta.

No Rio Grande do Sul reconhece-se uma pastagem não usada por alguns meses, pela modificação da flora pastoril. Predominam as forrageiras entoiceiradas, ou seja, as cespitosas.

Por outro lado, sabe-se que a planta capta sua energia da luz solar através de suas folhas. Quanto mais baixo o corte ou pastejo tanto mais tempo a planta levará até atingir novamente 100% de interceptação da luz solar.

Geralmente, quando diminui a luz solar para a planta há tendência de diminuir a parte da raiz, de modo que a proporção raiz/folha aumenta.

Tabela 44 – Variação da relação raiz/parte aérea em função da luminosidade e da temperatura (Peterson, 1970)

	Temperatura	luz completa	luz completa planta desfolhada	30% da luz completa
Azevém	28 °C	1:2,38	1:4,00	1:5,00
	15 °C	1:1,85	1:2,00	1:6,60
grama-forquilha	28 °C	1:2,70	1:3,70	1:12,50
	15 °C	1:2,04	1:2,17	1:3,12

Com a diminuição da temperatura, aumenta a raiz em relação à folha. Mas quando diminui a luminosidade, diminui a quantidade de raízes, e especialmente de rizomas, com poucas exceções, de modo que diminuem igualmente as reservas da planta.

Por outro lado, sabe-se que as plantas invasoras necessitam de muita luz, especialmente para poder nascer e crescer, de modo que uma relva densa lhes é hostil.

Um pastejo leve no período em que as invasoras nascem, e a manutenção de uma relva densa, combatem com sucesso as invasoras, não importando se provêm de sementes ou de raízes.

O pastejo influi na fotossíntese das plantas, baixando a massa folhar e com isso aumentando a temperatura do solo, aumentando a respiração, ou seja, o gasto de produtos fotossintetizados. Por isso, o pastejo no outono é decisivo para a sobrevivência da planta no inverno, seja ele frio, como no Sul, ou seco, como no Brasil tropical do Centro--Oeste e Sudeste. Em solos ricos, e com suficiente água, o crescimento vegetal aumenta com temperaturas até 32 °C.

Influência da água sobre as forrageiras

Não há dúvida de que a água é o fator limitante na produção de forragem. Enquanto no Nordeste a escassez de vegetação limita a carga animal, no Sul a produção pastoril aumenta com o aumento da lotação e o melhor aproveitamento das pastagens graças à umidade suficiente. Mas qualquer que seja a quantidade de chuvas, a permeabilidade dos solos sempre é importante. Assim, com excesso de chuvas no inverno, em solos argilosos e compactados as forrageiras desenvolvem somente raízes superficiais, para escapar à água estagnante. Quando se inicia o verão e o período seco, as plantas morrem logo por falta de água. Se o solo for mais permeável, estagnando menos água, as raízes se desenvolverão melhor, e as plantas resistem melhor à seca.

Quando a região é semiárida é importantíssimo que não escorra água de chuva mas que se infiltre toda, para poder ser utilizada durante a seca.

A qualidade da forragem varia segundo as precipitações. Em solos com média a boa fertilidade mesmo o capim seco tem ainda um valor moderado como alimento. De modo que um pastejo fraco antes da estação seca mantém o gado em melhor estado durante a seca.

Mas quando se faz um pastejo moderado antes da estação fria e chuvosa, como ocorre no Sul, em nada adiantará, porque as chuvas frias e persistentes conseguem lixiviar os nutrientes das folhas, inclusive aminoácidos.

Um pastejo intenso, tanto nas águas quanto na seca, prejudica a permeabilidade da superfície do solo, compactando-a. De modo que muita água não se infiltra, mas escorre. Um pastejo muito intenso, rapando a vegetação, não é vantajoso em clima tropical, onde se exige sempre a proteção do solo, tanto contra o calor do sol quanto ao impacto da chuva, para manter a permeabilidade da superfície do solo e garantir a penetração da água.

As cargas animais pesadas que se usa na Europa e na América do Norte são impraticáveis na maior parte do Brasil.

Tabela 45 – Influência do pastoreio na infiltração de água no solo (Peterson, 1970)

Pastoreio	Infiltração minutos/100 mm	% de poros maiores não capilares	densidade aparente do solo até 6 cm em g/cm³
Intenso	75.7	24,4	1,43
Moderado	49,6	27,4	1,36
Leve	49,2	26,8	1,36
Sem (com ferrejo)	29,3	-	-

Verifica-se que a infiltração da água diminui com a intensidade do aumento do pastejo, ou seja, a maior carga animal. O menor volume de poros maiores aumenta a compacidade do solo, expressa na densidade aparente. Em solos argilosos, quando úmidos a compactação é pior que em solos arenosos, onde porém a relva arrebenta.

Tabela 46 – Pressão por pisoteio

Tipo de carga	Pressão, kg/cm²
bovino de 400 kg	3,5
ovino de 60 kg	2,1
homem de 70 kg	0,3 a 1,12
trator de esteira	0,21 a 0,56
caminhão de 15 t	5,97

Esta pressão se faz sentir até 12 a 18 cm de profundidade.

Um solo compactado consegue-se afrouxar pelo repouso que permite um melhor desenvolvimento radicular da vegetação, bem como pelo fornecimento de matéria orgânica, oriundo de folhas caídas.

Mas não é somente a compactação superficial que prejudica a pastagem. Pela destruição dos grumos de terra superficiais formam-se lajes em 80 a 120 cm de profundidade, estagnando a água e criando uma vegetação adaptada a períodos de solo encharcado. Assim cada modificação cria plantas específicas, as plantas indicadoras.

Plantas indicadoras

Nome vulgar	Nome científico	Condição do solo
Ariri	(Cocos vagans)	frequentemente queimado, seco,
Assa-Peixe	(Vernonia ferruginea)	pastagens permanentes no cerrado
Babaçu	(Attalea speciosa)	invade o solo da mata onde ocorre a formação de cerrado
Bacuri	Bacuri (Platonia insignis)	solos do cerrado com fertilidade boa
Barba-de-bode	(Aristida pallens)	típico de pastagens queimadas, solo duro, pobre em P e Ca
Cabelo-de-porco	(Carex spp)	solo muito decaído, pobre em Ca, frequentemente queimado, arenoso
Capim-amargoso	(Trichachne insularis)	solos decaídos de lavouras onde há suficiente umidade
Capim-arroz	(Echinochloa crusgallii)	solos alagados ou úmidos com horizonte de redução
Capim-cabeludo	(Trachypogon spp)	em pastos da Amazônia, frequentemente queimados, pobres, arenosos
Capim-colchão	(Digitaria sanguinalis)	na regramação de lavouras abandonadas
Capim-flecha	(Trystachia chrystothrix)	no cerrado frequentemente queimado onde há suficiente umidade no solo (até estagnante)
Capim-favorito, natal ou gafanhoto	(Rhynchelytrum roseum)	em solos muito pobres, secos, geral mente de lavoura abandonada
Capim-marmelada	(Brachiaria plantaginea)	somente em solos mexidos (com arado ou capina), decaídos
Capim-amoroso	(Cenchrus ciliatus)	solos de textura média, muito compacta dos, arados
Capim-rabo-de-burro	(Andropogon bicornis)	solos muito ácidos, temporariamente estagnando água
Capim-rabo-de-raposa	(Setaria geniculata)	solos muito secos e duros
Capim-seda (burro)	(Cynodon dactylon)	solos muito pisoteados
Canarana	(Echinochloa polystachia e E. pyramidalis)	solos frequentemente alagados
Carqueja	(Baccharis spp)	solos úmidos no inverno e muito secos no verão
Gramão ou batatais	(Paspalum notatum)	boa forrageira em solos argilosos, invasora em pastagens arenosas, plantadas, especialmente no colonião. Nativo em terras regramadas

Fazendeiro, picão-bco	(Galinsoga)	lavouras antigas, deficientes em Cu
Grama-missioneira	(Axonopus compressus)	solos muito ácidos, arenosos, frios, com regime suficiente de chuvas
Guanxuma, malva	(Sida spp)	solos muito pisoteados, ricos ou não, ou lavouras muito decaídas com solos duros
Inajá	(Maximiliana regia)	lavouras decaídas na região amazônica
Jurubeba e afins	(Solanum spp)	tomado como "rebrota da mata" pastejo fraco e pastos fracos
Maria-mole, berneira, flor-das-almas	(Senecio brasiliens)	solos com lajes, frescos a úmidos na privamera, deficiente em K
Mio-mio	(Baccharis coridifolia)	solos pedregosos, rasos, pobre em Mo
Pinhão-manso	(Jatropha curcas)	solos argilosos, muito secos por serem impermeáveis
Samambaia-das-taperas	(Pteridium aquilinum)	teor elevado em alumínio, em solos pobres plantas pequenas, em solos ricos plantas grandes
Sapé	(Imperata exaltata)	solo muito ácido (pH 4,5) rico em alumínio, temporariamente úmido (água estagnando no solo)
Sapé-macho, erva-lanceta	(Solidago microglossis)	solos ácidos após lavouras
Tiririca	(Cyperus rotundus)	solos anaeróbicos, periodicamente úmidos
Taboca	(Bambusia trinii)	no cerrado onde anda o fogo anualmente. Solo ácido, mas produtivo
Vassoura-branca	(Baccharis leucocephala)	pastagens em lavouras abandonadas, muito decaídas (nos trópicos)

Às vezes o pisoteio do gado em períodos úmidos é o suficiente para provocar plantas próprias de lavouras abandonadas.

Onde se queima desaparecem tanto o capim-gordura quanto as plantas reptantes e instalam-se plantas cespitosas, ou seja, entoiceiradas, que se defendem melhor contra a ação do fogo. Geralmente a vegetação se torna mais rala e as invasoras se instalam com sempre maior frequência e intensidade, dando por sua vez a desculpa para queimadas futuras.

As lajes no subsolo dão origem a plantas que gostam de água estagnada por períodos restritos, como rabo-de-burro, que é tomado como indicadora de solos ácidos, pobres em cálcio. Mas quando se remove a laje desaparece.

Mas não somente o solo, também o gado consegue modificar a vegetação.

Dadas as modificações constantes pelo pastejo, o manejo rotativo racional não possui receita fixa, como muitos acreditam, mas tem de ser extremamente elástico, dependendo da observação constante e da experiência do pecuarista. A receita corriqueira de piquetes de um, dois ou cinco hectares e de 42, 60 ou 90 dias de repouso é algo absurdo e irreal; é tudo, menos racional.

Um manejo racional intensivo, bem-feito, encontra seu limite numa área de 500 ha por pessoa que o dirige. Uma pessoa não é capaz de observar e controlar verdadeiramente uma área maior porque não pode ser feito de um jipe em alta velocidade ou de um avião. Somente passando a pé pelos pastos verifica-se as pequenas modificações das quais resultam as grandes mudanças.

Qual é a finalidade do manejo rotativo racional?

Antes de implantar o "sistema Voisin" deve-se saber exatamente o que se pretende.

No pastejo permanente, onde não há restrição de espaço nem de tempo, sempre ocorrem:
1) a desvalorização da forragem pela idade;
2) a seleção das espécies melhores e seu desaparecimento;
3) a sub e a superlotação concomitantemente conforme a procura das forrageiras pelo gado.

A pastagem fica grosseira, inçada e de pouco valor nutritivo. Consequentemente há má nutrição do gado durante a maior parte do ano. O gado passa fome andando na forragem até o lombo; mas a forragem é velha e de baixo valor nutritivo.

Os pontos principais do manejo racional são:
1) repouso adequado para as forrageiras melhores, a fim de que se conservem no pasto;
2) impedir a seleção negativa do gado e com isso a decadência do pasto;
3) fornecer sempre forragem nutritiva, impedindo que envelheça;

4) aumentar a forragem por área, possibilitando maior carga animal.

O mais importante é que no manejo racional o gado receba forragem da mesma qualidade durante o ano todo.

No pastejo permanente obtém-se forragem nova e rica somente durante 6 a 7 semanas após a brotação. Depois, a forragem torna-se velha, fibrosa e pouca nutritiva, mesmo quando provém de forrageira ótima.

Outra vantagem é que podem se formar reservas de forragem para o período de escassez. *As reservas não se formam deixando amadurecer a forragem no campo. As reservas se formam aumentando o número de subdivisões!*

Entre nós, este sistema é conhecido por "Voisin", uma vez que foi este veterinário e pecuarista francês, que deu a base científica e racional para o pastejo rotativo. Era um fanático do manejo ecológico das pastagens e nosso amigo de muitos anos. *Pretende-se, pois, melhorar a pastagem, melhorar o valor nutritivo da forragem, aumentar a carga animal e melhorar o desempenho animal.*

É importante ter isso em mente, porque existe muita gente que sacrifica o gado para melhorar a pastagem. Outros compram desde o início rebanhos adicionais, porque pretendem subdividir e acreditam que simplesmente o delineamento de cercas aumenta a forragem. Outros fazem superlotação em pastagens que não têm forragem e prescrevem 5 dias de pastejo, mesmo quando os animais morrem de fome, e terceiros prescrevem um repouso de 42 dias a 60 dias para cada potreiro ou piquete, tanto faz se o capim ainda cresce ou se já sementou, secou e morreu.

O que orienta o manejo não deve ser um know-how *adquirido em algum lugar, mas as necessidades locais das pastagens e do gado.*

Quando não melhora a pastagem, quando não melhora o valor nutritivo da forragem, quando não melhora o estado do gado e não melhora a produção de leite e quando não se pode aumentar a carga animal, alguma coisa está errada e tem de ser revista.

O manejo rotativo racional é um manejo ecológico, manejando ao mesmo tempo solo-planta-animal. Não é a exploração de nenhum dos três nem o sacrifício de um. E racionais são todas as medidas que tendem a aumentar a forragem, mesmo nos períodos de menor desenvolvimento.

O valor nutritivo da forragem aumenta:

a) pelo ponto certo do pastejo, deixando o gado entrar no piquete quando a forragem ainda é nova. Com um repouso muito longo em pasto deficiente em nutrientes, a forragem amadurece logo, sem que haja crescimento satisfatório. Quando o gado entra após um repouso de 42 dias, a forragem já pode estar madura. Neste caso uma adubação com fósforo é indispensável;

b) quanto menor o número de espécies num pasto tanto pior seu valor nutritivo. Portanto, o pastejo-repouso tem de ser revisto, uma vez que beneficiou alguma forrageira e deixou desaparecer as outras, talvez as melhores. Neste caso, deve-se verificar igualmente a carga animal, que pode ser fraca, tendo a possibilidade de escolher o que é melhor e poupar o que não gostar muito;

c) pela presença de leguminosas e ervas silvestres, que podem ter desaparecido por causa de herbicidas ou por causa da falta de fósforo.

O estado do gado melhora:

a) quando existe o suficiente em quantidade e qualidade de forragem, para que o gado não necessite caminhar muito para colher pouco;

b) quando existem aguadas boas a pouca distância, sal e sais minerais e sombra para o repouso do gado. No calor o gado não deita, mas permanece vagando pelo pasto, dando de vez em quando uma bocada sem pastar e sem ruminar;

c) quando o gado não viver em *stress*. Mudanças de piquete a galope com gritos e cachorros causam um *stress* que impede o desenvolvimento do gado. A troca *tem* de ser feita a pé, sem correria;

d) para animais novos a deficiência de magnésio e fósforo impede o desenvolvimento, mesmo em pastagens boas em todos os outros aspectos.

A produção de leite aumenta:

a) quando o gado é posto a pastejar no momento em que a vegetação está em flor, e quando existirem leguminosas;
b) quando o solo for rico em minerais;
c) quando o gado dispõe de suficiente sombra e água;
d) quando é tocado devagar; em corridas perde o leite;
e) para produção maior que 8 litros o gado necessita de arraçoamento com concentrados.

A carga animal pode ser aumentada:

a) quando o manejo do pastejo é bem dirigido e o gado nunca consegue comer a rebrota nova;
b) quando o pasto é melhorado, especialmente com leguminosas;
c) quando a carga animal não prejudicar a relva por pisoteio pesado.

A divisão de estâncias grandes em retiros

Embora o progresso na agricultura e pecuária saia em peso de propriedades médias, ou seja, controláveis por seu proprietário, não há dúvida de que também o estanceiro grande está interessado em melhorar sua produção e aumentar seu lucro.

Aqui a simples subdivisão em piquetes não resolve. Antes de tudo tem de ser feita a divisão da propriedade em retiros. A divisão é feita de tal maneira que exista um retiro para animais de cria, outro para novilhos desmamados, outro para engorda, um para cavalos, um para forragicultura e agricultura, onde se planta a suplementação, inclusive para ensilagem, e finalmente uma reserva florestal, inclusive para moirões e lascas de cercados.

Se é usado o enxerto por touros deve existir uma área rica em minerais para os touros. Quando se usa a inseminação artificial este problema não existe.

Cada retireiro deve conhecer as necessidades do gado que ali habita. O retireiro deve saber qual o ponto melhor da forragem para o pastejo, quais as forrageiras que seu gado prefere, quais as modificações que podem surgir por um manejo despreocupado. Tem de saber se necessita adubar, fenar, drenar etc. Quais os piquetes que devem repousar no outono e quais os que devem brotar cedo na primavera; o que fazer para evitar o aparecimento de invasoras ou capins grosseiros, em que manejo o gado se conserva melhor, tem saúde melhor e um crescimento mais rápido. Enfim, ele deve observar, ter experiência, ter inteligência e bom senso humano e finalmente ter amor a seu trabalho.

A subdivisão em piquetes se faz pouco a pouco, organizando de cada vez somente um retiro.

Em propriedades pequenas, aconselha-se possuir somente um tipo de gado: de cria ou de engorda ou de leite.

Quando se tratar de ovinos ou caprinos devem existir piquetes ou potreiros grandes para maternidade, porque especialmente ovelha com cria ao pé praticamente não pode ser mudada de pasto ou somente em rebanhos menores, no máximo de 200 animais. Caso contrário, ocorre o desmame involuntário da cria, simplesmente por perder sua mãe durante a movimentação do rebanho, o que significa sua morte certa.

Os piquetes "maternidade" e "enfermaria" sempre devem ter pastos bons, ricos em minerais, de capins variados, de porte baixo, com suficiente sombra, água limpa e boa drenagem. Deve existir um abrigo contra o sol abrasante e o vento frio.

Existem duas ocasiões em que o gado necessita de uma forragem muito rica:

1)   quando a vaca tem terneiro ao pé ou a ovelha está com cria;

2) quando o animal é recém-desmamado.

Estes animais necessitam de pastagens mais ricas em minerais e mais nutritivas em aminoácidos, ou seja, devem ter pastagens mistas ou, pelo menos, piquetes com forrageiras diferentes.

O maior choque que o animal sofre é o desmame. E este é bem menos doloroso quando os animais se encontram em pastagem boa, com ração suplementar e as mães são retiradas. Quando estão em pastagens medíocres e se retiram os terneiros o choque é bem maior, porque os animais não somente são postos em pastagem diferente, mas desta vez igualmente sem mãe.

Quando se retiram as vacas, os terneiros as procuram durante um dia.

Quando se retiram os terneiros, eles berram durante uma semana ou mais. Portanto, a pastagem do desmame deve receber cuidados especiais. A prática é colocar as vacas com os terneiros, e após 3 dias, quando os animais estão acostumados à pastagem e à ração, retirar as mães. Os terneiros permanecem ainda por alguns dias na pastagem antes de poderem ser movimentados, trocando o piquete ou potreiro.

A subdivisão dos piquetes

A área escolhida para a subdivisão deve ser mais ou menos similar, tanto em fertilidade, quanto em drenagem e declividade, caso contrário um manejo é difícil.

Quando se tratar de uma área pequena, ao redor de 100 ha até 300 ha, a subdivisão não é problemática. Quando se tratar de uma área extensa, há duas possibilidades. Pode-se prosseguir a subdivisão gradativamente, por exemplo, dividindo primeiro toda a gleba em 4 partes, e no ano seguinte, dividindo cada uma destas, pela metade e assim por diante. A vantagem deste tipo de subdivisão está em que peões e gado se acostumam pouco a pouco ao manejo rotativo.

Esquemas de subdivisão de áreas

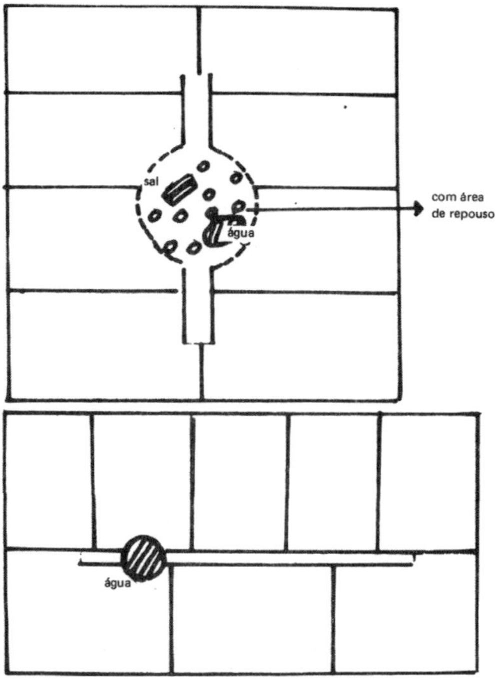

Fig. 16 – Esquemas de subdivisão de propriedades. Importante é a aguada e o corredor que a liga aos piquetes. Uma área de repouso com água é preferível.

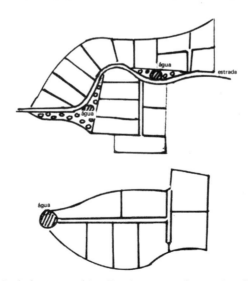

Fig. 17 – Subdivisão de áreas na prática. Em cima a estrada serve igualmente de corredor e existem duas aguadas arborizadas. Embaixo uma aguada na ponta e corredores que a ligam aos piquetes. O tamanho das subdivisões não é idêntico. Conforme o solo, é diferente.

O princípio básico do manejo rotativo racional é *mudar o gado de piquete antes que apareça a rebrota da forragem pastada, e conceder um repouso à pastagem, o que é o suficiente para permitir a recuperação e conservação das forrageiras mais apreciadas pelo gado.*

Como a rebrota se inicia 4 a 6 dias após o pastejo, a permanência do gado será de 1 a 6 dias num piquete. Por isso, deve haver tantos piquetes que se possa fechar o ciclo de pastejo. Por exemplo, quando se programa que o gado paste um piquete durante 3 dias e o deixe repousar por 42 dias, o número de piquetes será 42:3 = 14.

Quando o programa é deixar os animais durante 2 dias num piquete e deixar o piquete repousar durante 60 dias, como é necessário para forrageiras de porte alto, o número de piquetes será 60:2 = 30. Estes cálculos valem para a programação da subdivisão, mas não valem para o manejo, que não é tão simples como o programa da subdivisão. No projeto planeja-se deixar permanecer o gado durante determinado período no piquete, mudando-o em seguida para o piquete seguinte, e assim por diante, até chegar novamente ao primeiro piquete, após os dias de repouso planejado. Na prática, o manejo de ocupação e repouso é algo diferente, como se verificará mais adiante.

Planeja-se igualmente determinado número de gado para um determinado volume de forragem.

Rendimento de forragem verde num ano

	Cortes, após períodos de descanso de 40 dias, kg/ha	Média por corte, kg/ha
Capim-elefante	73.695	8.188
Capim-guiné	47.378	5.264
Brachiaria mutica	25.226	2.802
Pangola (30 dias)	53.482	4.456

Por exemplo: se a forragem produzida num piquete é de 4,456 kg e se um animal come 60 kg de forragem por dia, num pastejo de 3 dias cada animal comerá 180 kg, de modo que a lotação possível seria

24 a 25 animais. Se o pastejo previsto fosse somente durante 1 dia, a lotação possível seria 74 a 75 animais.

Na realidade, não se pode contar com toda a forragem existente, uma vez que parte é desperdiçada pelo gado. Por outro lado, existe crescimento da pastagem, de modo que um desconto de 15 a 20% para perdas poderia ser o suficiente, a lotação não será de 25 animais durante 3 dias, mas somente de 20 animais.

Um pecuarista treinado sabe calcular a quantidade de forragem com bastante exatidão. Se faltar ainda a experiência, pode-se cortar a forragem de uma área de 2 x 5 m, ou seja, de 10 m² e pesá-la. Por exemplo: 8 kg de forragem por 10 m² significam que um animal que comerá 60 kg por dia necessitará uma área diária de 60 kg : 8 kg = 7,5 x 10 m = 75 m². De modo que cada animal necessitará a área de 75 m² para seu sustento e produção. Desta maneira, um hectare pode servir para 133 animais por um dia ou para 44 animais durante 3 dias.

Como a variação de produção de forragem é grande durante as diversas estações do ano, a variação de lotação será grande.

Este problema se pode contornar de três maneiras:

1) possuindo piquetes de reserva. Se a lotação na estação das águas é de 3 dias por piquete, durante a seca poderia ser de 1 dia por piquete. Os piquetes-reserva são fenados ou ensilados durante as águas, fornecendo suplemento durante a seca;

2) formando piquetes maiores e usando uma cerca elétrica móvel, que reparte uma área do piquete, suficiente para o pastejo durante os dias planejados. Pastada a forragem desta parte, a cerca será movida adiante, liberando nova área a pastar;

3) estabelecendo reservas de forragem em cada piquete, por exemplo de leguminosas arbustivas, como leucena, guandu e outras, ou, no Nordeste, palma-forrageira, babaçu e algarobeira.

Uma lotação muito pesada, com 200 animais por hectare, como usada no Rio Grande do Sul em algumas propriedades, é impraticável nas regiões tropicais. Na estação das águas iria destruir a pastagem, por ser o solo muito mole. E na estação da seca iria destruir a pastagem por estar a vegetação debilitada pela seca, muito sensível ao pisoteio pesado. Assim, por exemplo, a *Brachiaria decumbens* seca logo nas trilhas do gado e somente rebrota no início das águas. Uma carga animal pesada iria fazer secar a pastagem, e, talvez, impossibilitar sua rebrota.

O tamanho dos piquetes ou potreiros

Existe a crença de que num "Voisin" os piquetes deveriam ser do tamanho de 1 ha. Pode-se chegar a um hectare num manejo muito intensivo, com o pastejo de cada piquete durante um único dia e lotação de até 200 animais por hectare, mas isso somente no Estado do Rio Grande do Sul, e até o Sul do Paraná.

O tamanho do piquete depende da forragem disponível, da intensidade do manejo e da carga animal.

A forragem disponível depende da fertilidade do solo e do clima, bem como das técnicas pastoris usadas. Onde prevalecem ainda as queimadas, a pastagem será bem menos produtiva do que onde se usa a roça com rolo-faca ou roçadeira com lâminas bem afiadas. Mas a quantidade de forragem depende igualmente da adaptação das forrageiras ao solo e ao clima.

Não adianta formar pastagens somente de brachiaria, estrela ou buffel quando se sabe que estes iriam dar forragem somente durante os 3 meses de chuva. Enquanto nos 9 meses restantes, de seca, o gado não terá o que comer. Aí, faixas de reserva são indispensáveis, para reforçar a vegetação.

O tamanho dos piquetes não necessita ser igual. Mas necessitam ter produção idêntica de forragem. E o tamanho tem de acompanhar as possibilidades de nutrir o gado. Os animais que durante as águas ocupam 1 piquete podem necessitar de 3 para o período da seca, apesar de forragem suplementar plantada.

Onde a vegetação durante boa parte do ano possui um crescimento rápido, o único entrave é o endurecimento das forrageiras, com a perda de nutribilidade. Aqui o tamanho do piquete pode chegar até 1 ha. Mas em regiões onde a carga animal oscila entre 1 e 2 animais por cada 10 ha, piquetes de 1 ha de tamanho não fazem sentido.

Nestas regiões aconselha-se a subdivisão progressiva. Divide-se a área em 4 partes e quando o manejo dá resultado e o pecuarista está inteirado dos problemas pastoris existentes, subdivide-as outra vez até finalmente chegar a um tamanho exequível na região.

No pastejo permanente em áreas muito grandes o gado cuida de si e do seu dono. Mas em piquetes menores, as resoluções não são mais tomadas pelo gado, mas sim pelo dono, e este tem de estar a par das condições de suas pastagens nas diversas épocas do ano, uma vez que as resoluções da movimentação do rebanho passaram do gado para o dono.

Um parcelamento muito grande da área pastoril, desde o início, acarreta muitos problemas, que podem ser evitados por um fracionamento progressivo.

O tamanho dos piquetes não obedece a uma norma fixa, mas depende das condições locais das pastagens e da experiência do pecuarista. O limite inferior parece ser 1 ha. O limite superior está no controle da vegetação, na distância para a aguada e no tamanho da aguada. O ideal é que o animal não caminhe mais que 500 a 800 m para alcançar a água. Caminhadas de até 12 e mais quilômetros, como ocorre no Nordeste, são um fator altamente depressivo no desenvolvimento dos animais, que gastam nas caminhadas tudo o que ganharam na pastagem.

Normalmente os animais não vão beber um por um, mas sempre em grupos ou o rebanho inteiro.

Vi pastagens plantadas com pangola, bem adubadas, corretamente subdivididas, com vegetação abundante e gado magro. Enquanto a pastagem não foi subdividida o gado era gordo, após a subdivisão decaiu. Por quê? A aguada era um córrego na ponta da pastagem. Enquanto o gado andava em toda a pastagem podia beber em todo o córrego. Quando se formaram piquetes, o trecho de onde se podia beber foi limitado. Os primeiros bebiam e sujavam a água. Os seguintes bebiam ainda da água suja, mas a metade restante somente olhava e voltava, uma vez que a água tinha virado um lamaçal. Portanto, a água para piquetes tem de ser mais abundante que para pastagens não subdivididas, e a necessidade de bebedouros é grande.

Também a quantidade de gado que pode ser movimentada é limitada. O máximo parece ser 200 vacas leiteiras, 400 a 500 novilhos de engorda ou 800 ovinos sem cria ou 200 com cria. Possui-se, pois, um limite superior de tamanho do piquete dado pelo número de gado que se pode manejar sem causar *stress* ou danos, e o tamanho inferior, que é ditado pela quantidade de forragem, sua possibilidade de rebrota e pela resistência ao pisoteio.

Sem dúvida menor, quanto o pastejo rotativo racional, mais pode ser aprimorado para o gado leiteiro e ser menos intenso no gado de corte. Por quê? O gado leiteiro acostumado a ser manejado constantemente não estranha a movimentação. E como, após a ordenha, come com fome maior, agradece quando posto em piquete novo, ainda não pastado. De modo que a troca diária do piquete é uma medida altamente aconselhável.

No gado de corte, normalmente menos acostumado ao contato humano, a mudança pode causar *stress* e, geralmente, o causa mesmo. De modo que a troca em 4 a 6 dias, para a maioria dos rebanhos, deve ser o mais aconselhável, a não ser que foram tomadas medidas para amansar o gado.

Amansar não quer dizer amarrar, como uns fazem, ou bater quando agride, como outros fazem. Amansar quer dizer acostumar ao contato humano. Consiste em dar ração, sal ou farinha de ossos com maior frequência nos cochos, para que o gado sempre espere algo de bom quando enxerga um homem.

O tamanho do piquete pode variar, por isso, entre 20 até 1 ha segundo a região, o clima, o gado e a habilidade do pecuarista.

A forma dos piquetes

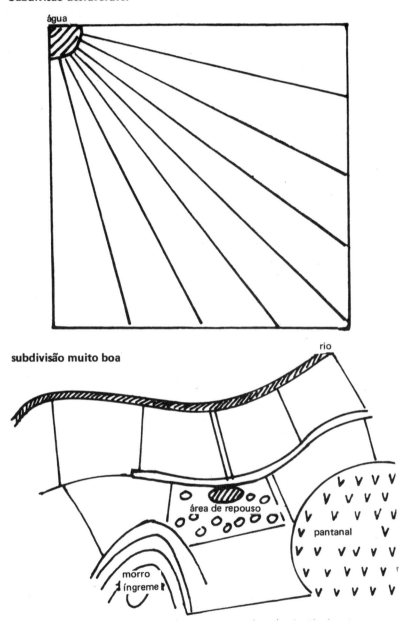

Fig. 18 – a) Subdivisão pouco favorável. O lugar na água é reduzido demais e o comprimento dos piquetes muito grande.

b) Subdivisão muito favorável. Há água no rio e na área de repouso.

A forma deve ser adequada para que o gado coma a vegetação de toda a área do piquete, o que dificilmente ocorre quando se trata de faixas estreitas e compridas, com a aguada numa das pontas. O gado raramente retornará para o lado do piquete oposto à aguada, mesmo se este ainda possui vegetação farta. Permanece perto da água e pode até passar fome, como se mostra na Fig. 18 a.

É aconselhável ter um corredor entre os piquetes que ligue todos à água e dar aos piquetes a forma mais quadrada possível. O ideal são bebedouros nas divisas de dois piquetes, de modo que não se necessite de água para cada um.

Quando não é possível ter árvores de sombra para cada subdivisão, uma "área de repouso" arborizada, servindo para diversas subdivisões, é indicada. Quando os piquetes são pequenos é o suficiente. Quando são de 10 a 20 ha de tamanho, cada subdivisão deveria dispor de alguma sombra, por razões anteriormente discutidas.

As subdivisões não obedecerão simplesmente a linhas retas traçadas na planta da propriedade, mas acompanharão cursos de água e estradas, excluirão ladeiras íngremes e terras encharcadas permanentemente, como mostra a Fig. 18-b.

Organização do manejo rotativo racional

Calculando que um animal vivo entre 300 e 400 kg de peso come aproximadamente 60 kg de pasto diariamente e que esta quantidade é produzida por 100 m^2 de pastagem, num rodízio de 4 dias com 500 animais se necessitarão 100 m^2 x 4 dias = 400 m^2 x 500 animais = 20 ha. De modo que um piquete terá de ter o tamanho de 20 ha.

Para um rodízio com 42 dias de repouso necessitam-se de 42 + 4 = 46 : 4 = 11,5, ou seja, 12 piquetes.

Mas como no início das águas, e também durante a estação das chuvas, o crescimento da vegetação é rápido, não necessitando de 42 dias de repouso, mas somente 30 dias, e como a ocupação de um piquete é de 5 dias em lugar de quatro, ocupar-se-ão somente

8 piquetes e 4 sobrarão. A forragem desses 4 piquetes pode ser fenada, simplesmente roçada para enriquecer o solo pastoril ou, se é na região semiárida, deixada em pé em feixes, como anteriormente explicado.

Porém, como na estação do frio ou da seca 12 piquetes são poucos, necessita-se mais uma área como suplemento para o período adverso. Essa área pode ser uma toda com faixas de árvores, arbustos forrageiros, mas pode ser igualmente subdividida em piquetes que são subsequentemente liberados para o gado.

Geralmente usa-se instalar o dobro de piquetes que se necessitaria para um manejo normal. Neste caso seriam 24. Porém, como na região semiárida o pisoteio dos animais logo iria acabar com o capim, este sistema não adianta. Tem de se manter uma área com vegetação arbórea e arbustiva, bem como outros recursos alimentícios para o período da seca. No Sul também não adianta, porque é preciso plantar pastagens hibernais ou intercalar as de verão com forrageiras de inverno.

O tamanho dos piquetes regula com a fertilidade do solo, de modo que não serão idênticos.

Se no primeiro ano os animais entrarem no início da estação no piquete 1, no segundo ano será o piquete 3, no terceiro ano o piquete 5 e assim por diante.

Conforme o clima, a vegetação se recuperará mais rapidamente ou mais devagar. Portanto, pode ocorrer que o gado necessite ficar 5 dias num piquete ou já terá de sair após 3 ou 2 dias. O que regula a entrada no piquete não é a quantia de forragem, mas sim, seu estágio de desenvolvimento. Quando os capins principais começam a soltar o pendão isoladamente, está na hora de pôr o gado de corte e quando iniciam a floração em geral, é o ponto de soltar o gado leiteiro. Mesmo se a forragem for pouco desenvolvida, não adianta esperar mais. Fica então bem claro que é *a idade da planta que regula o "ponto" do pastejo e não sua altura,* que pode variar segundo o clima reinante. Em pastagens mistas, o que regula é a forrageira "chave", a principal, que é a mais valiosa, e que se pretende conservar no pasto. Quando ela começa a dominar em prejuízo das outras forrageiras, é necessário mudar o manejo, quer dizer, mudar o ponto em que se deixa entrar o gado e o período de repouso.

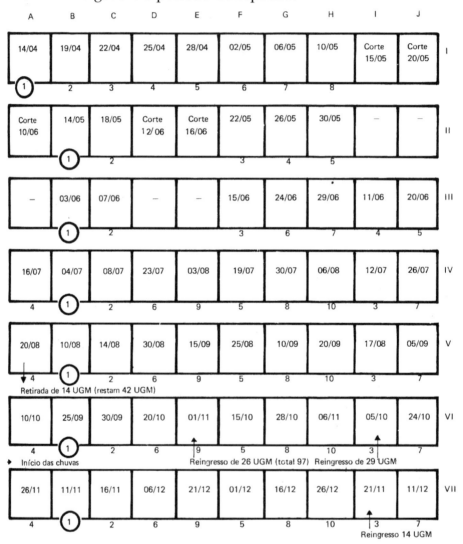

UGM = unidade de gado maior = UA (unidade animal)
adubação com 150 kg de nitrato de cálcio por hectare

Fig. 19 – Exemplo de manejo de pastejo rotativo racional com 7 passagens por cada piquete e número variável de gado (UGM).

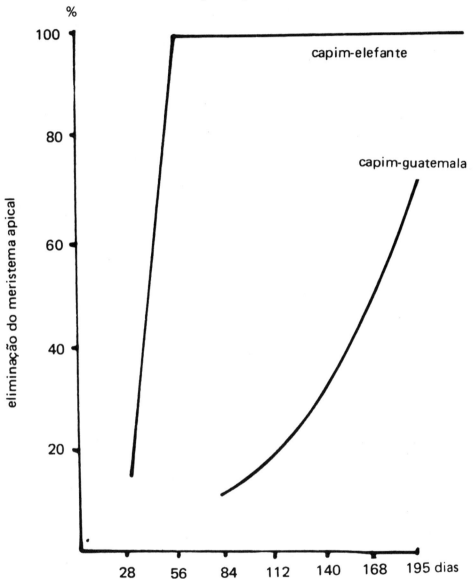

Fig. 20 – Quanto mais baixo o corte ou pastejo e quanto maior a eliminação do meristema apical, ou seja, do ponto vegetativo, tanto menor a rebrota por falta de reservas.

Isso necessita de muita observação. Normalmente, a planta começa a acumular reservas a partir da floração. Uma planta que nunca chega a florescer desaparecerá por enfraquecimento. Por outro lado, uma planta que sempre é pastada antes do emborrachamento, ou seja, do estágio em que começa a aparecer a inflorescência no caule, aguenta muito tempo, porque não chega a gastar completamente suas reservas. Mas se extermina lentamente, porque também nunca chega a acumular reservas novas.

Um pastejo que sempre conserva um palmo a mais de vegetação no campo tende a exterminar as plantas reptantes, estoloníferas, que são justamente as que melhor aguentam o pisoteio e que mais facilmente rebrotam. Mas quando o pasto sempre é rapado desaparecem todas as plantas de porte mais alto, e especialmente todas as cespitosas, ou seja, as que possuem um único ponto de raiz e crescem em toiceiras.

Um manejo bom não somente cuida de proporcionar o máximo de forragem ao gado, mas cuida igualmente da conservação das plantas melhores do pasto.

Em monoculturas, o manejo pode parecer mais fácil, porque se lida somente com uma planta única, de modo que se deve cuidar somente de mantê-la forte e vigorosa. Porém, ninguém pode protegê-la de pragas que, mais cedo ou mais tarde, aparecerão. Algumas pragas podem ser combatidas quando se rapa o pasto, expondo o ponto vegetativo ao sol, outras não se importam, especialmente fungos e lagartas.

Decerto o manejo é bem mais difícil em pastagens com vegetação diversificada, mas também é bem mais gratificante.

A tabela 47 deve orientar o manejo.

Tabela 47 – Manejo benéfico para as forrageiras

Forrageira	Pastejo			Repouso		
	Baixo 2-3 cm	Médio 5 cm	Alto 20 cm	Curto 28 dias	Médio 42 dias	Longo 60-90 dias
Estoloníferas (grama-forquilha)	X			X		
decumbentes (pangola)		X			X	
cespitosas (Setária)		X			X	
porte alto (c. colonião)			X			X

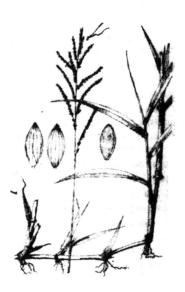

Fig. 21 – Grama estolonífera. De cada entrenós brota uma planta nova.

Plantas estoloníferas são todas as que se chamam de gramas, como forquilha, missioneira, seda, jardim e outras. Reconhecem-se pelo modo de crescer. Em cada entrenós fazem raízes, criando uma mudinha nova.

Plantas decumbentes possuem uma raiz principal da qual emitem guias, como o capim-pangola e a maioria das brachiarias. Podem fazer raízes nos entrenós, mas sempre levantam a ponta do galho deitado.

Fig. 22 – Capim decumbente, neste caso Brachiaria humidicola. A planta emite guias, porém todos saem da raiz matriz.

Plantas de porte alto, como capim-colonião, guiné, sempre-verde, elefante, napier e outras crescem tanto mais entoiceiradas quanto pior for o seu manejo.

No início das águas tendem a fazer brotos na base quando forem pastadas ou cortadas com rolo-faca, alargando sua base. Mas quando ficarem altas, secando a palha, rebrotam pela palha e não pela base, ocupando cada vez menos da superfície do solo e crescendo sempre mais em toiceiras.

Quando pastadas regularmente e cortada a sobra, elas tendem a ocupar mais da superfície do solo, não aumentando tanto sua altura e formando pastagens mais vigorosas.

Fig. 23 – Capim cespitoso ou entoiceirado. Os colmos saem de uma raiz e são eretos.

Plantas cespitosas, como as setárias, pasto-preto, capim-branco e todas as plantas que se chamam de "capim" possuem uma raiz única fasciculada da qual brotam. Não possuem colmos que deitam e geralmente são mais sensíveis ao pisoteio do gado que os capins decumbentes.

O repouso da pastagem

– Forrageiras que se satisfazem com repouso curto (21 a 28 dias)

grama-forquilha (batatais, gramão, mato-grosso, bahia) *(Paspalum notatum)*; grama-missioneira *(Axonopus compressus)* e folha larga *(A. obtusifolius)*; grama-seda *(Cynodon dactylon)*; trevo-branco *(Trifolium repens)*; estilosantes *(Stylosanthes humilis)* e pega-pega *(Desmodium spp).*

– Forrageiras que necessitam de um repouso médio (mais ou menos 42 dias)

azevém *(Lolium multiflorum)*; aveia *(Avena spp)*; festuca *(Festuca arrundinacea)*; falaris *(Phalaris tuberosa)*; setaria nandi e kazangula *(Setaria anceps)*; capim-gambá *(Andropogon gayanus)*; capim-caninha *(Andropogon incanus)*; buffel *(Cenchrus citiaris)*; datilo *(Dactylis glomerata)*; Rhodes *(Chloris gayana)*; pensacola *(Paspalum notatum var.)*; bermuda-grass *(Cynodon dactylon var.)*; trevo-ladino *(Trifolium repens var.)*; estilosantes *(Stylosanthes gracilis* e *S. guayanensis)*; ervilhaca *(Vicia sativa)*; cornichão *(Lotus corniculatus).*

– Forrageiras que necessitam de um repouso algo maior que 42 dias

pangola *(Digitaria decumbens)*, brachiaria *(Brachiaria decumbens)*, quicuio-da-amazônia *(B. humidicola)*, brisanta *(B. brizanta)*, capim-ruzi *(B. Ruziziensis)*, para-grass *(B. mutica)*, Tanner-grass *(B. radicans)*, estrela *(Cynodon plectostachyus)*, capim-Ramirez *(Paspalum guenoarum)*, pasto-negro *(Paspalum plicatulum)*, canarana *(Echinochloa pyramidalis* e *E. polystachya)*, jaraguá *(Hyparrhenia rufa)*, gordura *(Melinis minutiflora)*, gatton-panic e green-panic *(Panicum maximum var.)*, soja-perene *(Glycine wightii)*, centrosema *(Centrosema pubescens).*

– Forrageiras que necessitam de 60 a mais dias de repouso

capim-elefante *(Pennisetum purpureum)*, colonião *(Panicum maximum)*, sempre-verde *(Panicum gongyloides)*, guatemala *(Tripsacum laxum)*, galactia *(Galactia striata)*, pueraria *(Pueraria phaseoloides)*, dolicos *(Dolichos axillaris)* e outros.

Em consorciação sempre predominará a forrageira cujo repouso é o suficiente. Assim, por exemplo, num pasto com azevém e trevo--branco num repouso de 21 a 28 dias, o trevo-branco predominará. Num pasto com colonião e soja-perene, num repouso de 42 dias, a soja-perene dominará.

Para restabelecer o equilíbrio tem-se que mudar o repouso, ou seja, conceder um repouso maior, para que as gramíneas tenham vez.

Por outro lado, se se pretende diminuir a existência de uma ou outra forrageira, como, por exemplo, de capim-caninha, um pastejo após 3 semanas de repouso diminui radicalmente sua participação na pastagem. *O repouso é o instrumento mais eficaz de manejo e de controle da flora pastoril.*

Por outro lado compreende-se que um repouso curto demais tende a eliminar forrageiras do pasto, que talvez foram o sustento do gado.

O repouso dos piquetes depende, porém, não somente das forrageiras mas igualmente do clima e da estação do ano. Com um número maior de piquetes aumenta a flexibilidade do manejo. Uma adubação nitrogenada pode ajudar, no início das águas, a aumentar a produção nos primeiros piquetes a serem pastados.

O manejo do gado em rodízio

Geralmente alega-se que o gado zebuíno não é suficientemente dócil para ser manejado em pastejo rotativo. "Isso só para gado europeu!" Mas ocorre que normalmente o gado zebuíno é manejado exclusivamente "a grito e palavrão" como diz o vaqueiro. O homem nunca se mostra amigável e quando aparece é somente para vacinar ou matar. Assim, o gado mais dócil foge e o mais bravo ataca, quando vê um homem.

Um lote de indubrasil, muito bravo, atacando cada pessoa que passava pela pastagem, se tornou manso simplesmente pela suplementação durante 1 mês. Perto dos cochos sempre permanecia uma vaca que berrava quando alguém se aproximava e todo o lote vinha correndo em galope para ver se não tinha sido posta nova ração.

Também a simples colocação de sal no cocho, por exemplo, trazido num balde, faz com que todos os animais apareçam quando enxergam alguém com balde na mão. Sempre existirá um ou outro animal indócil, mas a maioria dos zebus é dócil quando bem tratada. Somente se torna um gado nervoso quando deficiente em magnésio e quando maltratado.

O problema da troca do piquete não depende tanto do gado, mas do peão ou vaqueiro, que considera atributo de seu machismo cavalgar em galope, gritando e chicoteando, acompanhado por uma matilha de cachorros. Gado trocado com correria e gritaria vive em *stress* permanente quando a troca for frequente. Quando se recupera do *stress* da primeira troca de piquete, já sobrevém a próxima. Assim, o gado emagrece em meio de forragem abundante, cochos com sal e bebedouros com água limpa.

A troca do piquete ou potreiro se faz, abrindo a porteira ou colchete e colocando sal no saleiro do piquete a pastar. O gado, uma vez acostumado a mudar de pastagem, geralmente após os dias de pastejo costumeiro numa repartição pastoril já espera a passagem para outro piquete, ocorrendo a troca calmamente, tanto com gado europeu, quanto indiano ou mestiço.

Alguns alegam que o gado aborta quando trocado de potreiro e outros dizem que os bezerros morrem. Isto é verdade quando todo o gado, em galope, é afunilado numa porteira estreita onde se prensa, derruba os bezerros e os pisoteia. Portanto, os colchetes e porteiras devem ter uma largura de 8 a 10 metros e a passagem do gado não deve ser forçada em galope.

Diz-se igualmente que as ovelhas "desmamam" a cria quando trocadas de piquete. Este desmame forçado acontece somente quando se movimenta um rebanho grande a cavalo. Quando se abre simplesmente a porteira, os animais passam comodamente. Em ovinos aconselha-se usar um animal sinuelo, que deve ser dócil e inteligente e que atenda ao chamado do tratador. Quando ele passar para outro potreiro, todo o rebanho segue.

Pastagens com forrageiras altas somente devem ser usadas para gado de corte. Gado leiteiro e gado com cria ao pé, bem como gado ovino, preferem pastagens baixas.

Gado caprino é um problema à parte, porque prefere comer de arbustos, e como facilmente são deficientes em cobalto, roem a casca de árvores, que destroem. Certamente são um recurso em regiões destruídas, porém, impedem a recuperação da região e contribuem para sua desertificação. Quando em pastagem, especialmente em corredores entre os pastos de bovinos ou à beira das estradas, onde podem "desnatar" a vegetação, produzem bem e não causam problema. Mas quando obrigados a pastar potreiros onde a vegetação se torna escassa, comem o colo da raiz, exterminando as plantas mais palatáveis e geralmente não respeitam cercados. O valor principal das cabras está na produção de leite, que pode alcançar 6 litros diários conforme a raça e a alimentação; em Israel existe uma raça que pode dar até 14 L diários. A pastagem rotativa é possível com cabras, mas necessita-se de muita experiência e cuidados e não se aconselha pastagens limpas, só de gramíneas. Por outro lado, a criação de cabras livres é muito destrutiva para a pastagem e a paisagem. Cabra não respeita cerca quando passa fome, quando não tem alimentação variada e quando os próprios donos, vendo o apuro dos animais, estouram as cercas para os campos vizinhos.

Para o gado bubalino ou búfalos, que igualmente possuem a fama de não respeitar cercas, vale a mesma coisa. Em pastagens boas e abundantes aceitam as cercas de bom grado. Mas quando não há o que comer, migram apesar de todos os cercados, podendo nadar por rios e represas de até 10 a 12 km de largura. Eles não ligam tanto à forragem apetitosa quanto volumosa e comem tanto capim-guiné quanto sempre-verde, colonião ou canarana. Capim rapado, bastante baixo, não apreciam. Também não gostam de capim seco e necessitam de água para se livrar de seus piolhos ou eles têm de ser tratados frequentemente contra ectoparasitas, caso contrário migram em busca de água.

No rodízio racional é importante:

1) iniciar o pastejo na primavera sempre em outro piquete;
2) não deixar o gado pastar um piquete quando começa a rebrota;
3) dar repouso ao piquete quando a forrageira possui crescimento rápido;
4) intercalar um repouso até o fim da floração para acumular reservas;
5) ceifar a forragem dos piquetes que não podem ser pastados;
6) passar o gado somente para piquete cuja vegetação é suficientemente alta;
7) terminar o pastejo, no fim da estação, sempre em outro piquete;
8) poupar alguns piquetes para ter pastagem descansada durante a seca;
9) conservar leguminosas nos piquetes;
10) adubar com fósforo quando as forrageiras encurtam seu ciclo vegetativo, e adubar com nitrogênio para conseguir maior produção cedo na primavera.

Qualquer que seja o manejo, a flora pastoril se modificará. Essas modificações devem ser controladas pelo pecuarista.

O pastejo cedo, na primavera, prejudica seriamente as forrageiras de brotação precoce. Portanto, não deve ser repetido em seguida, sob pena de exterminar estas plantas e provocar uma brotação tardia. Voisin diz: *a mistura de forrageiras num pasto depende muito mais da exploração, ou seja, do manejo do pastejo, do que da mistura semeada.*

Como as condições físicas e químicas dos piquetes não são necessariamente idênticas, e como a posição em baixadas, ladeiras ou colinas influi sobre a economia de água, insolação e incidência de vento, muitas vezes o gado não poderá ser passado do piquete um para o dois e assim por diante. Terá que se escolher sempre o piquete que está no "ponto" para ser pastado.

Quando a forrageira-base ou a consorciação-base está diminuindo, o repouso do piquete tem de ser modificado segundo as necessidades dela, e que pode ser repouso mais comprido ou mais curto. Num aumento de repouso deve-se verificar o estado nutricional do piquete e se precisa de adubação fosforada.

O aparecimento maciço de uma ou outra invasora indica a modificação radical de algum fator do solo ou do pasto. Pode ocorrer por causa de deficiência nutricional, do excesso de nitrogênio, do pisoteio pesado demais, do desnudamento do solo pelo uso intensivo em períodos delicados como são os úmidos ou secos.

Outro problema é a formação da maioria das raízes na superfície, onde encontram mais nutrientes. Para equilibrar isso, é necessário que se proceda a uma roça de pastagem por ano, deixando a matéria orgânica no campo. Os animais terrícolas a utilizarão como seu alimento e promoverão sua decomposição e mistura com o solo. O controle do enraizamento do solo é muito importante, caso contrário o pasto se torna mais suscetível à seca, por causa de um enraizamento muito superficial, podendo necessitar de irrigação que poderia ser evitada num manejo melhor.

Aguadas e saleiros

Quando os piquetes são pequenos e o pastejo é de somente 1 dia, aguada, saleiro e sombra geralmente se reúnem numa área. Mas, quando os piquetes são maiores e o pastejo é de 4 a 6 dias, o problema é obrigar os animais a circular por toda a área, para pastá-la de forma uniforme.

Neste caso, coloca-se o bebedouro numa ponta e o saleiro na outra. O gado acostumado a tomar sal circulará entre saleiro e água. Convém misturar ao sal comum sais minerais, especialmente cobalto, na base de 40 g de cloreto de cobalto para cada 100 kg de sal. E convém dividir o saleiro para oferecer tanto sal quanto farinha-de-osso ao gado. Especialmente o gado leiteiro, gado prenhe e gado com cria ao pé necessitam de um suplemento de cálcio e fósforo. Vacas que recebem farinha de osso dois meses antes da parição terão bezerros mais fortes e uma lactação maior. Entram igualmente mais cedo no cio podendo ser enxertadas 6 a 8 semanas após a cria.

Quando a pastagem é muito bem manejada com leguminosas e ervas silvestres, geralmente dispensa-se a farinha de ossos para gado de corte. Para gado leiteiro sempre é indicada.

Bebedouros são preferíveis a tanques ou açudes, uma vez que o gado não pode sujar a água, nem infestá-la com vermes. Se existem cursos de água pode-se colocar uma roda de água que bombeia a água para uma caixa coletora da qual a água é distribuída.

Quando a paisagem é plana, cata-ventos podem bombear a água.

Porém, seja advertido: cercados, aguadas e saleiros de nada adiantam se as pastagens forem plantadas com forrageiras inadequadas para a região, se o solo for deficiente em fósforo e se a escolha da atividade pecuária não for certa.

O manejo rotativo racional otimiza as condições da pastagem, mas não consegue criar condições diferentes.

Numa terra ruim se passa muitos anos até se formar uma pastagem boa. Não se pode forçar a formação pela simples adubação. Tem de se construir pacientemente as condições favoráveis para as forrageiras boas da região e para seu gado. Quer dizer, o gado tem de ser selecionado para suas pastagens.

Mas o êxito do manejo ecológico das pastagens num rodízio racional perfeito depende igualmente dos costumes do gado que, mesmo domesticado, possui lideranças e subjugados. Portanto, não convém misturar num lote animais recém-desmamados com animais de engorda, mesmo se a pastagem o permitir. Os animais novos serão dominados pelos mais velhos, viverão em *stress* permanente e não se desenvolverão. Ter piquetes para um rodízio não é o suficiente. Deve-se ter piquetes para tantos lotes de gado quantos forem necessários para manejá-los sem *stress*.

O manejo ecológico das pastagens deve considerar TODOS OS FATORES DE UM LUGAR, uma vez que "eco" significa lugar. Deve manter o equilíbrio entre o gado adaptado; a vegetação e sua capacidade de produzir forragem boa neste solo; a influência do gado sobre a vegetação e da vegetação sobre o gado; os fatores do solo em consideração à vegetação e ao gado, com sua estrutura, riqueza mineral, microvida e fauna-terrícola, que inclui as minhocas, bem como a influência do clima. *O manejo é ecológico quando consegue manter em equilíbrio todos os fatores de um lugar ou restabelecer o equilíbrio favorável entre eles, para que não haja decadência do ecossistema e para que proporcione as condições melhores possíveis ao gado.*

Para isso, necessita-se de muita observação, bom senso, dedicação e muito amor pelo trabalho. Mas, recompensa!

BIBLIOGRAFIA CONSULTADA

AGROCERES. *Pastagens melhoradas.* São Paulo, 1978.

_____. *Pastagens consorciadas.* São Paulo, 1974.

ANAIS DOS SIMPÓSIOS SOBRE MANEJO DE PASTAGEM, dos anos 1973, 1975, 1976, 1977. Piracicaba: Esalq.

ANAIS DO SIMPÓSIO MANEJO DE BOVINOS NO TRÓPICO. Botucatu: Cargill, 1976.

ALCÂNTARA, B. P. e BUFARAH, G. *Plantas forrageiras.* S. Paulo: Nobel, 1979.

ARAÚJO, A. A. *Forrageiras para ceifa.* Porto Alegre: Sulina, 1967.

_____. *Principais gramíneas do Rio Grande do Sul.* Porto Alegre: Sulina, 1971.

ARAÚJO F. J. A. "Manejo de pastagem em regiões semiáridas". *Anais 4º Simp. Manejo pastagem.* Piracicaba: Esalq, p. 164, 1977.

ARMSTRONG, D. C. *et al.* The effect of environmental conditions on food utilization by sheeps. *Anim. Prod.,* v. 1, n. 1, p. 1, 1959.

ASA, special public. Forage plant physiology. *Amer. Soc. Agron.* Madison, Wisc., 1964.

ASSEMBLEIA LEGISLATIVA DO ESTADO DO RIO GRANDE DO SUL. *Fórum sobre melhoramento de pastagens.* Porto Alegre, 1970.

BELLO, E. S. *O fator solo.* Fundamentos do manejo de pastagem. São Paulo: Sec. de Agric. do Estado de São Paulo, 1970.

BIANCA, W. "Termoregulación", *in*: HAREZ, E. S. *Adaptación de los animales domésticos.* Barcelona: Labor, 1973.

BOLETINS DE INDÚSTRIA ANIMAL: de 1975, 1976, 1977, 1978, 1979, 1980. São Paulo.

CATI. *Normas para manejo de pastagem.* 2ª ed. Campinas, 1973.

CAPELLI, E. L. Potencial da produção leiteira em regime de pastoreio. *Zootecnia.* São Paulo, v. 7, n. 3, p. 25, 1969.

CHANDLER, V. The intensive management of tropical forages in Puerto Rico. *Agr. Exp. Sta. Bull.*, n. 187, 1964.

CHURCH, D. C. Nutrition of ruminants. O. S. O. *Book Stores*, USA, 1972.

CIAT. *Programa de producción de ganado de carne.* Cali, Colombia, 1976.

COOPER, J. P. Potential production and energy conversion in temperate and tropical grasses. *Herbage Abstr,* n. 40, p. 1, 1970.

CORSI, M. "Adubação nitrogenada em pastagens". *An. 2º Simp. Manejo pastagem.* Piracicaba: Esalq, p. 122, 1975.

DNOCS. *Melhores pastagens para o Nordeste.* Fortaleza, 1979.

DOMINGUE, O. Gado leiteiro para o Brasil. S. Paulo: Nobel, 1977.

EPAMIG. *Leguminosas nativas do Estado de Minas Gerais.* Belo Horizonte, 1978.

EMBRAPA. Circular 32, para a região do Pantanal, 1975.

FERRI, M. G. "Ecologia dos Cerrados". 4º *Simp. Cerrado.* Itatiaia (SP), 1977.

FETTER, E. *Pecuária rio-grandense.* Porto Alegre, 1974.

FINDLAY, J. D. "La fisiología dei medio ambiente de los mamiferos domésticos". *Bull. Hannah Dairy Res. Inst.,* n. 9, 1950.

FORSYTH, A. A. Iniciación a la toxicología vegetal. Zaragoza: Acriba, 1968.

FURLAN, R. S. "Hábitos de pastejo". *Simp. manejo pastagem.* Piracicaba: Esalq, p. 141, 1973.

GALLO, J. R. *et al.* Composição química inorgânica de forrageiras do Estado de São Paulo. *B. Indust. Anim.,* v. 31, n. 1, p. 115, São Paulo, 1974.

GAVILLON, O. Teor de proteína bruta de algumas pastagens nativas do Rio Grande do Sul e do Paraná. *Anu. São Gabriel,* 1963.

GOMIDE, J. A. Fisiologia do crescimento livre de plantas forrageiras. *An. Simp. Manejo Pastagem,* Piracicaba: Esalq, p. 83, 1973.

A GRANJA. Revistas de 1970 a 1981. Porto Alegre.

_____ . "Quem é quem na agropecuária brasileira". Revistas de 1972 a 1981. Porto Alegre.

GEUS, J. G. *Posibilidad de producción de pastos en los trópicos.* Zurich: L'Azote, 1979.

GROSSMANN. "Efeito da lotação na engorda de bovinos em pastagem nativa de Vacaria". *Anu. São Gabriel,* 1963.

HAAG, H. P.; BOSE, M. L. V. e ANDRADE, R. C. Porcentagem de macronutrientes no material de plantas forrageiras. *An. Esalq.* Piracicaba, p. 177, 1967.

PUPO, N. I. *Pastagem e forrageiras.* Campinas: Inst. Camp. Ensino Agrícola, 1977.

HAMMOND, J. *Avances en fisiología zootécnica.* Zaragoza: Acriba, 1959.

HAWKINS, G. E. "Relationship between chemical composition and some nutritive qualities of *Lespedeza serica*". *J. Anim. Sci.,* n. 18, p. 173, 1959.

HERINGER, E. P. "A flora do cerrado". 4º *Simp. Manejo Cerrado.* Itatiaia, p. 211, 1979.

HOEHNE, F. C. *Plantas e substâncias vegetais tóxicas e medicinais*. São Paulo: Graphicars, 1939.

HUGHES, H. D.; HEATH, M. E. e METCALFE, D. S. *Forrajes*. Mexico: Continental, 1966.

JARDIM, W. R. *Alimentos e alimentação do gado*. São Paulo: Ceres, 1976.

JONES & FREITAS, *in*: BRAGA, J. "Avaliação da fertilidade do solo e adubação de pastos". *An. Simp. Manejo Pastagem*. Piracicaba: Esalq, p. 21, 1973.

KLAPP, E. *Wiesen und Weiden*. 3ª ed. Berlin: Perev, 1956.

KLITSCH, C. *Der Futterbau*. Jena: Fischer, 1962.

KLOCKER-HORNIG, A. *Las empastadas bien manejadas*. Buenos Aires: Espindola, 1965.

KNAPP, R. *Weidewirtschaft in Trockengebieten*. Jena: Fischer, 1965.

LOPEZ, J. "Exigências nutricionais de bovinos em pastagem". *An. Simp. Manejo Pastagem*. Piracicaba: Esalq, p. 155, 1973.

LOURENÇO, A. J. *et al*. "Efeito do fogo em pasto do capim-járaguá (*Hyparrhenia rufa*) consorciado com uma mistura de leguminosas tropicais". *Bol. Industr. Anim.*, v. 3, n. 2, p. 243, 1976.

MARQUÊS, D. C. *Criação de bovinos*. Belo Horizonte, 1969.

MATTOS, de A. J. "Influência do fogo na vegetação e seu uso no estabelecimento e manejo de pastagens". *Zootecnia*, n.8, v.4, p.45-58, 1970.

MATTOS, H. B. e WERNER, J. C. "Competição entre cinco leguminosas de clima tropical". *B. Industr. Anim.*, v. 32, n. 2, p. 293, 1975.

MAYNARD, L. A. e LOOSLI, J. K. "Nutrição animal". Rio de Janeiro: F. Bastos, 1974.

MEDEIROS NETO, J. B. *Desafio à pecuária brasileira*. 2ª ed. Porto Alegre: Sulina, 1970.

MEDINA, A. R., *in*: VILELA, H. "Manejo de pastagens no cerrado". *An. 4º Simp. Manejo Pastagem*. Piracicaba: Esalq, p. 248, 1976.

MENDES DE SOUZA, R. Manejo de pastagens em regiões montanhosas. *An. 4º Simp. Manejo Pastagens*. Piracicaba: Esalq, p. 143, 1977.

MIN. DA AGRIC. *Pastagens na zona da fronteira do Rio Grande do Sul*. Pelotas, 1969.

MOLINA, J. S. *El hombre frente a la pampa*. Buenos Aires: Espindola, 1967.

_____ . *Una nueva conquista del desierto*. Buenos Aires: Emece, 1980.

MORRISON, F. B. *Alimentos e alimentação dos animais*. São Paulo: Melhoramentos, 1955.

NEPTUNE, A. M. L. "Aplicação de calcário em cultura forrageira". *An. 2º Simp. Manejo Pastagem*. Piracicaba: Esalq, p. 49, 1975.

NASCIMENTO, do J. *et al*. "Zoneamento ecológico da pecuária bovina". *Bol. Industr. Anim*. São Paulo, v. 32, n. 2, p. 85, 1975.

NATIONAL RESEARCH COUNCIL (EUA). *Efeito de deficiências minerais*, 1971.

OBERLAENDER-TIBAU, A. *Pecuária intensiva*. São Paulo: Nobel, 1975.

OTERO, J. R. Informações sobre algumas plantas forrageiras. *S. I. A.*, n. 11, 1960.

PACOLA, J. "Apetibilidade e produção de oito variedades de capim-elefante (*Pennisetum purpureum*)". *Bol. Industr. Anim.*, v. 31, n. , p. 91 e v. 34, n. 1, p. 85, 1974.

PAIM, N. R. "Melhoramento de plantas forrageiras". *An. 4º Simp. Manejo Pastagem*, Piracicaba: Esalq, p. 54, 1977.

PAPADARKIS, J. *Técnicas para aumentar la producción agropecuaria del país*. Buenos Aires, 1971.

PEDREIRA, J. V. S. *Taxas de crescimento de cinco forrageiras*. Tese (Doutorado). Piracicaba: Esalq, 1972.

PETENON, R. A. *Efeito do corte ou pastejo sobre as plantas*. Fundamentos de manejo de pastagem. *Secret. Agric. São Paulo*, p. 37, 63, 101, 1970.

PIMENTEL GOMES. *Forragens fartas na seca*. São Paulo: Nobel, 1973.

POPENOE, H. L. The influence of the shifting cultivation cycle on soil properties in Central America. *Proc. 9º Pacific Soil Congr.*, n. 7, p. 72, Bangkok, 1957.

PRESTES, J. P. Q. *et al.* "Hábito e variação estacional do valor nutritivo das principais gramíneas de pastagem nativa do Rio Grande do Sul". *Anu. Téc. IPZFO. Secr. Agric. RS*, 1976.

PRIMAVESI, A. M. e PRIMAVESI, O. *Efeito da adubação sobre o solo e a flora pastoril. Progr. Biodin. Produto Solo*. Santa Maria, p. 47, 1968.

_____. *A produtividade de pastagens nativas*. Santa Maria: UFSM – Secr. Agric. RS, 1969.

_____. *Plantas tóxicas e intoxicações no gado no Rio Grande do Sul*. Santa Maria: Palotti, 1970.

_____. "O sistema Voisin e a micro e mesofauna do solo". *Forum: Melhoramento de pastagem*. Assembleia Legisl. RS, p. 71, 1970.

_____. As condições ecológicas na França e no Rio Grande do Sul e a transferência de técnicas. *Forum: Melhoramento de pastagem*. Assembleia Legisl. RS, p. 58, 1970.

_____. Considerações sobre o uso pastoril nos lavrados de Roraima. Unisam, *Imprens. Univ. Sta. Maria*, p. 78, 1971.

_____. "Quem adaptar a quem: o gado ou a pastagem?" *Quem é Quem, Revista Granja*, Porto Alegre, p. 8, 1972 .

_____. "Pastejo racional rotativo". *Quem é Quem, Revista Granja*. Porto Alegre, p. 4, 1973.

_____. "Problemas pastoris no Brasil". *Diário Oficial*. Câmara dos Deputados. Brasília, 1975.

_____. "Manejo inadequado: a causa da decadência de pastagens". *Quem é Quem, Revista Granja*. Porto Alegre, p. 48, 1977.

_____. "O valor nutritivo também depende do trato da pastagem". *Quem é Quem, Revista Granja*. Porto Alegre, p. 84, 1978.

_____. "Recuperação dos pastos pelo manejo ecológico". *Quem é Quem, Revista Granja*. Porto Alegre, p. 90, 1979.

_____. *Manejo ecológico do solo*. 3ª ed. S. Paulo: Nobel, 1981.

PROCEEDINGS. *6º Intern. Grassland congr*. Pennsylvania, 1952.

RAGSDALE, A. C. *et al.* "Environmental physiology and shelter engineering with special reference to domestic animais". *Agric. Exp. Sta. Res. Bul.*, n. 642, p. 31. Colombia, 1957.

RIEMERSCHMID, G. "Some aspects of solar radiation in its relation to cattle in South Africa and Europe". *J. Vet. Sci. Anim. Industr.* Pretoria, v. 18, n. 1-2, p. 327, 1943.

ROMERO, N. Sistema André Voisin. *Assembleia Legislativa RS,* 1970.

SAUBERAN, C. e MOLINA, J. S. *Soluciones para los problemas del campo.* Buenos Aires: Fund. B. Comerc., 1964.

SCHAAFFHAUSEN, R. V. "Recuperação econômica de solos em regiões tropicais através de leguminosas e microelementos". *Progr. Biodin. Produt. Solo. Sta. Maria,* IV, p. 483, 1968.

SCHILLER, H. et al. Fuchtbarkeitsstörungen bei Rindern in Zusammenhang mit Düngung, Flora und Mineralstoffgehalt des Wiesenfutters. *Landw. chem. Bundesvers. Anst. Línz,* 1961.

SCHNEIDER, B. H. e H. L. LUCAS. "Estimation of the digestibility for feed in which there are only proximate composition". *J. Anim. Sci.,* n. 10, p. 706 e 11, p. 77, 1951 e 1952.

SCHREINER, H. G. Circular 12 da Ipeane, 1972.

SCHUTTE, K. H. *The biology of trace elements.* London: Crosby, 1964.

SECRETARIA DE AGRICULTURA SP. Fundamentos do manejo de pastagens, 1972.

SERRÃO, E. A. S. e FALESI, J. C. Manejo de pastagens no trópico úmido. *An. 4º Simp. Manejo Pastagem.* Piracicaba: Esalq, p. 177, 1977.

SIMÃO NETO, M. *et al.* "Comportamento de gramíneas forrageiras na região de Belém". *Inst. Pesq. agropec. Norte. Com. Téc.* 44, p. 19, 1973.

SOUZA, J. R. *Implantação e recuperação de pastagens.* Piracicaba: Livro-Ceres, 1979.

SOUZA VAZ, F. A. *Manejo alimentar de gado leiteiro.* Fundação Cargill, 1971.

SOUZA, R. M. Manejo de pastagem em regiões montanhosas. *An. 4º Simp. Manejo Pastagem.* Piracicaba: Esalq, p. 141, 1977.

SPEDDING, C. R. M. *Sheep production and grazing management.* London: Bellière, Tíndall & Cox, 1965.

TOSI, H. Conservação de forragem como consequência de manejo. *An. Simp. Manejo Pastagem.* Piracicaba: Esalq, p. 117, 1973.

VILELA, H. *Análise de crescimento e valor nutritivo de aveia forrageira.* Tese (Doutorado). Viçosa, 1973.

_____. Manejo de pastagens em cerrado. *An. 4º Simp. Manejo Pastagem.* Piracicaba: Esalq, p. 248, 1977.

WERNER, J. C. *et al.* Velocidade de estabelecimento e de produção de feno de dez leguminosas forrageiras e do capim-gordura. *B. Industr. Anim. S,* v. 3, n. 2, p. 331, 1975.

ZNAMENSKI, V. *As plantas forrageiras e a agropecuária de Goiás.* Goiânia, 1965.

ZURN, F. Futterwuchs auf den Weiden. *Das Grünland,* v. 3, p. 89 (1954), 1953.

ANEXO I

A PRODUTIVIDADE DE PASTAGENS NATIVAS

NOTA EDITORIAL

Esta obra detalhada e que procura as causas da falta de produtividade e de rendimento da pecuária gaúcha, conduzida sob clima subtropical sobre pastagens nativas e também plantadas, nos finais dos anos 1960, conclui trazendo as soluções viáveis. Curiosamente em seus pontos-chave, tanto as causas quanto as soluções continuam atuais, não somente para o RS mas também para outras regiões do Brasil, como atestam trabalhos recentes citados nesta edição.

PRÓLOGO

O Instituto de Solos e Culturas da Universidade Federal de Santa Maria sente-se feliz em poder contribuir, com a divulgação de métodos modernos, à melhoria das pastagens e rebanhos de nosso Estado.

Nem todos os métodos empregados em outros países servem em nosso ambiente, e pouca coisa pode ser simplesmente imitada com vantagem. Geralmente, cada país cria os métodos que mais lhe convém. É a solução para suas condições particulares, para seus solos, seu clima e sua organização socioeconômica. Existem as Universidades para verificar o que pode ser utilizado dos métodos estrangeiros em nosso meio, que deve ser modificado ou ser feito diferente, para que tragam o efeito esperado e necessário.

Se quisermos um bom rendimento animal – animais de 500 kg em dois anos – necessitamos, antes de tudo, tratar a terra da pastagem. É a terra que deixa crescer as plantas boas e más. Terra seca, dura e pobre sempre só dará plantas com baixo valor nutritivo se não fizermos nada por ela. Não adianta plantar forrageiras boas, se a terra for ruim. A terra faz o pasto e o pasto faz o gado. Não adianta a melhor raça se não tem forragem nutritiva para comer. Por isso, foi convidado pela Secretaria da Agricultura para colaborar no problema urgente das pastagens nativas – 96% das pastagens do Estado – um Instituto de Solos que estuda a terra e que sabe explicar o que a terra em nosso Estado precisa para dar pastagens boas e gado gordo, em pouco tempo. *A Produtividade de Pastagens Nativas*, de autoria da doutora em Ciências Agronômicas, engenheira agrônoma Ana Maria Primavesi, professora de Agrostologia e Plantas Tóxicas na Faculdade de Veterinária da UFSM, mostra a estreita inter-relação entre o solo, a pastagem, a saúde e o desenvolvimento do gado. Muitos problemas que parecem de difícil solução se resolvem de maneira fácil e simples, quando sabemos tratar o nosso solo, a terra das pastagens.

Fazemos votos que este livreto, editado pela Imprensa Universitária da U.F.S.M., em colaboração com a Secretaria da Agricultura do Estado do Rio Grande do Sul, contribua para a melhoria de nossa pecuária.

Santa Maria, junho de 1969
Artur Primavesi
Diretor do Instituto de Solos e Culturas da UFSM

PREFÁCIO

O trabalho *A Produtividade de Pastagens Nativas*, de autoria da doutora Anna Maria Primavesi, constitui obra original em nosso meio.

A autora, que exerce o magistério superior na Universidade Federal de Santa Maria, muito bem designou essa obra como uma "contribuição para a solução de problemas de pastagens nativas".

A pastagem nativa é algo de fundamental importância para a pecuária gaúcha e a ela ainda não se havia dado a ênfase devida. Na pastagem nativa vive a imensa maioria dos rebanhos rio-grandenses e ela nos é oferecida como dádiva da natureza, não lhe dando o criador a exata importância alimentícia e subestimando a sua biologia e os meios de conservação e melhor aproveitamento.

O trabalho da doutora Anna Maria Primavesi examina a situação da pecuária do Rio Grande do Sul e sua inter-relação com os recursos naturais de alimentação, as necessidades do gado em alimento, as forrageiras de um modo geral e especificamente a pastagem nativa. Indica a técnica a ser adotada para a limpeza do pasto, adubação orgânica, manejo, e chama a atenção para as deficiências minerais mais frequentes.

Faz ainda um cotejo entre a pastagem nativa e a cultivada e recomenda a melhoria da primeira, através do rodízio, indicando os sistemas que devem ser seguidos de modo a se obterem os mais eficientes resultados.

O rodízio da pastagem nativa é examinado em profundidade, destacando sobretudo a técnica de sua fertilização e os meios de se conseguir do campo nativo os benefícios que ele pode proporcionar.

A obra que ora é dada à publicidade, deve se constituir em algo original no Rio Grande do Sul, pois ela está vazada em linguagem simples e acessível ao homem do campo, ao mesmo tempo em que foca os problemas de nutrição animal partindo do campo nativo, com argumentos convincentes, o que demonstra de modo concludente, a necessidade de se prestar atenção para esse problema básico da pecuária gaúcha e procurar utilizar com técnica semelhante recurso alimentar que a natureza nos proporciona com tanta benevolência.

Acredito que o técnico, o criador ou mesmo o cidadão amante das coisas da sua terra e do progresso do Rio Grande do Sul, irão encontrar neste trabalho subsídios da maior valia.

A adoção das práticas que ele recomenda dará ao meio rural uma nova mentalidade e deve representar, em parte, a redenção da pecuária lhe permitindo conseguir rendimentos superiores com a utilização racional do mesmo lastro alimentar de que sempre dispôs, porém, com o emprego de métodos adequados de sua condução e pastejo.

Porto Alegre, 9 de maio de 1969
Luciano Machado
Secretário da Agricultura

ANÁLISE DA SITUAÇÃO

O problema pastoril torna-se cada dia mais agudo, especialmente em face do aperfeiçoamento zootécnico sempre maior, e da introdução de raças de elevada capacidade produtiva e, por conseguinte, de grande exigência alimentar. É natural, que animais de alta produção necessitem forragem muito melhor que animais rústicos. Assim, o Rio Grande do Sul passou de 1º produtor de carne do Brasil ao 5º lugar. Nunca foi feito nada em benefício das pastagens, a não ser queimas irregulares e descontroladas, que finalmente contribuíram para apressar sua decadência. Durante séculos o gado pisoteou o chão pastoril, e comeu, aproximadamente, por animal, 125 toneladas de forragem. Uma parte dos minerais retornou sob forma de estrume e urina; entretanto, uma quantidade ao redor de 25 kg, especialmente cálcio, fósforo, magnésio, bem como um vasto espectro de outros minerais foram removidos juntamente com cada animal vendido.

O solo tornou-se cada vez mais pobre. Durante séculos o gado fez uma seleção negativa das plantas pastoris. Comia as melhores plantas, as mais tenras, as mais ricas, as mais cheirosas – uma vez que se diz que o gado não tem paladar e pasta segundo o olfato –, e desprezava as plantas mais fibrosas, mais pobres, as venenosas e pouco valiosas. Estas, assim, nunca foram judiadas pelo animal e se multiplicaram livremente, enquanto aquelas, sempre lutando pela sobrevivência, terminavam por se enfraquecer de tal maneira que posteriormente desapareciam.

As pastagens tornaram-se grosseiras, especialmente onde os solos eram mais pobres e mais ácidos, como acontece na Depressão Central, no Planalto e nas Missões. Os solos compactos e empobrecidos não deram mais condições de vida às forrageiras melhores. Assim, no Planalto instalou-se entre a barba-de-bode (*Aristida pallens*), uma flora gramínea temporária, principalmente primaveril. São plantas como capim-flechilha (*Piptochaetum sp*), capim-sereno (*Eragrostis neesii*), capim-pé-de-galinha (*Eleusine tristachia*) e alguns Panicum que vegetam bem enquanto há chuvas, mas cujo ciclo de vida termina na entrada do verão. Somente assim podem resistir à seca, própria dessa estação, nestes solos de péssima estrutura, macroporosidade e retenção de água. As pastagens secam, não porque a seca as queime, mas porque sua vegetação entra em repouso.

Na Fronteira, onde a riqueza mineral do solo possibilita uma vegetação muito diversificada e onde, segundo Barretto se encontram 150 diversas espécies de gramíneas, e mais de 30 espécies de leguminosas nativas, o problema do verão é outro. Aqui o pastoreio intensivo evita o desenvolvimento radicular das forrageiras, que, por isso, facilmente secam nestes solos extremamente compactos e parcialmente rasos.

A morte das pastagens pela geada raramente se concretiza. Em sete anos somente uma única vez a temperatura em Santa Maria esteve abaixo do ponto de "morte fisiológica" que é de -4 °C. Porém, em todos os outros anos, com exceção de 1968, onde o inverno foi quente e seco, as pastagens morreram em épocas úmidas e frescas com temperaturas ainda de 5 a 6 °C acima de zero. A morte pelo frio somente tem duas explicações: ou as plantas estão extremamente subnutridas ou as plantas mal nutridas sucumbem aos ataques de fungos, como constatamos em todos os casos e que também é afirmado por Powell e colaboradores (1967) nos EUA, que desenvolveram métodos de adubação para evitar a morte das gramíneas por fungos em épocas frias e úmidas.

Explica-se isso pelo seguinte:

A vegetação pobre e mal nutrida, sem reservas energéticas por causa do pastejo permanente, vê-se de repente diante da impossibilidade de absorver nutrientes do solo por falta de calor suficiente. O potássio e o cálcio de modo especial são praticamente inassimiláveis em épocas frias.

A chuva fina e persistente, que acompanha a estação fria no Rio Grande do Sul, lava ainda os poucos nutrientes (em especial o potássio) das folhas. Tudo isso é propício ao desenvolvimento de fungos que se multiplicam em grande escala – tendo em vista que os solos ácidos são um eldorado para tal microflora – e atacam as plantas que logo em seguida morrem.

Assim, o gado já mal nutrido durante o verão, não teve tempo de se recuperar bem no outono e, fraco, enfrenta o inverno.

Não há abrigos, não há forragem, razão porque na época da parição morre muito gado. O que os animais ganharam durante o verão perdem, em parte, no inverno. Enquanto em outros países os animais levam dois anos para alcançar o peso de 500 kg, os nossos necessitam de quatro a cinco anos. As pastagens artificiais de inverno, tais como o azevém e a aveia, ajudam muito, mas mesmo assim não se conseguem animais maduros para o corte antes de três anos e meio. E do que os animais realmente necessitam é de mais proteínas e de uma alimentação boa e constante durante o ano todo. Basta um dia de escassez de proteínas para que o animal comece a gastar suas reservas e, se este estado de desnutrição perdura por muitas semanas, o animal gasta todas as reservas, havendo então no inverno apreciável perda de gado pela fome.

O quadro comparativo feito por Barcellos referente ao triênio de 1960/62, não é animador e em nada melhorou:

	Unidade	RGS	USA	Austrália	Nova Zelândia
desfrute	%	11,9	34	36,0	38
idade de abate	Anos	4,5	2	3,5	2
índice de natalidade	%	50,0	86	–	86

Ainda a agravar o estado carencial determinado pela subnutrição por causa de uma alimentação basicamente desequilibrada, existe, endêmica, a verminose, que intensa nas pastagens permanentes, torna-se um fator limitante no que tange à lotação de ovinos.

Além disso, a mortandade da cria geralmente é alta, de modo que, segundo Veloso, o rebanho ovino só cria o suficiente para manter mais ou menos o seu número constante.

Esta situação não pode perdurar e tem que ser sanada. Errado seria combater o mal pelos sintomas. Cumpre procurar as causas e removê--las, visto que pela primeira forma procedendo, muitas medidas, que poderiam ser de salvação, tornam-se graves erros.

Nessas considerações devem entrar, além do fim almejado, também as possibilidades econômicas, nossa organização socioeconômica e nossas particularidades demográficas e climáticas.

Que necessita o gado?

Depois de visitar os rebanhos leiteiros em pastos artificiais nos EUA, na Holanda ou Portugal, é comum voltar alguém, encantado pelo que viu, e, ao pretender aplicar o mesmo método no Rio Grande do Sul, constatar, surpreendido, o resultado diferente que aqui obtém.

Isso por quê?

A tabela seguinte indica, segundo Klitsch, as necessidades em média do gado, devendo, porém, ser adaptadas de acordo com a raça e o clima da região considerada. Em se tratando do nosso clima tropical e subtropical, o fator proteína ganha mais importância.

Nutriente	Forragem de sustento diário para um animal de 400 quilos	Forragem de produção		
		Carne: 1 kg		Leite: 1 litro
		animal até 400 kg	animal a partir de 500 kg	de 3,8 a 4% de gordura
Proteínas	330 g	830 g	1.260 g	55 g
Amidos	3.300 g	180 g	1.400 g	280 g
Volumoso	4.300 g	–	–	–

É, pois, evidente, que no gado leiteiro o fator amido pode ser limitante na produção, enquanto no gado de corte o fator proteína é o crítico.

A vaca mergulhada na forragem até a barriga, conforme mostram muitas fotografias, deve alegrar ao granjeiro proprietário de gado leiteiro; contudo, ao estancieiro criador de animais de corte, deve, por certo, horrorizar. A razão reside no fato de o gado leiteiro necessitar de proteínas em quantidades relativamente pequenas. Com 550 g de proteínas/dia consegue-se 10 litros de leite, mas apenas 660 g de carne, quando o aumento mínimo diário no peso deve ser de um quilo, quer se trate de gado de cabanha ou de gado de invernada, e para tanto, indispensável se faz a ingestão de 1160 gramas diárias de proteínas.

A relação proteínas: amidos contidos na forragem necessária ao gado leiteiro são de 1:5, sendo na do gado de corte de 1:3.

O gado leiteiro encontra este tipo de forragem justamente em gramíneas e leguminosas cespitosas, isto é, as que crescem para o alto e as que dão um grande volume de forragem, rica em carboidratos e com regular teor em proteínas, como o fornecem as pastagens artificiais.

Diferente é o gado de corte, pois para ele é mister uma pastagem nova, rica em proteínas. Em capinzais, atingindo a altura da barriga do animal, impossível se torna o engorde, muito embora sobeje a forragem. A não ser em pastagens tropicais e subtropicais com forrageiras de metabolismo C4 (as de clima temperado são C3) adubados anualmente com nitrogênio no sistema de Manejo Intensivo da Pastagem (MIP) com pastejo rotacionado desenvolvido pelo professor Moacyr Corsi, da Esalq, Piracicaba-SP (Camargo & Monteiro-Novo; Embrapa).

Relação de proteínas na forragem, segundo sua idade (Kellner)

Planta	Planta nova de pastagem	no início da formação de botões	Floração
trevo-branco	4,8 %	3,3 %	2,7 %
capim-bermuda	2,0 %	–	1,9 %
cola-de-zorro	2,1 %	1,3 %	1,1 %
cevadilha	3,9 %	2,8 %	1,2 %
cornichão	2,7 %	–	1,5 %
grama-comprida	2,2 %	1,8 %	1,3 %
capim-branco	3,8 %	–	1,8 %
dátilo	3,2 %	2,3 %	1,5 %
capim-sudão	2,4 %	1,4 %	1,0 %

Verificamos que quanto mais velha é a planta tanto menos proteínas contêm e tanto menos aumentará o peso do gado de corte.

Mas o aumento em carne não depende somente do teor global em proteínas, como Klitsch mostra. Depende ainda da variedade de aminoácidos, e aqui, especialmente dos aminoácidos essenciais, que são aqueles que o gado não é capaz de formar e que tem de ingerir com a alimentação. Falaremos sobre este aspecto mais adiante.

Que necessitam as forrageiras?

Como forrageiras, entendemos especialmente gramíneas e leguminosas, apesar de existirem ainda inúmeras ervas silvestres que, por uma ou outra qualidade são valiosas ao gado. Geralmente as ervas são mais ricas em minerais que as gramíneas e leguminosas, e constituem uma fonte valiosa dos mesmos. Contém, além disso, substâncias amargas que aumentam o apetite, substâncias antibióticas – como na tanchagem (*Plantago sp*) – que fazem o gado mais resistente às infecções etc. As ervas constituem uma forragem e nem sempre devem ser consideradas inços (plantas invasoras ou daninhas). Muitas vezes constituem valiosa complementação.

Forrageiras leguminosas

O pega-pega, uma leguminosa nativa.

Indispensáveis às boas pastagens nativas.

Melhoram o solo fisicamente, aumentam o teor do mesmo em nitrogênio pela fixação de nitrogênio livre do ar, o que fazem com a ajuda de bactérias simbiontes, os rizóbios; enriquecem a forragem com proteínas, visto que são mais ricas em proteínas do que as gramíneas, sendo também quase sempre mais ricas em cálcio e em fósforo. Uma das poucas exceções de gramíneas existentes é, por exemplo, o *Paspalum album* que contém, segundo Araújo, 21% de proteínas por quilograma de matéria seca.

Existe a crença segundo a qual as leguminosas nativas não fixam nitrogênio. Ora, nas condições em que são mantidas nas pastagens, nenhuma leguminosa conseguirá fixar nitrogênio. Assim, para que isso aconteça a planta deve alcançar um certo volume (desenvolvimento), isto é, deve ser forte e vicejante, haja vista que a simbiose é uma sociedade em que a planta tem de fornecer, à bactéria, carboidratos em forma de açúcares simples e a bactéria deve fornecer à planta, o nitrogênio fixado. Porém se a planta tiver de lutar pela sobrevivência por estar mal nutrida, se em seguida for cortada ou se for pastada, se for inundada ou se for sombreada, ela não poderá manter esta sociedade e não haverá fixação.

Assim, por exemplo, a soja-perene (*Glycine javanica*) fixa até 120 kg de nitrogênio puro por hectare, o que equivale a aproximadamente 600 kg/ha de sulfato de amônio. Porém, se ao gado se permite pastá-lo cada vez que forma suas primeiras duas ou três folhinhas, ele nunca terá possibilidade de fixar nitrogênio.

Em todos os países tenta-se implantar leguminosas nas pastagens para melhorar o teor proteico. É óbvio que a adubação nitrogenada aumenta o volume da forragem, e, portanto, a quantidade de proteínas por hectare, mas as proteínas por kg de forragem não aumentam, a não ser que estejam em nível de deficiência para o potencial da planta. Porém, como o gado não consegue ingerir mais do que 60 a 80 kg de massa verde por dia – dependendo do seu tamanho – não se beneficia, desse modo, com a adubação nitrogenada, a não ser se houver escassez de forragem e a massa verde necessária para encher a pança (rúmen) do animal for produzida pelo nitrogênio.

O aumento de proteínas faz-se, portanto, mediante uma nutrição à base de leguminosas. A implantação desses vegetais, porém, depende muito das condições oferecidas pelo solo; geralmente nos campos não existem leguminosas, porque as condições lhes são desfavoráveis. Em solo completamente decaído essas plantas não se instalam, e o primeiro melhoramento de um solo deve ser feito por gramíneas manejadas em rodízio (manejo rotacionado dos animais).

As leguminosas necessitam de: húmus, cálcio, fósforo, enxofre e micronutrientes, destes especialmente cobre, molibdênio, boro, inclusive manganês e zinco.

Em ensaios feitos na Depressão Central, onde escasseiam as leguminosas nativas nas pastagens, verificamos que uma adubação com cálcio e fósforo ainda não foi capaz de provocar o seu surgimento, ao passo que em Bagé, em Vacaria, na Argentina e no Uruguai é comum ouvir-se que: "o fósforo parece estar misturado com sementes de leguminosas". Na Depressão Central somente com a adição de micronutrientes à adubação fosfo-cálcica, foi possível conseguirmos o aparecimento, em massa, de leguminosas, especialmente de pega-pega e afins (*Desmodium sp*).

Na Fronteira, com uma adubação de fósforo se consegue uma boa brotação de trevo-polimorfo, o qual, aliás, aparece em muitas pastagens do Estado, bastando para isso uns meses de repouso do campo.

Geralmente supõe-se que se uma planta nativa não existe, também não existe sua semente no solo. Tenta-se implantá-la. Porém, muitas vezes, a semente existe no próprio solo, o que falta são somente as condições adequadas que permitem sua germinação e desenvolvimento.

A implantação depende sempre destes dois fatores:

a) a planta seja apropriada às características e condições do solo;

b) o manejo do pastoreio seja adequado.

Na implantação do trevo-de-cheiro (*Melilotus albus*) – que viceja com facilidade em qualquer solo pastoril, desde que não seja muito ácido –, no Uruguai, o seu bom desenvolvimento foi conseguido somente em um único lugar. Nos outros lugares esta leguminosa logo desapareceu.

Implantações de leguminosas com a renovadora de pastagem facilitam seu estabelecimento, porque sempre se aduba junto com a semeadura. Assim foram conseguidos em São Paulo bons efeitos com soja-perene e guandu (*Cajanus indicus*).

Porém a soja-perene não suporta o pastejo no primeiro ano, enquanto luta com sua instalação e, está desenvolvendo seu sistema radicular.

Na Austrália, na Argentina e no Uruguai a implantação é feita por aviões, lançando a semente inoculada sobre os pastos. Porém, por este método se consegue somente uma boa instalação de leguminosas quando a semente alcança o solo. Uma das melhores maneiras é recobrir a semente com uma camada de inoculante e adubo (pilulação), lançando-a em pastagens fortemente pastadas e consequentemente curtas (muito rebaixadas), em épocas úmidas, e deixando passar os animais, que com suas patas prensam as sementes no chão.

A implantação de qualquer modo, contudo, também depende da identificação da planta com o solo que encontra. Assim, por exemplo, na Austrália foram conseguidos os melhores resultados com *Stilosanthes humilis*, porém esta já tinha surgido sozinha em muitas pastagens, e sua implantação não fez nada mais do que apressar sua multiplicação.

O mesmo encontramos na Argentina, onde numa zona há alfafais de 8 a 10 anos ainda em plena produção. Mas acontece que nesta zona nada mais cresce a não ser alfafa, seja plantada ou não.

Em terrenos frescos a úmidos conseguiram-se, em Bagé, produtivos campos de trevo-ladino – cornichão – azevém. Em Vacaria conseguiram-se prósperas pastagens de trevo-persa e trevo-ladino na soca de arroz, após aplicação maciça de calcário e adubação elevada com fósforo. Todas as leguminosas europeias necessitam, aliás, de uma correção substancial do pH, porque provém de solos neutros e não suportam a acidez dos nossos solos.

A maioria das leguminosas europeias é de épocas hibernais e necessitam de cuidados especiais (calagem, fósforo, suficiente umidade), porque vêm de um meio ambiente completamente diferente do nosso. Por isso não são ideais, e a busca de leguminosas adequadas ao nosso meio continua. A implantação de leguminosas é facilitada pela inoculação com bactérias de nodulação. Porém estas bactérias necessitam antes de tudo de um estímulo para nodular. A nodulação depende da planta e de seu desenvolvimento.

A fixação de nitrogênio depende de outras bactérias, fungos e actinomicetos que vivem na zona radicular e que animam as noduladoras – a isto se chama de exo-indução. Por isso criam-se linhagens efetivas para cada região, porque cada uma tem o seu "estimulador" todo particular, enquanto um "estimulador" estranho torna-a inefetiva ou parasita. Entretanto, necessitam igualmente de um estímulo interno – a endo-indução que é feita por fagos, espécie de "flora-intestinal" formada por bactérias minúsculas que vivem dentro da rizobacter. Em condições favoráveis à rizobacter ou bactéria de nodulação, estes fagos a animam para a máxima fixação de nitrogênio. Em condições desfavoráveis, porém, os fagos a destroem.

Por outro lado, rizobactérias não portadoras de fagos são inefetivas, vale dizer, não fixam nitrogênio.

Disso tudo, devemos concluir que o êxito da implantação de leguminosas num campo depende essencialmente das condições favoráveis. Em condições desfavoráveis sempre malogrará.

Nisso reside, às vezes, a diferença entre campos agrícolas e pastagens. Na agricultura criam-se artificialmente as condições favoráveis à determinada cultura que se pretende plantar. Mediante tratos culturais consegue-se mantê-la neste campo durante uma ou duas épocas vegetativas. Na pastagem, a planta precisa se adaptar às condições reinantes. É uma gramínea que encontrou perfeitas condições de desenvolvimento: o azevém (*Lolium multiflorum*), que vegeta extremamentc bem em nosso Estado.

As leguminosas de porte alto mal suportam o pastoreio, sendo mais adequadas para o corte, ou então devem ser manejadas em pastoreio rotativo espaçado (com maior período de descanso). Assim como a alfafa, cornichão, trevo-vermelho etc., uma vez instaladas, as leguminosas que emitem guias beneficiam-se pelo pastejo; especialmente o trevo branco, o trevo-subterrâneo, os pega-pegas e a soja-perene. Mesmo suportando um pastejo intensivo. Ficam, contudo, seriamente prejudicados pelo pastejo permanente, ininterrupto, sem descanso para recuperar as reservas energéticas.

O problema das leguminosas em nosso meio poderia ser resumido em três etapas:

1. A criação de condições favoráveis para nossas leguminosas nativas, incluindo tanto a adubação quanto o manejo do pastejo;
2. Criação de variedades mais produtivas dessas leguminosas;
3. Ensaios com leguminosas exóticas e tropicais para verificar-se quais teriam condições de adaptar-se às nossas pastagens nativas.

Encontramos um exemplo em Bagé, onde o sr. Nilo Romero conseguiu, com vantagens, implantar cornichão e trevo-ladino, manejando-os em rodízio. Os pecuaristas que não manejam seus campos de leguminosas em rodízio já desistiram, em grande parte, das pastagens artificiais, mesmo se implantados sem cultivo da gleba, mas à pata de tropa.

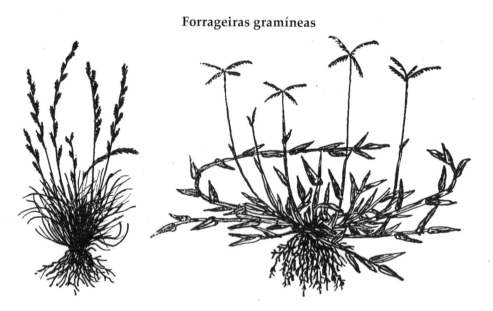

Forrageiras gramíneas

Capins cespitosos, como o azevém, e decumbentes, como o capim-pangola.

Temos de dividi-las desde o início em dois grupos:

a) **As de porte alto ou capins**: formam touceiras e têm suas folhas nos colmos. São as chamadas cespitosas. Dependem antes de tudo de reservas nutricionais situadas em suas raízes. A brotação na primavera é feita à custa destas reservas. Por isso devem acumulá-las no outono, antes de entrar em repouso. A raiz necessita da folha para se formar e a folha necessita da raiz para se nutrir. Planta com folhas permanentemente pastadas tem raízes pequenas e fracas. Queremos deixar bem claro que não existe nenhuma forrageira que vegete durante todo o ano. Elas têm um ciclo vegetativo mais ou menos longo e entram forçosamente em repouso durante uma época do ano. Assim, por exemplo, a cevadilha, o capim-flechilha, o capim-lanudo etc. repousam no verão; o capim-sanduva, o pangola, o capim-de-rhodes (*Chloris gayana*) etc. vegetam no verão e repousam no inverno. As falaris vegetam no inverno e repousam no verão. O azevém morre no verão e volta, através das sementes caídas e não através da raiz, no inverno. (O azevém-perene ainda não se instalou satisfatoriamente entre nós). Mas tanto a planta perene quanto a subespontânea necessitam de uma época de repouso antes de terminar o ciclo vegetativo; uma para armazenar reservas nas raízes, outra para sementar. A nova brotação, na primavera, não pode ser destruída anualmente pelo pastejo, porque a planta que gastou suas reservas está com a raiz fraca e necessita fortalecer-se antes, para depois poder continuar a se desenvolver, ou, em se tratando de plantinha nova, precisa criar, primeiro, raízes suficientes para poder brotar novamente, após o corte pelo gado. De modo que um pastoreio no cedo, sempre no mesmo potreiro, extermina as plantas de brotação no início da época e beneficia as de brotação tardia. As plantas cespitosas possuem seu ponto vegetativo à flor da terra e este tem de ser mantido na sombra.

Estas plantas, de forragem volumosa, para poderem sobreviver necessitam de um longo repouso após cada pastejo a fim de poderem crescer bastante e fazerem sombra no seu ponto vegetativo;

caso contrário, desaparecem infalivelmente. São mais apropriadas para capinzais, alternadamente pastados e ceifados; ou exigem um rodízio muito bem planejado. Aparecem automaticamente em campos onde falta o pastejo e desaparecem em pouco tempo com o pastejo permanente. Para mantê-las no campo, convém deixá--las florescer uma vez por ano, e ceifar para fazer feno. Os capins gastam geralmente muito mais potássio do que as plantas rasteiras (gramas), por causa de um período de desenvolvimento mais longo e são mais pobres em proteínas, haja vista que estas decrescem com a idade, sendo assim, ideais para o gado leiteiro, enquanto que o gado de corte necessita de suplemento em proteínas, quando alimentado naquele potreiro. O pangola (*Digitaria decumbens*) situa-se entre capins e gramas (é decumbente).

b) **As de porte baixo ou gramas**: emitindo guias, são chamadas estoloníferas, porque crescem por meio de estolões na superfície da terra (já as rizomatosas desenvolvem debaixo da terra). São plantas ávidas de luz e gostam de serem mantidas curtas (rebaixadas). Têm rápida regeneração após a tosquia pelo gado e formam suas folhas nos entrenós das guias. Para diferenciá-las das plantas de colmo alto, que se chamam capins, designam-se, gramas e são próprias de pastagens destinadas ao gado de corte. Não é possível comparar a produção vegetal de capins e gramas porque, sendo o volume de massa verde a vantagem dos capins (que produzem 2 a 3 vezes por ano), o ponto forte das gramas é a sua rápida regeneração e apresentação de pastagem sempre tenra e nova, rica em proteínas e permitindo a entrada do gado de 6 a 7 vezes por ano.

A PRODUTIVIDADE DE PASTAGENS NATIVAS 273

Uma grama rasteira, próprio ao pastejo, como a grama forquilha.

As plantas próprias de pastagens são, pois, as que se multiplicam por estolões, como a grama-forquilha, a grama-missioneira, a grama--paulista e a grama-tapete.

A comparação entre gramas e capins não é possível, exceto através da produção animal.

A limpeza dos pastos

Entre os maiores problemas atuais de nossas pastagens encontra-se o da vegetação grosseira, que ali se instalou, tomando o lugar das forrageiras e desvalorizando as pastagens.

Como vimos é esta vegetação indesejável o produto das condições do solo e do pastejo mal dirigido.

Na Depressão Central os campos, com uma camada impermeável em pouca profundidade, e uma drenagem deficiente no inverno, são tomados por alecrim-do-campo (*Vernonia sp*), carquejas (*Baccharis sp*) e macelas (*Achyrocline sp*).

No Planalto com seus solos pobres e extremamente compactos a barba-de-bode (*Aristida pallens*) é a maior praga. Nas Missões, nos solos ácidos com excesso de alumínio, as samambaias (*Pteridium aquilinum*) e cola-de-zorro (*Andropogon sp*) causam sérios problemas aos pecuaristas. A cola-de-zorro, com seu desenvolvimento muito grande, não podia ser consumida pelo gado enquanto verde, cobrindo as pastagens na primavera com sua massa seca.

Na zona de Alegrete-Uruguaiana nos solos onde há desequilíbrio de potássio, o mio-mio (*Baccharis coridifolia*) é a maior praga, cobrindo em muitos casos até um quarto da área do campo. Também o capim-limão (*Cymbopogon citratus*) e até arbustos espinhosos desvalorizam as pastagens. Na zona de Bagé nos solos férteis as chircas (*Eupatorium sp*) alastram-se cada vez mais.

A consequência é o uso do fogo na limpeza dos pastos na primavera. O fogo usado após umas chuvas boas, que chegaram a molhar profundamente o chão, passa superficialmente, eliminando a vegetação seca, é pouco prejudicial. Porém, quando usado em épocas secas, tendo em vista provocar nova brotação, é altamente condenável e muito prejudicial. Queima, além da vegetação antiga, o húmus e os estolões superficiais das gramas rasteiras e seca o solo até grandes profundidades, uma vez que "arranca", produz um empuxo da água desde o subsolo até a superfície. É uma das medidas que mais contribuem para a decadência das pastagens, sendo responsável pelo depauperamento da vegetação pastoril e o surgimento de muitas plantas tóxicas, que facilmente se instalam nas manchas desnudadas pelo fogo.

Apesar da queima dos pastos constituírem no momento a maneira mais barata de limpar os pastos, torna-se a medida mais onerosa para o pecuarista, porque degrada e arruína as pastagens, baixando o rendimento pastoril, tornando o proprietário cada vez mais pobre. O fogo é a maneira mais segura de destruir a produtividade dos pastos.

A limpeza deve ser feita com ou sem implantação do rodízio. Em grandes partes da Fronteira, da Depressão Central, bem como do Planalto, os solos são pobres em matéria orgânica a qual, de qualquer maneira, é necessária para a produtividade pastoril. A limpeza com roçadeira quando se trata de inços ou segadeira quando se trata de capins é, pois, a primeira medida que se deve tomar para melhorar as pastagens.

Temos que tomar o cuidado de não roçar enquanto o solo estiver molhado e de não deixar que as forrageiras sejam atingidas pela roçadeira rotativa. Pelo esfacelamento de suas folhas enfraquecem tanto que levam muito mais tempo para rebrotar do que quando cortadas com a segadeira.

Para uniformizar a pastagem deve se usar somente a segadeira.

Enquanto não houver rodízio, esta limpeza não deve restringir-se somente à primavera, mas deve ser feita no mínimo duas vezes por ano, para enfraquecer a vegetação indesejável e beneficiar as forrageiras.

Mesmo em pastagens manejadas em rodízio a limpeza não é completamente dispensável, porque os potreiros não pastados devem ser ceifados, e as plantas não comidas pelo gado, devem ser eliminadas. Estas plantas são, em raros casos, plantas tóxicas, e, na maioria dos casos, as gramas que crescem nos lugares em que há acúmulo de dejeções dos animais são amargosas e pouco palatáveis.

A compra de um trator com segadeira ou roçadeira parece, pois, uma medida imprescindível para cada pecuarista que pretenda melhorar suas pastagens.

Em propriedades pequenas, esta limpeza pode ser feita manualmente com gadanho, enquanto o uso do fogo deveria ser restrito a terrenos pantanosos ou épocas úmidas. Enquanto não há rodízio, uma roçadeira pode parecer pouco para muitas quadras de campo. Porém, no sistema de rodízio, isto é, com superlotação dirigida, uma máquina será o suficiente para 7 a 8 quadras de campo (621,5 a 700 ha), uma vez que o gado ovino pode ser encarregado da limpeza dos pastos.

A adubação orgânica

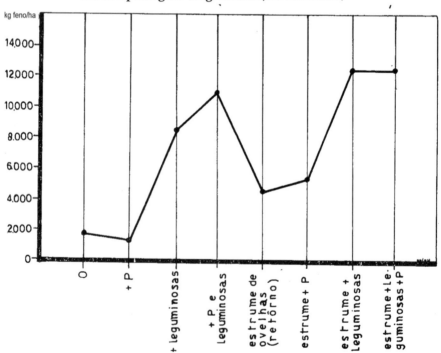

Efeito do estrume de ovino e leguminosas sobre a pastagem (Seg. SEARS, N. Zelândia)

Geralmente se acredita que a pastagem, faltando o húmus, somente pode receber a matéria orgânica através de uma adubação verde. Esta crença é falsa. A pastagem bem manejada recebe sua matéria orgânica:

a) pelas raízes profusas e profundas das plantas;
b) pelas folhas velhas que o gado não conseguiu colher;
c) pelas dejeções dos animais.

Assim, por exemplo, na Austrália e na Patagônia se aduba e melhora as pastagens através dos ovinos, uma vez que 10 ovinos podem adubar anualmente 14.000 m² e que em pastagens boas a lotação por hectare é de no mínimo 10 e até 25 ovinos.

Em pastagens de bovinos os excrementos devem ser espalhados por uma grade niveladora ou simplesmente por um feixe de taquaras e galhos puxados a cavalo. Caso contrário, se formam manchas com vegetação luxuriante; aparecendo inços ávidos de nitrogênio como joá ou mata-cavalo, desprezados pelos animais e, o adubo orgânico, em lugar de beneficiar o pasto, cria problemas.

A roça das pastagens e – se necessário uma calagem proporciona igualmente matéria orgânica, que em muito contribui para o melhoramento do campo. Porém, a simples roça de plantas em terrenos ácidos não beneficia a pastagem, porque este material acumula na superfície e nunca forma um húmus valioso. Ao contrário, ajuda a empobrecer o solo. De modo que sem calcário e adubo fosfatado a adubação orgânica não faz o efeito desejado neste meio ambiente. A mesma medida que beneficia o solo rico prejudica o solo pobre, onde a micro vida, nossa melhor aliada, não é ativa.

É necessário sair do círculo vicioso, que nos arrasta sempre mais para baixo, e terminar com os métodos antiquados que só serviram enquanto a fertilidade dos pastos era muito grande.

O manejo do pastejo

O problema que se impõe é: o que fazer para conseguir sempre pastagens boas e diversificadas para os animais e em todas as épocas do ano?

Em épocas de grande desenvolvimento vegetal, como na primavera, muita forragem sobra, apesar de 40 a 50% da pastagem ser desperdiçada pelos animais.

Geralmente ouve-se dizer: "Nossas pastagens não podem ser destruídas pelo pastoreio, porque temos sublotação".

Que é sublotação?

Há poucos animais por hectare ou por quadra (87,5 ha), demasiadamente poucos para poder terminar com a forragem luxuriante da primavera.

Os animais selecionam as plantas melhores e desprezam as mais fibrosas, desperdiçando muita forragem, mas, mesmo assim, não vencem a vegetação. A forragem boa desaparece pouco a pouco, porque é sempre procurada pelo gado. No verão o gado fica mergulhado até a barriga na forragem velha, dura, fibrosa e pouco nutritiva. Não falta volume para encher a pança, mas o valor nutritivo é baixo. O gado não engorda, exemplo típico temos na zona das Missões com suas pastagens de cola-de-zorro (ou rabo-de-burro).

A relva afrouxa e o campo inça com plantas de multiplicação rápida, por sementes, e acumula-se uma camada de húmus fresco na superfície. Assim encontramos nestas zonas de 8 a 10% de matéria orgânica, depositada na superfície, que, contudo, não melhora o solo, porque é tão pobre e ácida que as bactérias não a querem decompor e só os fungos o fazem, e muito lentamente. A zona de Vacaria é um exemplo típico. O húmus ácido na superfície não tem valor e é até prejudicial. "Rodízio de pastejo", não podemos fazer, porque o gado morre ao mudar de potreiro (invernada). De fato, em épocas úmidas a forragem alta é tomada por fungos especialmente *Basidiomicetos* e *Aspergillus fumigatus*, que formam subprodutos venenosos, como ácido oxálico, tóxicos para o gado. Se a forragem não fosse tão alta os fungos não encontrariam condições de desenvolvimento.

A pastagem é grosseira, suja e pobre, porque o húmus ácido não a melhora, mas ajuda a lixiviá-la. Infalivelmente, na primavera se queimam os restos da pastagem antiga, matando os vestígios de microflora e animaizinhos que poderiam ter-se assentados durante o ano. O solo seca, compacta e torna-se cada vez mais inóspito para forrageiras melhores. É o ciclo vicioso da sublotação.

O contrário encontramos na zona colonial. Em propriedades pequenas se mantém muitos animais, muito mais do que é suportado pela pastagem. Temos, pois, a *superlotação*.

O gado rapa os lugares onde existem forrageiras mais palatáveis, os quais ficam desnudados, assentando-se aí inços ou gramíneas grosseiras. A vegetação que sempre é mantida o mais baixo possível não consegue formar um bom sistema radicular, porque, via de regra, a raiz penetra tanto mais profundo quanto mais alto cresce o vegetal (se não faltar cálcio ou boro em profundidade ou não tiver um adensamento superficial ou até mesmo subsuperficial). Nessas pastagens as raízes penetram tão somente três centímetros abaixo da superfície. O solo é compacto e basta qualquer seca para queimar a vegetação, que fica confinada à superfície. A erosão se instala onde o terreno é inclinado. Não é raro os animais ingerirem plantas venenosas, ávidos de tudo que é verde ou é suculento, havendo muita perda de gado por intoxicação. O índice de verminose é impressionante e vimos propriedades onde os animais com seis anos ainda pesavam cerca de 280 kg.

A fertilidade é péssima e não ultrapassa os 30%, a cria não desenvolve, isto quando consegue sobreviver. Fomos chamados a uma propriedade onde "os animais perdiam os dentes com dois anos". Mas o caso não era simplesmente perder os dentes, mas sim raspar tanto os dentes no chão a ponto de ficarem completamente gastos.

É evidente que está errado o modo de manejar o pastoreio.

Na Fronteira onde em muitas fazendas há notória superlotação com ovinos, as pastagens são extremamente sujeitas à seca, por ter a vegetação pastoril 80% das raízes somente nos três centímetros superiores do solo.

Exames mostraram que o solo é compacto (com menos de 10% de macroporos ou poros de aeração), sem estrutura (granular ou grumosa) e com péssima capacidade de reter a água. As raízes, todas superficiais, sofrem em seguida com a seca, provocando a morte da parte vegetativa.

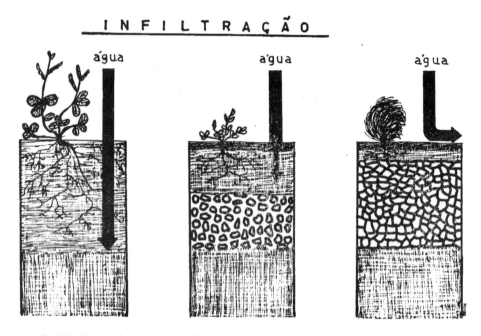

A profundidade das raízes regula a infiltração da água. Quanto mais superficiais são, tanto maior o deflúvio da água, tanto maior o perigo da erosão e tanto maior a probabilidade de a pastagem morrer na seca

Um fazendeiro em Alegrete, que deixou um potreiro sem gado porque nele queria pôr um lote de reses importadas, notou, para sua grande surpresa, que este potreiro não secou no verão, apesar de seu solo ser muito raso.

Talvez aqui coubesse o ditado: "pasto ceifado não seca". Por quê? Muito simples, o pasto não pastado precisa ficar alto para ser ceifado. Este consegue desenvolver melhor suas raízes, as quais não somente afrouxam o solo e aumentam sua capacidade de retenção de água, mas, também, conseguem abastecer-se em zonas mais profundas do solo onde ainda existe água, quando a superfície já secou. Também a evaporação de um solo com vegetação alta é menor, visto não receber a insolação direta. Assim, aquece muito menos. Em dia de calor, ao pisar-se neste solo, sente-se seu frescor enquanto numa pastagem baixa a terra torna-se muito mais quente. A vegetação com raízes mais profundas é mais bem nutrida e transpira menos. Plantas pobres e mal nutridas têm em suas células uma seiva aguada, vazia, que facilmente se evapora, enquanto as bem nutridas têm um plasma denso e viscoso que não é tão facilmente evaporado e que resiste ao calor. Plantas bem nutridas gastam a metade e até um quarto da água consumida pelas plantas mal nutridas. São mais eficientes no uso de água.

A monocultura de uma outra gramínea, como de pangola, capim--colonião, capim-sudão etc. pode ser suficiente para uma boa produção de leite e carne em tempo limitado, por exemplo quatro meses, mas nunca será capaz de manter a saúde dos animais por mais tempo. Exceto no sistema intensivo de pastagens tropicais (MIP), de metabolismo C4, onde a adubação equilibrada é constantemente monitorada, com reposições anuais de nutrientes, com a finalidade de garantir sua longevidade e valor nutritivo, existindo pastagens produtivas com mais de 20 anos contínuos. Certamente não diversificadas, exigindo controle mais rigoroso no manejo alimentar dos animais.

Em monoculturas como a de falaris, todas as plantas possuem o mesmo sistema radicular, usam os mesmos nutrientes e excretam as mesmas substâncias para o solo.

Encontramos, por conseguinte, nos animais, os mais diversos sintomas patológicos cuja origem deve ser procurada na deficiência de minerais na pastagem ou na produção excessiva ou deficiente de uma ou outra substância na forragem que, de qualquer maneira é prejudicial ao gado. Assim, por exemplo, o trevo-ladino é rico em iodo, mas, igualmente rico em cianetos, que neutralizam completamente a ação do iodo, de modo que fêmeas prenhas facilmente produzem crias mortas ou, papudas, sem desenvolvimento. A falaris, quando deficiente em cobalto, forma um tóxico que provoca uma tremedeira no gado, que pode ser tão séria a ponto de causar grande emagrecimento. O trevo-subterrâneo, deficiente em fósforo, produz tanto estrogênio (um hormônio) que os animais novos ficam com anomalias no útero, e as prenhas, muitas vezes, abortam, de modo que a reprodução em ovinos, que pastam este trevo, pode ser reduzidíssima à nula.

O capim-sudão quando adubado com nitrogênio (sulfato de amônio, por exemplo) torna-se, na sua segunda brotação, tão tóxico que causa a morte de muito gado por cianose. Vemos, pois, que a monocultura oferece muitos perigos, que o pasto nativo com sua vegetação diversificada não oferece.

Os minerais atuam também por meio de substâncias benéficas que formam. Estudando as razões do pouco desenvolvimento de nosso gado, mesmo em pastagens abundantes, com suficiente forragem durante todo o ano, foi-nos chamada a atenção por Klitsch (o maior agrostólogo da ex-Alemanha Oriental), sobre o fósforo. Ele mostrou em muitos ensaios que a alfafa (*Medicago sativa*) bem como outras leguminosas, quando deficientes em fósforo, produzem a mesma quantidade de proteínas, porém os aminoácidos que as compõem são a glutamina e a asparagina, aminoácidos que o animal também poderia formar através de seu metabolismo. Quando, porém, abastecidos com suficiente fósforo formam-se leucina, valina, metionina, histidina, arginina, triptofano etc., aminoácidos essenciais, isto é, aminoácidos que o animal não é capaz de metabolizar, sendo-lhes indispensável ingeri-los com a alimentação. Faltando somente um destes aminoácidos a formação da proteína animal é muito retardada e o animal aumenta pouco de peso, mesmo recebendo uma alimentação concentrada de proteínas. Um animal pastando leguminosas bem providas de fósforo pode aumentar, no pasto, 1 kg por dia e até mais. Esta experiência foi confirmada em Vacaria pela Universidade Federal do Rio Grande do Sul, onde animais pastando trevo bem adubado com fósforo e cálcio aumentaram mais de 1 kg por dia, e, com dois anos e meio pesavam 500 kg.

Não é o suficiente, pois, dar o fósforo simplesmente na forma de farinha de ossos ao gado, porque esta somente poderá suprir a deficiência do mineral fosfórico, mas nunca a deficiência de aminoácidos essenciais que o animal necessita para o seu rápido desenvolvimento.

Sabemos que o gado necessita de muitos minerais, muitos aminoácidos e muitas enzimas diferentes. Toda esta diversificação só se consegue com plantas de muitas espécies diferentes, porque a riqueza ou pobreza em minerais e aminoácidos é característica da espécie vegetal. Assim, por exemplo, grama-forquilha (*Paspalum notatum*) é pobre em cálcio, tanchagem (*Plantago sp*) é rica em boro, azevém é rico em manganês e pobre em cobre, enquanto o pangola é rico neste mineral. Aveia é rica em manganês, *Calamagrostis armata* e as festucas são pobres em potássio e cálcio, o capim-de-rodes é rico em zinco. As leguminosas são ricas em cálcio, fósforo e potássio; cornichão é especialmente rico em magnésio etc. O mesmo acontece com os aminoácidos, enzimas, hormônios e vitaminas que são específicos da espécie vegetal. Se os animais devem ser bem nutridos e manter sua saúde, devem receber pastagem da mais diversificada possível.

O gado necessita de forragem abundante, nova, rica em proteínas e diversificada.

Ao lado das deficiências de substâncias vegetais, provocadas pela falta de minerais no solo, existem também as deficiências diretas de minerais que parcialmente podem ser supridas pela administração de sais minerais, adicionados à ração ou dados nos cochos de sal, embora a absorção de muitos destes pelo intestino, como de zinco e magnésio, seja muito deficiente.

Deficiências minerais

Chamamos a atenção somente sobre algumas deficiências mais comuns, uma vez que existem muitas deficiências minerais no gado por causa das pastagens pobres quimicamente, mas não cabe falar nesse monógrafo longamente sobre o assunto.

A deficiência de fósforo –É uma das mais comuns em nosso Estado, por causa da pobreza dos solos neste mineral. Muitas vezes a pobreza se prende à elevada acidez dos solos, onde o fósforo existe, mas está ligado a alumínio e ferro e não pode ser aproveitado pelas plantas. De modo que uma calagem quase sempre deve preceder a uma adubação fosfatada.

Na deficiência de fósforo os animais mostram uma aberração de apetite. Comem roupa, roem pedras, madeiras e lambem terra, na tentativa desesperada de abastecer-se com o fósforo que lhes falta.

Os animais não desenvolvem, são magros, o pelo é arrepiado, sem brilho e o cio é muito irregular. Geralmente os animais procriam somente de 2 em 2 anos e, às vezes, nem isso. A produção de leite é pouca e facilmente há febre de leite. Os animais têm o andar "atado" por terem as juntas rígidas. Geralmente a deficiência de fósforo está ligada com a de cálcio, dando lugar à confusão entre a natureza das duas carências, porém não podendo ser alcançada a cura pela administração de cal, mesmo se os sintomas são de raquitismo.

A deficiência de cálcio – é mais raro em animais de pastagem nativa (excetuam-se aqueles que pastam em solos muito ácidos, como em Arroio do Só, no Município de Santa Maria), porque recebem bastante sol. É muito mais frequente em animais estabulados, onde afeta especialmente o gado leiteiro, que perde diariamente, em cada litro de leite, 2,2 g de cálcio. Numa produção de 10 litros perde consequentemente 22 g de cálcio. Este cálcio deve ser reposto, do contrário a vaca retira-o de sua própria ossatura. Sobrevém, pois, uma descalcificação do animal, dando como resultado a tão conhecida osteomalácia. Fraturas de ossos tornam--se comuns. Mas não somente em animais descalcificados pela falta de cálcio os ossos quebram com facilidade. Também a deficiência de cobre, manganês e vanádio ocasionam fraturas frequentes, pela deficiente calcificação do esqueleto, mesmo em presença de suficiente cálcio. Também o "mal da guampa" é bem conhecido em animais deficientes de cálcio.

Os animais novos, criados com deficiência de cálcio são raquíticos. É frequente em suínos, criados em chiqueiros ou pocilgas fechados. Cura-se esta deficiência com vitamina D e administração de farinha de ossos. Não vale a pena criar animais novos raquíticos, porque nunca mais se recuperarão completamente, apesar de se poderem reproduzir.

É também frequente em animais prenhas ou vacas leiteiras quando pastam exclusivamente em aveia ou azevém, visto que estas forrageiras, especialmente quando adubadas com sulfato de amônio, são fortemente descalcificantes. Produz-se uma hipocalcemia forte. Os animais sofrem de diarreia e convulsões tetânicas. Caem ao chão, mas levantam como por milagre após uma injeção de gluconato de cálcio.

A primeira medida a ser tomada aqui é trocar de invernada.

A deficiência de magnésio – pode ser facilmente encontrada em solos arenosos, especialmente após a cultura de trigo e a adubação com NPK. Confunde-se facilmente com a deficiência de fósforo, uma vez que, em presença de magnésio, a planta forma enzimas que ajudam o animal a metabolizar o fósforo. A falta de magnésio provoca as vertigens do pasto, também chamada "tetania do pasto". O gado torna-se extremamente nervoso, assustando-se à toa e, disparando por razões insignificantes.

Em casos graves, apresentam convulsões tetânicas das quais morrem. Em muitos casos sobrevém a cegueira.

A deficiência de potássio: – ocorre com facilidade em solos arenosos e úmidos, especialmente quando coexiste a deficiência de cálcio, o que impede o aproveitamento de potássio pelas plantas.

O primeiro sinal dessa carência é sempre um crescimento retardado. Os animais aproveitam mal a forragem e a maturidade sexual é retardada. Em tais regiões os cães novos sofrem frequentemente de rigidez das pernas, o que pode levar à paralisia. Os animais adultos tornam-se ativos, irrequietos e, como na falta de fósforo, apresentam apetite estranho. Geralmente não se procriam com facilidade, podendo inclusive as fêmeas tornar-se estéreis.

A deficiência de cobre: – raramente se dá em solos graníticos ou formados sobre Gnaisse, mas facilmente aparece em solos basálticos, especialmente quando existe água estagnada. Solos úmidos geralmente são pobres neste mineral.

Os animais que mais sofrem são os ovinos. A lã se torna grosseira, perde sua elasticidade e tende à formação de capachos (velos de fibras muito entrecruzadas, apertadas entre si).

Em casos graves, por causa de deformações cerebrais em ovinos novos, os animais perdem a coordenação de seu trem posterior. Nos bovinos não há sintomas especiais, a não ser a fácil contaminação dos animais pelas doenças infecciosas, inclusive aftosa. Todos os animais deficientes em cobre, cobalto e ferro sofrem com facilidade de forte verminose. Ficou evidenciado que em pastagens cujos minerais estão equilibrados a incidência de vermes no animal é muito menor que em pastagens deficientes, onde a anemia, provocada pela deficiência mineral, cria um ambiente propício à verminose, a qual, por sua vez, aprofunda a anemia do animal – 1 kg de sulfato de cobre, 25 kg de óxido de ferro e 50 g de sulfato de cobalto por cada 100 kg de sal são muito eficientes.

A deficiência de cobalto: – é facilmente encontrada em ruminantes, isto é, em bovinos e ovinos (mais frequente nestes, porém é problema regionalizado).

Os terneiros ficam com o pelo arrepiado e sem brilho, mostram-se tristes, demonstrando todos os sinais de fome prolongada. É geralmente acompanhada de violenta verminose. Nos ovinos falta o apetite e o depauperamento é grande. Mostram infertilidade parcial. A lã é escassa, curta e fraca, não alcançando preço. As ovelhas são muito débeis ao nascer e muitas morrem antes de atingir o peso necessário para entrarem em reprodução. Os animais deficientes comem pelos e roem a casca de árvores. A verminose é muito intensa e de difícil combate. Cura-se a deficiência pela adição de 25 g de carbonato de cobalto por 100 kg de sal.

A pergunta é: quando é que surge a deficiência? Quando o solo é deficiente? – Quando o animal sofre as consequências da falta de um ou de outro mineral?

Em solos arenosos e úmidos, as deficiências geralmente são reais. Nessas condições, via de regra, a pobreza existe de fato e não há alternativa senão adubar com o elemento carente quando de 3 a 5% do rebanho mostram os sinais da falta de um mineral, porque os outros, apesar de não mostrarem ainda sintomas, também já estão sendo prejudicados pela deficiência oculta em causa.

Em solos argilosos a carência geralmente é imposta pelo mau arejamento do solo e pelo deficiente desenvolvimento das raízes. As pastagens permanentes que conseguem formar raízes abundantes somente até 3 cm de profundidade exploram quase que exclusivamente a camada superficial, isto é, a camada mais lavada (ou lixiviada) e mais judiada do solo e, em consequência, as plantas são deficientes, por falta de manejo adequado do pastejo.

Acontece que a deficiência surge, também, em função de um desequilíbrio em relação a outros minerais. Assim, por exemplo, a relação de cálcio: fósforo deve ser de 2:1 ou no mínimo 3:1 na planta. Se for maior, o animal sente a deficiência. A relação de cálcio: potássio deve ser de, no mínimo, 6:1 no solo, para que a planta possa absorver e utilizar o potássio. Assim, sendo um nível baixo de cálcio pode provocar a deficiência de potássio.

Assim a eliminação da deficiência nem sempre pode ser feita pela simples adubação das pastagens, baseada nestes sintomas, mas somente após exames químicos e biofísicos do solo e da vegetação, os quais determinam a causa da falta de um ou de outro mineral no metabolismo das forrageiras e finalmente no metabolismo do animal.

Pastagem nativa ou plantada?

Voisin, o grande mestre francês, disse: "quem forma a pastagem é o animal e o adubo, e quem forma o animal é a pastagem".

Por muito tempo acreditou-se na Europa, na Austrália e na América do Norte que a pastagem plantada fosse a solução dos problemas pastoris. Mas a pastagem plantada não é pasto e sim agricultura! Por isso não se chama pastagem, mas capineiras, isto é, campos com cultura de capins e segundo Hughes, o mais importante é a sua renovação bianual. (Exceto no sistema MIP de manejo, com elevada longevidade, quando bem conduzido). Diz-se que o lucro da pastagem artificial é o melhoramento do solo para a cultura seguinte. Como no sistema de Integração Lavoura-Pecuária, ou melhor ainda no de Integração Lavoura-Pecuária-Floresta (Balbino, 2009; Behling, 2014).

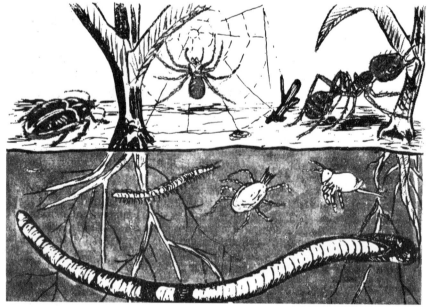

Dentro e fora do solo encontramos uma intensa vida de pequenos até minúsculos animais. Esta vida é própria ao solo e sua vegetação. Modifica-se pelo pisoteio do gado, o aparecimento ou desaparecimento de uma planta pelo adubo ou pelo esgotamento de um mineral etc.

Para compreender isso, teremos de começar pelo solo. O solo de pastagens boas é semiarejado, habitado por uma infinidade de actinomicetos, isto é, microrganismos que se situam entre fungos e bactérias, além de minhocas, nematoides e outros animaizinhos terrícolas. A decomposição das folhas e raízes mortas processa-se *mui* lentamente e o solo torna-se humoso. A estrutura, que em pastos bem manejados é granulada ou grumosa, contendo macroporos, deve-se tanto às raízes das gramíneas quanto aos actinomicetos. O equilíbrio biológico é garantido. A vegetação pastoril compõe-se de plantas que encontram nesse meio as melhores condições de vida. Milhões de sementes caem em cada metro quadrado de solo e conservam-se ali durante até 35 anos. Somente algumas centenas encontram as condições básicas necessárias para germinar e, apenas algumas dezenas conseguem desenvolver-se e dominar as outras. Abaixo das plantas bem desenvolvidas sempre encontramos plantinhas minúsculas que germinaram, mas não conseguiram crescer e foram dominadas por aquelas que encontraram todos os fatores de desenvolvimento no ótimo. Chamam-se a estas plantas "ecotipos", porque são características do meio ambiente, isto é, para as condições do solo e microclima nesse lugar. Modificando o ambiente, no caso o solo, causa-se a modificação da vegetação que por sua vez toma conta do solo.

Uma calagem forte, feita numa pastagem de cola-de-zorro, faz este desaparecer e dá lugar ao desenvolvimento da grama-forquilha, grama-comprida, capim-sanduva, diversas espécies de *Chloris* (parentes do capim-de-rodes) etc.

Lavrando o solo, destrói-se todo o equilíbrio natural. O solo fica arejado e ocorre, por bactérias aeróbias, a decomposição rápida do húmus acumulado em dezenas de anos. Com uma adubação química (no plantio ou na reforma) a pastagem plantada dará no primeiro ano um rendimento muito grande e – se o pastejo não for mal manejado – no segundo ano dará ainda um rendimento maior. Agora, contudo, começa infalivelmente a invasão das antigas gramas nativas e de plantas inferiores. A produção de muita massa verde termina com os nutrientes gastos pelas forrageiras, retirados do solo e não substituídos pelo adubo; o húmus foi consumido e a estrutura do solo começa a decair, exceto no MIP da Esalq.

As condições apropriadas à forrageira plantada tornam-se cada vez mais desfavoráveis e ela desaparecerá rapidamente. As plantas, porém, que antigamente cresciam no campo, não conseguem tão facilmente instalarem-se de novo, porque muitos minerais que não foram aplicados com a adubação foram retirados (a adubação inclui, geralmente, apenas nitrogênio, fósforo e potássio, além de uma calagem, enquanto a planta necessita até 24 minerais nutritivos, essenciais e benéficos), a estrutura grumosa (a macroporosidade) é destruída, os actinomicetos são mortos e as bactérias aeróbias que habitavam inicialmente o solo da nova cultura de forrageiras não conseguem mais viver, cedendo lugar à bactérias anaeróbias e fungos, já que pelo pisoteio e pelas chuvas o solo torna-se compacto. Seguem-se infalivelmente de 3 a 4 anos de "fome", período em que a pastagem não produz bem. Após 5 a 6 anos, a partir do plantio, a pastagem começa a produzir novamente, mas desta vez com as plantas nativas, raramente permanecendo um ou outro pé da forrageira implantada.

Assim chegou-se à conclusão de que é melhor a pastagem ser plantada em rotação com a agricultura a fim de "descansar" o solo. Somente nos países em que as propriedades pequenas predominam é que a cultura de forrageiras é empregada com êxito, pois, forçoso se torna produzir o máximo, tendo à disposição o mínimo de terra. Usam as forrageiras, via de regra, como capineiras, porque sabem que estas são seriamente prejudicadas pela tosa e pelo pisoteio animal. Levam a forragem verde, cortada, às cocheiras para o gado leiteiro. Outros, especialmente nos EUA, usam as capineiras como "pastagens racionadas" (close folding, rational grazing), onde o gado só entra durante 2 horas num potreiro, finda as quais este descansa por 3 a 4 semanas. As pastagens plantadas, para durar dois anos devem ser usadas exclusivamente em rodízio, pois, do contrário, não aguentariam dois anos de uso. Após dois anos a "pastagem artificial" é arada de novo para uso agrícola. Por isso encontramos este sistema em países densamente povoados, com propriedades pequenas – entre 30 a 120 ha – e nunca em zonas exclusivamente de pecuária. Vale a pena observar que apesar da rápida engorda, a carne bovina nos EUA e Europa está com um preço de 100 a 120% mais alto do que no Brasil. O sistema é, pois, mais oneroso.

Nos EUA, país muito avançado em vários setores agrícolas e pecuários, nas zonas de pecuária intensiva, Michigan, por exemplo, se planta forrageira com a finalidade de pastejo e de corte. Capineiras produzem muito mais massa verde, mas não suportam o pastoreio frequente. Fornecem, pois, uma forragem pouco rica em proteínas e são assim menos apropriadas ao gado de corte do que ao gado leiteiro. Para o gado de corte ter-se-ia necessidade de um suplemento substancial em proteínas o que viria a tornar onerosa a engorda rápida.

Forrageiras leguminosas plantadas em pastagens com vegetação baixa, sem lavração, mas à pata de gado e adubadas convenientemente, podem conservar-se de três a quatro anos, uma vez rigorosamente manejadas em rodízio. Porém as leguminosas têm de ser adequadas à região como, por exemplo, no caso de Bagé, o trevo-ladino e cornichão.

Pastagens plantadas após a lavração e pastadas sem rodízio conservam-se um ano e produzem 200 a 400 kg/ha de carne. Plantadas sem lavração e manejadas em rodízio, conservam-se de três a quatro anos e produzem 650 a 700 kg/ha de carne por ano. O plantio de forrageiras é, pois, de vital importância na zona colonial, mas é problemático nas grandes estâncias de criação e engorda.

O problema gaúcho da pastagem

O nosso problema é a falta de pastagem no inverno e nos meses secos do verão. Nestas épocas, especialmente no inverno, necessita-se de uma pastagem adicional. Os pecuaristas que plantam em maior escala forrageiras de inverno, asseguram frequentemente a engorda do gado durante esta estação e lutam para não perder este peso durante o verão. Outros compram gado somente para engordá-lo no inverno, vendendo-o ao frigorífico na primavera.

No verão, nestas propriedades, não há forragem tão abundante como no inverno, porque no campo onde se plantam pastagens de inverno, praticamente não há forragem durante o verão a não ser que se plante outra forrageira. Em propriedades onde são plantadas forrageiras de inverno surge o problema do esgotamento e cansaço do solo, por ser a forrageira sempre a mesma: a aveia e o cornichão, em solos mais secos, o azevém e o trevo-ladino em solos mais úmidos. Após 4 a 6 anos os solos não produzem mais. Entretanto, não é possível mudar o potreiro plantado a fim de não estragar também os outros para o verão.

Estes potreiros devem receber, como qualquer solo agrícola, todos os cuidados que as terras agrícolas exigem, com adubação orgânica e com adubação comercial (segundo a análise química do solo e se possível também a análise foliar, além do pastoreio em rodízio. Seria igualmente interessante plantá-los no verão com milheto e feijão-miúdo, a fim de produzir também forragem de verão para épocas de seca.

Queremos, pois, deixar bem claro: forragem plantada, seja qual for sua natureza, sempre será agricultura. Assim sendo, necessita:

1 – adubação química e orgânica cada vez que for renovada;

2 – ser renovada de dois em dois anos (exceto quando recebeu os nutrientes que faltam anualmente, como no sistema MIP);

3 – subdivisão em potreiros (invernadas), pois não suporta, sob hipótese alguma, o pastoreio permanente, tendo de ser feito em rodízio;

4 – ser plantada em rotação com outras culturas para não cansar o solo com suas excreções radiculares unilaterais e com a criação exclusiva de uma ou de outra espécie de micróbios ou de pequenos animais, como nematoides;

5 – ser protegida contra ataques maciços de pragas;

6 – só uma mistura de sete ou mais forrageiras fornece uma alimentação completa ao gado, especialmente aos reprodutores.

Talvez como sugerido pelo sistema de recuperação de pastagens utilizando um aerador de solo e um coquetel de forrageiras (Unimaquinas, 2011).

Na Bahia, as plantações de "red-top" (*Agrostis alba*) desapareceram por causa da ferrugem que também ataca todos os sorgos. Em São Paulo, uma espécie de saúva ataca especialmente capim-colonião e devasta extensas áreas na Alta Paulista. No Estado do Rio de Janeiro, a curuquerê dos pastos destrói as plantações de pangola. Cada monocultura, inclusive de forrageiras, oferece o perigo de pragas devastadoras, que em pastagens nativas, diversificadas, nunca assumem proporções catastróficas.

É, pois, completamente falso pensar em poder plantar uma forrageira e ter pastagem abundante para o resto da vida.

A forragicultura exige um manejo muito intensivo, o que em nosso meio, por enquanto, é muito problemático, especialmente pela falta de mão-de-obra e o custo elevado de adubos e maquinaria (1 ha de pastagem plantada produz 200 a 400 kg/ha de carne anuais, que vendida ao preço de NCR$ 0,60 representa no máximo NCr$ 240,00). O plantio de 1 ha de pastagem artificial custa no mínimo de NCr$ 200 a 280,00, conforme a região, os adubos empregados e a forragem plantada. Atualmente podemos considerar em torno de R$ 1.300,00 para formação de um hectare de pasto, e o preço médio da arroba do boi inteiro de R$ 138,00, sendo que o rendimento de carcaça é de 52% e o de carne industrial de 1,6%, ou seja, um animal de 440 kg de peso vivo no frigorífico rende 7,3 kg de carne industrial.

Todos os países, mesmo os mais avançados neste setor, como a França, a Nova Zelândia e a Inglaterra possuem, ao lado de capineiras, que fornecem o feno para o inverno, pastagens nativas melhoradas por rodízio e adubação. Hoje, se tende mesmo na Inglaterra a restringir o sistema de feno e silo, e plantar pastagens de inverno, uma vez que estas são muito mais ricas que o feno que, já na época da colheita contém somente 1/2 a 1/3 das proteínas da forragem nova e perde mais 1/4 durante a secagem ou na fermentação, no silo.

O problema da falta de pastagem no inverno e no verão pode ser resolvido de maneira diferente, não eliminando as pastagens nativas.

Pelo manejo do pastejo em rodízio as pastagens darão não somente mais forragem, como se diminuirá igualmente o tempo de escassez no verão e no inverno, como veremos adiante.

Como melhorar a pastagem nativa?

Já em 1760 foi aconselhado em um manual, na França, o pastoreio rotativo (ou pastejo rotacionado) destinado aos "pecuaristas inteligentes". Hoje o rodízio está de tal maneira desenvolvido que a mudança de potreiro se faz após 2 horas de pastoreio.

Que é rodízio?

Rodízio é o sistema de superlotação dirigida, espaçando as épocas de descanso e de pastoreio. O princípio básico consiste em pôr muitos animais durante pouco tempo num potreiro, obrigando-os a comer tudo – tanto plantas tenras e gostosas quanto as mais fibrosas e menos palatáveis, evitando assim que a vegetação grosseira se multiplique e o pasto ince (pragueje) – mudando os animais em seguida para outro potreiro, deixando o primeiro descansar certo tempo, até que a vegetação alcance novamente a altura adequada, ou seja, entre 6 a 15 cm, variando segundo a forrageira. Assim, por exemplo, a grama--forquilha rende muito mais se for pastada cada vez que alcance 6 cm de altura enquanto o pangola rende mais quando é pastado somente após alcançar 15 cm.

Acredita-se erroneamente que a pastagem nativa é sempre de baixo rendimento e que deve ser substituída por pastagens artificiais. Para isso necessitam-se enormes investimentos de dinheiro, e, além da aquisição de maquinaria cara, o pecuarista deve tornar-se agricultor, embora resida aqui o erro fundamental.

É indiferente como se chama a pastagem – nativa ou artificial – elas devem ser manejadas da mesma forma para dar lucro. Somente depois de o homem haver empatado copioso recurso econômico na formação de pastagens artificiais e estar a ponto de perdê-las antes de auferir o mínimo de lucro, é que resolve estabelecer o recomendado manejo em rodízio. Pois no que se refere às pastagens nativas onde, por ser lenta e gradativa, a perda passa despercebida, o comodismo fá-lo hesitar na adoção de tão acertada medida.

Vantagens do rodízio

1) Como sistema de rodízio evita-se que o gado estrague e desperdice muita forragem, o que sempre acontece quando poucos animais entram em invernadas com forragem alta.

2) Ao mesmo tempo proporciona-se ao gado sempre uma forragem nova, tenra, rica em proteínas, que permite o máximo aumento de peso. Todas as plantas pastoris recebem a mesma oportunidade de crescer e de se multiplicar, e as plantas boas não são mais judiadas que as plantas menos apreciadas pelo gado. Em nosso sistema atual de pastagem, as plantas boas são sempre procuradas pelo gado que as tosa constantemente, de modo que, finalmente, desaparecem por esgotamento de suas reservas. As plantas pouco apreciáveis, fibrosas e grosseiras, que o gado não procura, podem crescer e desenvolver-se satisfatoriamente, armazenar reservas para a nova brotação, sementar e multiplicar-se. Deste modo, as plantas inferiores vão tomando conta das pastagens, enquanto as plantas boas desaparecem. Assim, muitas plantas boas não subsistem em nossas pastagens permanentes, simplesmente porque o gado não as deixa crescer. O que falta aqui não é a implantação artificial dessas forrageiras boas, mas o manejo do pastoreio, para que elas tenham possibilidades de crescer e se desenvolver.

3) No rodízio do pastoreio a pastagem recebe o tão necessário repouso para recuperar-se. As plantas crescem e ao mesmo tempo estendem (desenvolvem) suas raízes. Quanto maior e

mais profundo for o espaço ocupado pela raiz, tanto melhor a planta se nutrirá, porque pode retirar os nutrientes de um volume de solo muito maior. Isso também afrouxa o solo, permite uma melhor infiltração da água das chuvas, aumentando ao mesmo tempo o poder de armazenar água. Esta água armazenada vai manter a planta durante as épocas secas.

4) Um sistema radicular maior evita ao mesmo tempo a erosão, que devasta extensas zonas pastoris do Estado. Evita a erosão porque a água penetra com mais facilidade no solo e não escorre superficialmente. Tanto menor será a velocidade e a força da água quanto menos ela escorrer. Mas não é só isso. A densa trama das raízes segura o solo, não permitindo seu fácil carreamento.

5) Uma das maiores vantagens é a de reduzir drasticamente a verminose e o parasitismo por outros animaizinhos, como carrapatos. Na Inglaterra e na Argentina controla-se em vastas áreas a verminose, pelo simples rodízio do pastoreio. Baseia-se isso no fato de que o verme possui um ciclo evolutivo, em que passa o estado reprodutivo de sua vida dentro do animal, enquanto passa o estado larval fora do mesmo, no pasto. De modo que a fêmea põe seus ovos, os quais são expulsos com as fezes. Saem as larvinhas para o solo e vivem ali durante 2 a 3 semanas. Na parte da manhã e da tarde, quando está mais fresco, elas sobem na vegetação à espera que um animal as coma, para finalmente chegar novamente ao intestino do mesmo, onde amadurecerão e reproduzir-se-ão. Tendo elas um ciclo rigoroso, pelo menos a maioria, se não encontram – dentro de três semanas novo hospedeiro, acabam morrendo. Para reduzir a verminose temos de quebrar o ciclo evolutivo dos vermes parasitas, o que justamente conseguimos pelo rodízio. O potreiro deve permanecer aliviado durante quatro semanas, para que o animal quando voltar não encontre mais vermes vivos.

6) Os animais nutridos com plantas mais ricas tornam-se igualmente mais resistentes à verminose, e as fêmeas dos vermes parasitas depositam muito menos ovos nos animais fortes e sadios do que nos fracos e de pouco desenvolvimento. Pode-se tomar como regra que, tanto mais parasitado será um animal quanto mais fraco for, regra que igualmente vale para carrapatos, berne e outros parasitas.

7) Plantas repousadas e bem nutridas – em decorrência da rotação, aproveitam até 10 vezes mais volume de solo para sua nutrição – tornam-se também mais resistentes à seca e ao frio. A seca porque dispõem de mais água armazenada, que podem procurar em um espaço muito maior e possuem um plasma viscoso. Transpiram, pois, muito menos que as plantas com plasma aquoso e gastam, segundo autores alemães, somente, por 6 kg de forragem verde a mesma quantidade de água que uma pastagem mal nutrida gasta por 1,5 kg de massa verde. Assim, as altas temperaturas do verão, aliadas à baixa precipitação, não são tão prejudiciais porque as pastagens bem manejadas com pastoreio em rodízio diminuem em sua vegetação (caules e folhas), mas não secam totalmente. Fizemos esta experiência no ano passado quando toda a pastagem estava queimada, exceto aquela onde fizemos o rodízio.

Da mesma maneira fica reduzido o perigo de "queimar as pastagens pela geada". Muitas vezes não é a geada que termina com as pastagens, mas sim os fungos que vivem em massa nestes solos ácidos. Em épocas frias e chuvosas as plantas não conseguem absorver os nutrientes do solo (lixiviado e pode faltar oxigênio) e, já sem reservas e mal nutridas, veem ainda os poucos nutrientes que possuem lavados de suas folhas pela água da chuva. As folhas semimortas são atacadas por fungos que, em um ou dois dias podem terminar com a pastagem. Pastagem manejada em rodízio entra bem fortalecida no inverno e o perigo de sucumbir pelos fungos é muito menor. Além disso, pode-se melhorar o solo com uma adubação que, em pastagens permanentemente pastadas não adiantaria muito.

8) No sistema de pastejo em rodízio dispõe-se não somente da forragem que o gado não consegue desperdiçar, mas também daquela obtida pela melhor recuperação das plantas, e assim a produção aumenta. Por outro lado o perigo da contaminação excessiva por vermes não mais existe – fator limitante da lotação para ovinos – e a lotação pode ser aumentada em 100%, ao mesmo tempo em que se diminuiu o período da engorda de bovinos por 1 a 2 anos.

Os sistemas do rodízio

Em nosso sistema de pastagem permanente há insuficiente divisão dos campos, não permitindo um bom manejo da pastagem. Alega-se que os aguadouros (aguadas, bebedouros) são raros, razão pela qual não pode haver subdivisão. Ora, gado vacum não é veado que corre 20 km ou mais para chegar à água. O gado fica sempre perto da água, exterminando a vegetação mais valiosa e causando impressionante infestação do solo por vermes. Aos lugares distantes o gado não vai. Essas caminhadas no sol de verão já bastam para prejudicar o aumento de peso. O animal não deve caminhar mais do que 2 km por dia em procura de água. A instalação de bebedouros é assim *indispensável*. Pode ser feito por meio de açudes, onde houver coxilhas, ou por meio de poços artesianos nas planícies da Fronteira, ou ainda por meio de encanamentos provenientes de rios, açudes ou reservatórios e que distribuem a água nas pastagens. A água deve ser limpa, e é importantíssimo organizar os bebedouros de tal maneira que o gado não os possa sujar pelas dejeções. Em muitas estâncias da zona da Campanha, os campos carecem de quaisquer árvores ou bosques onde o gado, durante o calor do dia, possa refugiar-se para ruminar. Os mesmos bosques serviriam no inverno de abrigo contra o vento e a chuva. Esta inexistência de abrigos para o gado redunda em perda de muita energia, que seria mais útil se usada para a produção de lã ou carne e gordura, mas que é gasta inutilmente. O gado raramente deita ao sol causticante para ruminar, mas fica em pé, andando um pouco e, de vez em quando, tomando uma bocada de forragem. Nas horas quentes, ele geralmente não pasta. As horas preferidas são as da manhã e as do anoitecer, e quando não consegue encher a pança pasta ainda à noite. Isso dá a impressão de que o gado pasta sem nunca parar, e supõe-se erradamente que, com isso, o gado teria de aumentar seu peso.

Na verdade, nenhum animal pasta mais do que 7 horas por dia. Se não consegue colher o suficiente neste lapso de tempo, fica com fome. Em 3 horas é possível para um bovino colher o suficiente para seu sustento em pastagens boas. O resto do dia o animal repousa e rumina. O aumento do peso e da produção está na razão direta do tempo disponível para pousar. Quando carece de um local, onde possa ficar ao abrigo do sol e da chuva, ele, naturalmente, não deita, mas erra constantemente pelas pastagens, porque ninguém, nem mesmo o boi, aguenta ficar deitado em pleno sol durante o verão ou na chuva fria durante o inverno. Assim, parte da alimentação é gasta em:

a)   movimento inútil;
b)   suando copiosamente;
c)   tremendo no frio.

Esse sistema de pastagem é o mais primitivo, e não somente estraga a pastagem, mas evita também um desenvolvimento mais rápido do gado. E, como o pasto faz o gado ("pela boca se faz a raça"), não adianta importar as mais finas raças se as pastagens são mal cuidadas, porque o mesmo gado que alcança na Inglaterra ou na França 500 kg em dois anos, entre nós somente aos quatro ou cinco anos atinge esse peso.

1 – Pastoreio deferido ou adiado

A palavra *deferido* é um anglicismo e vem da expressão americana "deferred grazing", que significa pastoreio adiado, porque consiste em retirar os animais da pastagem uma vez por ano, a fim de permitir a esta florescer e sementar, o que se faz especialmente com o azevém e com o trevo-subterrâneo, ou com as forrageiras nativas perenes, que brotam de suas raízes e estolões, para deixá-las armazenar reservas para a próxima brotação. É um sistema primitivo, mas que de qualquer maneira já contribui para a manutenção da pastagem, embora não possibilite ainda, de maneira alguma, o manejo da flora diversificada de uma pastagem nativa.

2 – Pastoreio alternado

É o sistema precedente do rodízio. Neste caso existem só dois potreiros e o gado pasta alternadamente em um e em outro. Geralmente passa um mês num potreiro para depois pastar no outro no mês seguinte. Este sistema já permite às forrageiras recuperarem-se depois de tosquiadas pelo gado. Porém, é grande a desvantagem porque o gado que permanece um mês de cada vez no potreiro, rejeita as plantas mais fibrosas e ainda elimina 2 ou 3 vezes seguidas a nova brotação das forrageiras mais apreciadas, prejudicando-as bastante com este sistema.

Área de pastagem necessária para alimentar uma rês de 400 kg por dia

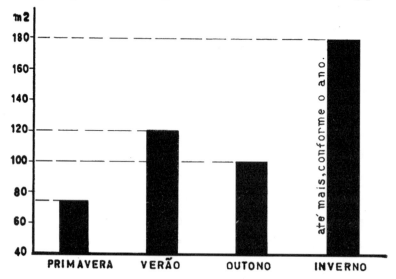

3 – O pastoreio rotativo

Dentro deste sistema necessita-se imperiosamente da subdivisão do campo em potreiros. Geralmente são feitas algumas cercas exteriores, sendo as interiores constituídas por uma cerca elétrica, móvel, de um fio, que é mudada de 6 em 6 dias ou de 4 em 4 dias. Calcula-se que uma rês de 300 a 400 kg de peso come diariamente 60 a 80 kg de forragem verde, o que equivale, mais ou menos, a uma área de 80 a 100 metros quadrados (8 x 10 ou 10 x 10m), variando com a época, na primavera 60 m² podem fornecer o alimento suficiente, enquanto no verão 120 m² às vezes não bastam. Se por exemplo, 500 animais devem permanecer num potreiro durante 4 dias, calcula-se o tamanho da área da seguinte maneira:

Um animal necessita diariamente de 80 metros quadrados e, em 4 dias 80 x 4 = 320 m², logo 500 animais necessitarão 320 x 500 = 16 hectares (1 ha = 10.000 m²). De qualquer maneira deve-se retirar os animais quando estes terminarem com a forragem e o pasto esteja bem limpo. Se não terminaram ainda no tempo previsto, deixa-se mais um dia. Com a experiência, cada pecuarista saberá calcular perfeitamente a produção de sua pastagem nas diversas épocas do ano.

Em regime de pastejo de quatro dias necessitaríamos aproximadamente de oito potreiros para fazer o gado retornar, após um mês, ao primeiro potreiro. Mas como a regeneração da pastagem é mais rápida na primavera e mais lenta no verão, deveremos prever maior número de subdivisões, isto é, de 4 a 6 potreiros extras, como medida de segurança; assim disporemos, no mínimo, de 12 a 14 potreiros. Na primavera, o potreiro 1 já terá pastagem boa quando o gado alcançar o potreiro 6 (24 dias).

O gado não chegará ao potreiro 7, mas retornará ao potreiro 1 logo após pastar no potreiro de n. 6. Sobrarão, portanto, 6 a 8 potreiros, que devem ser fenados ou ensilados e cuja forragem constituirá a reserva de emergência para o verão ou o inverno. No verão, em época seca, a passagem pelos potreiros vai ser bem mais rápida, os animais gastarão a forragem em dois dias e terão de passar ao próximo potreiro. Necessitam, então, de todos os 12 ou 14 potreiros até voltar ao primeiro.

Os potreiros fenados, que tinham a possibilidade de produzir mais massa verde, desenvolveram também um sistema radicular mais extenso, e serão mais resistentes à seca.

Na Inglaterra e na Argentina eles não deixam voltar o gado a um potreiro antes de passados 24 a 28 dias, porque o ciclo da maioria dos vermes parasitas animais é de três semanas. O rodízio é, pois, a melhor medida para combater a verminose, e na Austrália, também, com esse sistema combatem os carrapatos.

O valor do rodízio é inestimável, se levarmos em conta somente o preço dos vermífugos e carrapaticidas.

Também a lã de ovelhas, tratadas com vermífugos é acentuadamente inferior em qualidade e menor que a de ovinos não tratados, em ano seco e com pouco ataque por verminose. Isso mostra que o animal ressente-se do veneno dosado. Naturalmente, enquanto há verminose, por falta de rodízio, o vermífugo é necessário, pois em anos úmidos o animal não dosado, por vezes, nem mesmo consegue sobreviver.

O rodízio do pastoreio melhora, pois, não somente a pastagem, aumentando o peso do gado, mas combate igualmente os vermes intestinais e carrapatos, contribuindo, assim, duplamente para a saúde do gado e o aumento do rendimento animal.

Exemplos de rodízio

O rodízio foi considerado por muitos como um sistema somente possível em rebanhos restritos de gado leiteiro, impraticável em nosso meio. O primeiro a introduzir o sistema na América Latina foi um Chileno de descendência alemã, Klocker-Hornig que resumiu suas experiências em uma monografia. Tão milagroso parecia o sistema, que se iniciou uma peregrinação da Argentina para o Chile para ver se não se tratava de ficção. Hoje, a Argentina tornou-se uma fervorosa adepta do pastoreio rotativo, eis que assim procedendo resolveu inúmeros problemas da pastagem e do gado.

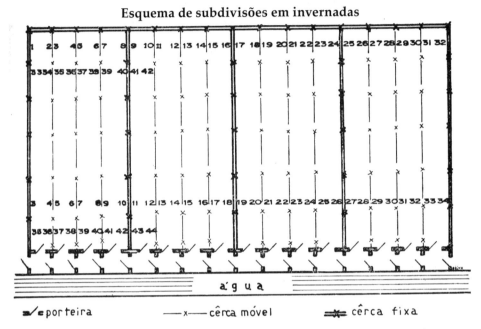

O rodízio mais aperfeiçoado é o pastejo racionado, que conta com algumas cercas fixas e o restante com cercas móveis, de preferência elétricas. É próprio para gado leiteiro.

Em nosso Estado o pioneiro do pastoreio rotativo foi o pecuarista engenheiro agrônomo Nilo Romeiro, residente em Bagé, que segue à risca as indicações de Voisin, e que possui as melhores pastagens do Estado, com uma lotação de quatro animais por hectare (enquanto a média na Fronteira é de 1, 2, e às vezes, em casos favoráveis, alcançando a 2 animais), produzindo 670 kg/ha de carne.

Pastagem racionada (especialmente para gado leiteiro)

É o máximo em aperfeiçoamento de pastoreio rotativo. É conhecido por "close folding" e consiste em deixar pastar em uma área, somente durante duas horas. Os animais em seguida são retirados para um lugar isolado, onde descansam e ruminam na sombra de árvores, perto d'água.

De tarde voltam a pastar, em outra área, pegada à da manhã. Em boas pastagens o gado consegue colher o suficiente em 3 a 4 horas de pastoreio.

Neste sistema de pastagem racionada o gado recebe sempre a melhor forragem e o pasto é menos prejudicado. O rendimento pastoril e animal é o mais elevado possível. Porém, não é um sistema destinado ao gado de corte em grande escala, tendo sua limitação entre 150 a 200 animais.

A organização do rodízio

					Esquema teórico						
1	2	3	4	5	6	7	8	9	10	11	12

Os animais pastam em cada potreiro de 4 a 6 dias (podendo ser menos, mas com mais subdivisões) e quando terminam com a forrageira passam para o seguinte:

Possibilidades práticas: (vide desenho)

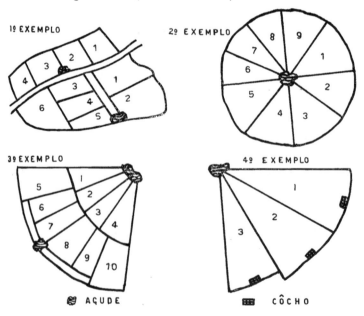

Alguns exemplos da subdivisão do campo. Esta sempre depende da existência de água, seja numa ponta dos potreiros, seja no fim de um corredor

Problemas em nossas propriedades rurais

O maior problema sem dúvida reside nas cercas e nos bebedouros. O problema da água tem de ser resolvido no momento em que se põe gado mais fino, como Hereford, Devon, Charolez etc.

O problema das cercas pode ser resolvido de diversas maneiras:

a) em propriedades médias com boa vegetação, porém escassa, e solos ricos, pode-se trabalhar com crédito bancário com prazo de 3 a 4 anos, visto que nesse período o lucro do rodízio permite pagar as despesas;

b) As propriedades muito grandes devem ser subdivididas, sendo cada uma dessas subdivisões desenvolvidas separadamente como se fosse uma estância; assim sucessivamente, até que toda a propriedade fique desenvolvida.

O segundo problema é que não há somente um tipo de gado, mas há terneiros, gado de engorda, touros, vacas prenhas e vacas com terneiro ao pé. A melhor forragem deve ser proporcionada aos terneiros em desmama e aos bois de engorda. Os touros, de qualquer maneira, necessitam de suplemento proteico, como aveia em grão, soja, alfafa etc.

Não convém, entretanto, deixar passar o gado um após o outro no mesmo potreiro (sistema de repasse, por exemplo, iniciando com lote de vacas em lactação, mais exigentes, seguidas pelas vacas secas ou gado de corte), sistema adotado antigamente na França. Assim, o potreiro repousa muito pouco e estraga-se facilmente (exceto se for mantido o período curto de pastejo para a somatória dos lotes de animais, como planejado).

Em propriedades menores a divisão será somente entre terneiros de um lado, e bois e vacas de outro. Em propriedades grandes convém repartir a estância em quatro partes, sendo a primeira para terneiros desmamados, a segunda para vacas prenhas e com terneiro ao pé, a terceira para bois de engorda e a quarta para forragicultura, onde se planta milho, soja, alfafa, milheto, cana-forrageira, mandioca, azevém, aveia, pangola etc. para poder suplementar o gado em épocas críticas como inverno e verão.

Com o rodízio estas épocas críticas diminuirão muito, e podemos calcular que não ultrapassem seis semanas cada.

As estâncias com ovinocultura exclusiva podem adotar o manejo do pastoreio, mas devem sempre introduzir uma alternância de pastoreio e ceifa. Não há pastagem que aguente a mordida de ovinos, os quais não somente colhem a parte vegetal, mas também roem as plantas até as raízes, destruindo o ponto vegetativo. Por isso é que as pastagens de ovinos parecem primeiro muito limpas, mais tarde, porém, começam a inçar (praguejar) com capins fibrosos cespitosos, que possuem folhas duras e não são melhores que a barba-de-bode. Também erva-roseta, mata-pasto e outros inços são típicos de pastagens de ovinos.

Por isso é sempre aconselhável ter um plantel de bovinos junto com os ovinos, o que possibilita o rodízio sem ceifa. Passam primeiro os bovinos pelo potreiro, durante dois dias, e em seguida os ovinos, por mais dois dias, visto que os ovinos não gostam de pasto alto. Neste sistema podem-se calcular de 8 a 10 ovinos para cada bovino. A pastagem que serve para 100 bois pode ser lotada em seguida com 800 ovinos. A lotação mista de ovinos e bovinos é completamente desaconselhada, porque os ovinos fazem concorrência aos bovinos que, consequentemente, engordam muito menos.

A lotação consecutiva de bovinos e ovinos é altamente vantajosa, porque o bovino come somente a forragem maior, mantendo o ovino o pasto limpo. É, pois aconselhável ao pecuarista, manter um plantel de ovinos para a limpeza das pastagens. O perigo da contaminação por vermes não existe, enquanto se obedece a um rodízio que evita a repastagem do potreiro antes de três semanas.

Influência do rodízio sobre a vegetação

Pelo rodízio e manejo do potreiro consegue-se uma vegetação completamente diferente. As forrageiras suportam o pastoreio (podendo variar com a época do ano, dos períodos de veranico, do nível de fertilidade do solo ou manejo da adubação):

azevém	4 em 4 semanas
trevo-branco	3 em 3 semanas
pega-pega	4 em 4 semanas
grama-forquilha	3 em 3 semanas
grama-missioneira	3 em 3 semanas
pangola	6 em 6 semanas
capim-de-rodes	8 em 8 semanas
falaris	8 em 8 semanas
capim-sanduva	6 em 6 semanas
cabelo-de-porco	12 em 12 semanas
grama-paulista	3 em 3 semanas
capim-natal	8 em 8 semanas

Vemos, pois, que são rasteiras as forrageiras beneficiadas pelo pastoreio frequente, enquanto as altas são beneficiadas pelo repouso mais prolongado. Um potreiro que é pastado desde cedo na primavera terá vegetação pior que um potreiro que fica destinado primeiro à fenação e só no verão é pastado. Potreiros ceifados e potreiros pastados desenvolvem uma vegetação completamente diferente.

O rendimento da grama forquilha relativo à frequência do pastejo

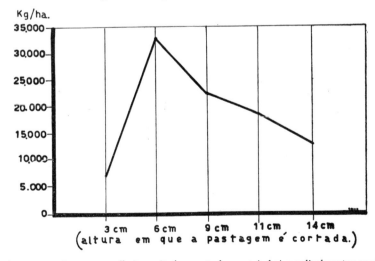

O pastejo permanente com sua colheita muito frequente de vegetais, baixa radicalmente o rendimento pastoril, enquanto o rodízio frequente consegue o maior rendimento em pastagens com grama forquilha.

Composição da pastagem após 1 ano

	ceifado	pastado
	(de 8 em 8 semanas) n. de plantas	(de 3 em 3 semanas) n. de plantas
grama-forquilha	10	52
capim-de-rodes	34	12
pega-pega	57	14

Por outro lado, o animal por seu pisoteio pode provocar o aparecimento ou desaparecimento de diversas plantas.

Assim o pastoreio em pastagens úmidas logo após uma chuva, pode provocar o aparecimento de cabelo-de-porco (*Bulbostylis capillaris*) em grande quantidade, enquanto o pisoteio do cavalo e do burro faz desaparecer caraguatá (*Eryngium sp*).

O pastoreio até o final do outono faz desaparecer o pangola, que necessita armazenar reservas para a nova brotação. Assim, nunca se deve começar na primavera o pastoreio no mesmo potreiro, nem terminar no mesmo potreiro em cada outono, porque isso cria infalivelmente uma vegetação uniformizada de pouco interesse nutritivo.

A adubação da pastagem

O que faz a pastagem é o animal e o adubo.

Não adianta esperar milagres pelo pastoreio em rodízio se o solo estiver completamente exausto (adensado e com indisponibilidade ou deficiência múltipla de nutrientes essenciais) e fortemente ácido. Muito se tem discutido sobre o qual seria o melhor pH de pastagens, e podemos afirmar que, em nosso meio, o melhor está entre 5,6 e 5,8, podendo aumentar em solos argilosos até 6,0.

Em solos agrícolas procura-se sempre a correção do pH até 6,8 a 7,0, porque neste meio é menos apropriado aos inços e mais as culturas. Porém, em se tratando de pastagem, o conceito é diferente. A melhor forragem é a que dá o maior rendimento animal, e que mantém a saúde e a fertilidade do animal. Para tanto, o animal necessita de muitos elementos minerais, como cobalto, cobre, zinco, boro, manganês etc., existentes em maior quantidade em plantas de solos de acidez média e em menor quantidade em plantas de solos neutros. Não se almeja a correção do pH em solos pastoris além do nível de pH 5,8.

Por outro lado, nas Missões, em solos fortemente ácidos, temos os campos de cola-de-zorro, taquarinho, capim-pluma e semelhantes. Embora muito produtivas, estas pastagens são pouco nutritivas e o gado desenvolve lentamente. Uma calagem entre 3 a 6 toneladas/hectare faz a vegetação reinante desaparecer e propicia o crescimento da grama-forquilha, capim-sanduva, grama-tapete e outros.

A adubação pastoril é muito discutida, porque alguns alegam que não dá resultado. Na agricultura espera-se que a adubação provoque um melhor crescimento da vegetação reinante. Na pastagem isso nem sempre acontece, ocorrendo quatro alternativas:

a) a adubação melhora a vegetação existente (caso que sempre se espera);

b) a adubação não melhora a flora nativa existente e, é fraca demais para provocar uma vegetação diferente, superior. Neste caso a adubação fracassou;

c) a adubação provoca uma flora diferente, superior à reinante;

d) a adubação provoca uma flora diferente, porém é fraca demais para garantir seu bom desenvolvimento (neste caso a adubação pode ser considerada como fracassada).

Vemos que nem sempre a adubação melhora a pastagem. No caso de cola-de-zorro, a calagem não melhora de maneira alguma a pastagem, pois este tipo de vegetação não absorve o cálcio e nem se beneficia pelo melhoramento do solo. Somente com uma calagem maciça, provocando uma vegetação diferente obtém-se resultado.

A grama-forquilha, porém, que pode vegetar em solos muito pobres em cálcio, melhora muito com uma calagem e uma adubação fosfatada.

Constatamos que na zona de Santa Maria não há pega-pega nas pastagens, porque além do cálcio, do fósforo e do potássio faltam ainda o boro, o cobre, o zinco e o molibdênio. No momento em que adubamos com micronutrientes, os *Desmodium sp* (pega-pega) aparecem em grande quantidade. O trevo-polimorfo, porém, geralmente aparece tão logo damos repouso ao pasto e adubamos com farinha de ossos.

Regras da adubação pastoril

Deve ser tomado como regra, nunca adubar antes de começar o rodízio do pastoreio ou de rebaixar a vegetação mecanicamente. Este sempre deve preceder à adubação. Muitas vezes, as raízes que se desenvolvem melhor encontram em seguida tantos nutrientes que dispensam a adubação. Mas, mesmo se o pasto necessitar de adubação, esta aplicada após a instalação do rodízio trará resultados muito maiores do que sem rodízio, porque quanto melhor a estrutura do solo e quanto maior o sistema radicular tanto melhor será o aproveitamento do adubo.

Voisin diz no seu livro, *Leis da aplicação de adubo,* a respeito da adubação de pastagens: "O adubo é um meio miraculoso quando bem aplicado, mas um grande perigo se mal utilizado."

A análise do solo deve orientar a adubação pastoril que é, por sinal, muito mais delicada do que a agrícola. Qualquer erro de adubação reflete-se no gado em forma de distúrbios fisiológicos que podem causar graves sintomas patológicos e comprometer seriamente a saúde e o rendimento do animal. Na pastagem, o equilíbrio mineral é, pois, muito mais importante do que a correção do pH e do alto nível de fósforo ou, da produção de muita massa verde com adubos nitrogenados.

Adubamos a pastagem tendo em vista o maior rendimento animal e não o maior rendimento vegetal. Uma adubação de NPK (nitrogênio – fósforo – potássio) pode aumentar a produção vegetal e animal, mas sempre acarretará problemas de ordem fisiológica, porque desequilibra infalivelmente muitos outros minerais (24 são os minerais que se conhecem como essenciais para o crescimento vegetal e animal), que não precisam ser ligados em compostos insolúveis, mas cuja proporção fica alterada pela aplicação de um elemento e a não aplicação dos outros. Assim, uma feijoada não é mais a mesma após juntar 5 litros d'água. Possui a mesma quantidade de carne e feijão, mas o gosto e valor nutritivo são muito inferiores. Falamos, pois, de um efeito de diluição. Depois de estabelecido o rodízio, o teor em cálcio deve ser verificado. Antes de adubar deve ser feita uma calagem para corrigir a falta de cálcio, constatada pela análise. O potássio não é absorvido pela planta se não existir o suficiente em cálcio no solo e, o fósforo não faz efeito se sua relação com o cálcio não for de 1:2 a 1:3. Geralmente, a calagem não dá uma resposta imediata, sendo o efeito residual muito mais pronunciado que o efeito da calagem, no primeiro ano.

O solo não sendo muito ácido, farinha de ossos, fosfato de Olinda ou escória de Thomas ou Termofosfato resolve o problema de cálcio e fósforo ao mesmo tempo. O fósforo é facilmente ligado ao alumínio e ferro, especialmente em solos muito compactos pelo pisoteio e pobres em matéria orgânica. Portanto, a adubação fosfatada só pode surtir efeito se o alumínio é controlado pelo arejamento do solo e a adição de matéria orgânica, que se consegue pelo rodízio.

A calagem não somente mobiliza o solo quimicamente, mas também biologicamente. Nos solos muito ácidos, como nos de Vacaria, a matéria orgânica acumula-se na superfície do solo pastoril inutilmente, prejudicando-o com seus ácidos muito solúveis (os fúlvicos) que, agindo como solventes ajudam a lavar os minerais do solo. O que falta nestes solos são os inúmeros animaizinhos quase invisíveis, que misturam a matéria orgânica morta com o solo, fazendo-a útil à nutrição vegetal. Assim, Evans diz, na Austrália: quantos quilos de minhocas o solo pastoril contiver, tantos quilos de ovelhas ele poderá nutrir, e quanto mais diversificada a população de animaizinhos terrícolas tanto mais valiosa a pastagem.

O fósforo é um nutriente todo especial. Não somente aumenta como também regula a fertilidade dos animais. Ajuda a sintetizar todos os aminoácidos necessários ao rápido desenvolvimento animal. Não é suficiente dar somente farinha de ossos ao animal que vive em pastagem deficiente em fósforo, porque esta não consegue suprir o animal de aminoácidos essenciais. A adubação pastoril com fósforo é, assim, uma das medidas básicas para aumentar o rendimento animal, porém deve se ter o cuidado de não o aplicar em doses maciças, porque podem desequilibrar os outros minerais, nem em formas muito solúveis, como superfosfato.

Festuca ovina, barba-de-bode (*Aristida pallens*), treme-treme (*Briza minor* e *Briza stricta*), capim-de-cheiro (*Anthoxantum odoratum*), *Agrostis vulgaris*, *Calamagrostis armata*, capim-sereno (*Eragrostis neesii*) são todas gramíneas que indicam a falta de fósforo e que desaparecem após uma aplicação bem sucedida deste elemento. O trevo-subterrâneo e o trevo-ladino facilmente padecem de deficiência de fósforo e produzem neste estado muito estrogênio um hormônio sexual que provoca anomalias no útero, tornando o gado praticamente estéril, e, de outro lado, provoca anomalias sexuais nos machos.

O fósforo pode aumentar até oito vezes a produção vegetal e a animal até 10 vezes. A maioria dos problemas de fertilidade dos animais é devida a deficiência de fósforo.

O potássio – é um dos minerais mais necessários para tornar as plantas resistentes à seca, às geadas e às pestes.

Em capineiras ceifadas o potássio vai se esgotando muito depressa. Assim, em invernadas de leguminosas dá-se concomitantemente a invasão de gramíneas, como ocorre, por exemplo, com os alfafais, podendo a vida destes, todavia, ser prolongada pela adição sistemática de adubo potássico. A falta deste mineral determina, geralmente nas pastagens ceifadas, zonas carenciais, com vegetação escassa, denominadas "manchas de fome", o que, aliás, não ocorre tão facilmente em pastagens comuns, nas quais se verifica muito menor deficiência de potássio, pois, a planta nova colhida pelo animal é pobre neste elemento. Em pastos nativos a adubação com potássio requer, portanto, especial controle, a fim de evitar a "vertigem do pasto" proveniente do excesso do elemento em questão. Em campos de trigo adubados e posteriormente gramados para pastagens, o excesso de potássio pode ocorrer. Havendo, comprovadamente, falta de fósforo – potássio, a adubação com estes minerais é preconizada como uma das primeiras medidas para melhorar o rendimento, tanto vegetal como animal da pastagem.

As plantas que indicam a deficiência ou o desequilíbrio de potássio com o magnésio são as compostas, tais como a maria-mole (*Senecio sp*), carqueja (*Baccharis sp*), mio-mio (*Baccharis coridifolia*), ainda as gramíneas como barba-de-bode, cabelo-de-porco, tiririca (*Cyperus sp*), cola-de-zorro (*Andropogon sp*), capim-da-roça (*Paspalum urvillei*) etc. Deve-se, porém, ter sempre em mente que a adubação potássica não melhora estas plantas, mas fá-las desaparecer.

Efeito da adubação nitrogenada sobre a pastagem nativa (RS)

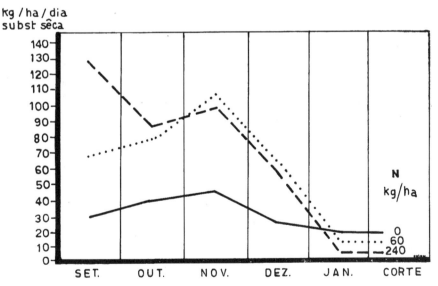

Pela adubação nitrogenada maciça pode se provocar uma vegetação abundante mais cedo, porém faz os pastos secarem no verão. O nitrogênio aumenta 25% o teor em água das plantas e baixa, portanto, o teor em minerais por quilo de substância seca (a relação subst. verde: subst. seca é sem N 4:1 e com N 5:1). Porém nitrogênio é indispensável em pastagens.

O nitrogênio – é o elemento cuja aplicação é a mais sedutora, porque logo em seguida provoca um luxuriante desenvolvimento vegetal. Porém, é igualmente o adubo mais perigoso em pastagens nativas, porque faz com que fiquem mais suscetíveis à seca e, quanto ao animal, mais suscetível à verminose.

A adubação com sulfato de amônio deve ser evitada, porque destrói a vida de animais terrícolas benéficos ao solo e com isso estraga-o. Só faz efeito se há suficiente fósforo no solo.

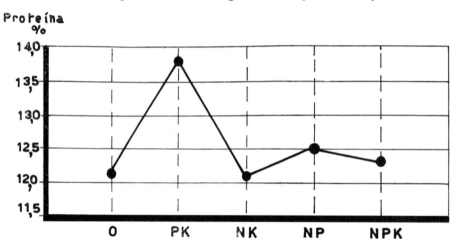

O teor em proteínas, na forragem – por quilograma de substância seca – se eleva somente pela adubação fosfatada, que faz surgir leguminosas. Pela adubação nitrogenada se elevam as proteínas por hectare por causa de mais massa verde, mas baixa o teor em proteínas por quilo de substância seca, porque desaparecem as leguminosas, fonte principal de proteínas.

Não se deve fazer nenhuma adubação com nitrogênio em pastagens nas quais não se faz rodízio rigorosamente organizado, porque, assim procedendo, estar-se-ia contribuindo para o extremo inçamento do pasto, e expondo-o ao risco da intoxicação por fungos.

O nitrogênio (melhor salitre do Chile, salitre potássico, nitrofosfato, nitrocal ou ureia) deve ser aplicado cedo, na primavera, para provocar a brotação adiantada do pasto. Assim, logo se disporá de pastagem nova. Deve esta, porém, ser pastada em superlotação, até ficar baixa. Alivia-se o pasto, retirando o gado, que retorna de novo a pastar quando a vegetação atingir uns 8 cm. Este processo deve repetir-se tantas vezes quantas forem necessárias até que o excesso de nitrogênio no solo esteja terminado.

Não havendo controle rigoroso, a adubação nitrogenada é bastante arriscada, porque a vegetação exuberante e de crescimento rápido, facilita o desenvolvimento de fungos nas partes mais baixas das plantas (folhas mais velhas e geralmente amarelando), especialmente quando estas acamam devido a uma chuva pesada. Estes fungos atacam as plantas e produzem substâncias tóxicas muito maléficas aos animais, podendo até matá-los.

Isso acontece, também, em pastagens ricas e, nisto baseia-se a crença segundo a qual não é possível mudar o gado do seu potreiro. Mas assim acontece, justamente, por causa da forragem alta, atacada por fungos que a envenenam. Pastagens sob regime de pastoreio gastam muito mais nitrogênio que capineiras ceifadas (retiram mais potássio), esgotando facilmente este elemento. Uma adubação módica, bem controlada é necessária para manter a produção do pasto.

Normalmente, o enriquecimento do solo com nitrogênio deve ser feito pela implantação de leguminosas, em pastagens sob regime de rodízio e em bom estado quanto ao cálcio e fósforo. Sem rodízio não adianta programar a implantação de leguminosas, e com rodízio muitas vezes se dispensa, porque surgem por si mesmas. As leguminosas enriquecem igualmente a forragem em proteínas.

A leguminosa para a implantação deve ser inoculada, misturando-se ao inoculante, por saco de semente, 500 g de FTE (elementos menores) e 1 kg de farinha de ossos. Para isso molha-se primeiro a semente com uma solução diluída de goma arábica e polvilha-se, em seguida, com o inoculante e os adubos. Deixando secar a semente em lugar fresco, protegida do sol, pode-se plantá-la com a renovadora de pastagem. Convém, contudo, adubar na semeadura, com 120 kg de farinha de ossos. Se a estrutura do solo estiver boa, a implantação mais conveniente é a lanço (à mão, à máquina ou por avião), incorporando a semente à pata do gado.

É importante deixar bem instalada a leguminosa antes de permitir ao gado pastar. Assim, por exemplo, o soja-perene ou o cornichão levam um ano até que a sua instalação definitiva esteja assegurada.

A implantação de leguminosa deve ser muito bem estudada, pois não adianta querer implantar espécies dessa família botânica:

a) que não sejam apropriadas à região climática;
b) quando o solo não for próprio para elas;
c) enquanto não houver rodízio de pastoreio.

Não se trata de aumentar de qualquer maneira a produção, mas de aumentá-la a economicamente. De modo que é possível implantar uma ou outra forrageira por força de adubações maciças, mas na prática pecuária isso é destituído de significado.

A implantação de leguminosa é geralmente dispensada em pastagens bem manejadas.

O volume da fixação também depende do manejo, porque há leguminosas que podem fixar até 120 kg/ha de N, mas isso somente quando podem desenvolver-se, de uma vez, até a florescência. Quando são pastadas, cada vez que mostram as primeiras folhinhas, nunca fixam nada. A raiz tem necessidade das folhas para poder se desenvolver.

O nitrogênio fixado, somente em raros casos, pode ser utilizado diretamente pelas gramíneas consorciadas. Geralmente a reação benéfica ocorre no próximo período de vegetação.

As plantas que indicam a riqueza de nitrogênio no solo são, a urtiga (*Urtiga sp*) e estramômo (*Datura stramonium*). Quando há igualmente muito cobre: solanáceas em todas as suas variedades a partir do mata-cavalo (*Solanum ciliatum*) até o joá-manso (*Solanum sisymbrifolium*). Quando há pouco fósforo e muito nitrogênio, observa-se o aparecimento de erva-roseta, maria-mole e um forte inçamento da pastagem em geral.

O nitrogênio por outro lado aumenta o teor de substâncias tóxicas em muitas plantas. Assim os sorgos, o capim-sudão, a festuca, o capim-elefante (*Pennisetum purpureum*) etc. ficam mais tóxicos quando adubados com nitrogênio, pelo excesso de ácido cianídrico que produzem. A diferença é que os sorgos e o capim-elefante são mais tóxicos quando novos, e as festucas quando formam o cacho (panícula). A cevadinha (*Bromus catharticus*) forma mais aconitina, um veneno forte. A azedinha (*Oxalis amara*) fica tóxica devido ao excesso de ácido oxálico; o mata-cavalo fica muito mais tóxico pelo excesso de solanina, o timbó igualmente aumenta de toxidez etc.

Toda vegetação que se desenvolveu após a adubação nitrogenada, descalcifica os animais e exige imperiosamente a suplementação com calcário. Convém adubar por cada 100 kg de salitre, 3 kg de sulfato de cobre para diminuir o efeito laxativo da forragem, devido à produção de enzimas redutoras.

A adubação nitrogenada exige igualmente uma adubação mais forte em fósforo, potássio e micronutrientes.

Os micronutrientes não são sempre necessários para o volume da própria pastagem e o desenvolvimento vegetal, uma vez que em pastagem nativa crescem somente as plantas que ali encontram todas as condições das quais necessitam. Sabemos que o nível mineral é caracterizado pela espécie da planta. Se faltar um ou outro mineral necessário para a vida de uma planta, esta simplesmente desaparece. Assim a pastagem pode parecer muito boa, mas o gado, que necessita muito destes minerais, já está sentindo a sua falta.

Os micronutrientes atuam especialmente como enzimas, e muitas enzimas de que o animal necessita para seu metabolismo não podem formar-se quando estes faltam. O cobalto é especialmente necessário para todos os ruminantes. Sua deficiência na Depressão Central é patente. A estabilidade dos ossos, a produção de leite, de carne e de lã depende da presença destes minerais.

Em solos esgotados a reposição dos micronutrientes é tão importante como a dos elementos maiores, especialmente quando deve nutrir um gado de alta criação e elevada produção. A susceptibilidade do gado às doenças infecciosas, inclusive aftosa e brucelose, depende intimamente do equilíbrio mineral no solo e na forragem. Na forma de "Fritted Trace Elements" (FTE) encontramos os micronutrientes mais necessários.

Conclusões

Para o pastoreio em zonas extensas a pastagem nativa é a única viável em nosso Estado; isto devido às características socioeconômicas que possuímos atualmente e que dependem da densidade demográfica. Pastagem plantada deve ser restrita à:

1. Propriedades médias, em rotação com a agricultura (por exemplo, na zona colonial);
2. Plantações restritas para suprir a falta de forragem em determinadas épocas (especialmente no inverno).

O rodízio da pastagem nativa é a base de qualquer melhoramento, sendo que também nenhuma pastagem plantada pode dar lucro quando não é manejada dessa maneira. Melhora grandemente a pastagem em volume e qualidade e dispensa, muitas vezes, a adubação e implantação de leguminosas. Em todo caso, porém, cria um ambiente propício à adubação e implantação de leguminosas com renovadora ou à pata de gado. Com esta técnica o pecuarista lança a semente de leguminosas, por exemplo, o trevo-ladino e cornichão no inverno ou soja-perene e o guandu no verão, inoculadas e piluladas com micronutrientes e farinha de ossos na pastagem, deixando a tropa passar pelo local várias vezes. A semente incorporada ao chão nascerá e dará forragem sem que haja necessidade de lavrar e destruir a pastagem nativa. A adubação necessária beneficiará a forragem nativa e a plantada.

Pelo rodízio é aumentado não somente o rendimento da forragem como também a produção de carne, pela maior abundância da forragem e por ser ela mais nova e rica. O rodízio reduzirá muito as épocas de escassez, de modo que, com a implantação de leguminosas e azevém, à pata de gado, fechar-se-á esta última brecha na alimentação do gado.

Pelo rodízio diminuirá igualmente a verminose e melhorará sensivelmente a saúde e fertilidade do gado e a robustez da cria.

Pela adubação dirigida, se for necessária, e pela implantação de leguminosas e quiçá de gramíneas, sem lavração, pode resolver-se satisfatoriamente os problemas das nossas pastagens.

O que necessita ser feito são cercas, bebedouros, bosques e um bom planejamento do manejo.

O resto Deus dá de acréscimo e a nossa pecuária ocupará novamente o 1º lugar no Brasil, no que concerne ao rendimento e ao lucro.

Bibliografia

APINIS, A. E. 1968. *Biocoenotic relationships of grassland soil fungi.* Progressos em Biodinâmica e Produtividade do Solo, IV, 377-384, Santa Maria.

ARAÚJO, A. 1962. *Melhoramento de pastagens.* Ed. Sulina, Porto Alegre.

ARAÚJO, A. 1966. *Forrageiras para ceifa.* Ed. Sulina, Porto Alegre.

ASA, 1964, *Forage plant physiology and soil range relationship.* Special publication. Wisconsin.

BAVER, L.D. 1968. The effect of organic matter on soil structure. *Progressos em Biodinâmica e Produtividade do Solo,* III, 191-206, Santa Maria.

BONNIER, Ch. 1968. Récupération biologique des sols dégradés ou détériorés. *Actas do II Congresso Latino Americano de Biologia do Solo,* Vol. IV, UNESCO.

BORNEMISZA, E. 1968. El contenido de fósforo en la materia orgánica de algunos suelos tropicales y las relaciones carbono-fósforo orgánico y nitrógeno-fósforo orgánico en los mismos. *Actas do II Congresso Latino Americano de Biologia do Solo,* Vol. IV, UNESCO.

BORYS, M. W. 1968. Influência da nutrição mineral na resistência das plantas aos parasitas. *Progressos em Biodinâmica e Produtividade do Solo,* IV, 385-404, Santa Maria.

BUSSLER, W. 1968. Doenças nutricionais em dependência da fertilização. *Progressos em Biodinâmica e Produtividade do Solo,* IV, 405-410, Santa Maria.

CASTRI, di, F. 1968, Interferencias del hombre en los sistemas edáficos. *Progressos em Biodinâmica e Produtividade do Solo,* II, 133-144, Santa Maria.

DAVIS, W. 1960. *The grass crop.* London.

DHEIN, A. e AHRENS, E. 1961/62. Einfluss der Kulturmassnahmen auf den Spurenelementgehalt von Wiesenheu. *Z. Acker u. Pflanzenb.* 114: 387-412.

EGOROV, A. D. *et. al.* 1966. Prussic acid content in some food plants in central Yakutia. *Chem. Abstr.* 64/8:11556.

FASSBENDER, H. W. 1968. Caracterización de algunos nutrimentos en la rizosfera de algunas plantas en un latosol de Costa Rica. *Actas do II Congresso Latino Americano de Biologia do Solo,* Vol. IV, UNESCO.

FISKELL, J. G. A. 1968. Root growth and composition reflecting soil biophysical conditions, *Progressos em Biodinâmica e Produtividade do Solo,* IV, 42.3-438, Santa Maria.

FLAIG, W. 1968. Uptake of organic substances from soil organic matter by plant and their influence on metabolism. *Actas do II Congresso Latino Americano de Biologia do Solo*, Vol. IV, UNESCO.

FLORENZANO, G. *et. al.* 1968. Influence of fertilizers on the rhizosphere effect. *Actas do II Congresso Latino Americano de Biologia do Solo*, Vol. III, UNESCO).

FRANZ, H. 1968. Biologia do solo de pastos. *Progressos em Biodinâmica e Produtividade do Solo*, IV, 439-446, Santa Maria.

FUENTES GODO, P. 1968. La importancia económica del rhizobacter. *Actas do II Congresso Latino Americano de Biologia do Solo*, Vol. IV, UNESCO.

GRAHAM, E. H. 1944. *Natural principles of land use*. Ed. Oxford Press, New York – London.

GROSSMANN, F. 1968. Mode of action of green manure against soíl-borne fungal diseases. *Actas do II Congresso Latino Americano de Biologia do Solo*, Vol. III, UNESCO.

HOWARD, A. Sir 1956. *An agricultural testament*. London.

HUGHES, H. D. *et. al.* 1966. *Forrajes*. Ed. Continental, S.A., México.

KLAPP, E. 1962. *Wiesen und Weiden*. Ed. Paul Parey Verlag, Berlin.

KLITSCH, C. 1962. *Der Futterbau*, Ed. Gustav Fischer Verlag, Jena.

KNAPP, R 1965. *Weidewirtschaft in Trockengebieten*. Ed. Univ. Druckerei, Giessen.

KLOCKER-HORNIG, A. 1965. *Las empastadas permanentes bien manejadas*. Ed. Assoc. Amigos del Suelo, Buenos Aires.

KÜNZLEN, F. 1961. Düngung und Pflanzenbestand eines langjaehrigen Wiesenversuches. *Phosphors.* 21:288-297.

LENGAUER, E. e SCHILLER, H. 1964. Verfahren zur Ermittlung von Zusammenhaengen zwischen Boden und Wiesenfutter. *Bodenkultur*, 15/3: 241-253.

MANIL, G. 1968. Quelques aspects des relations humus-vegetation. *Actas do II Congresso Latino Americano de Biologia do Solo*, Vol. III.

MENEGARIO, A. 1967. *A soja perene em pastagens*. Publ. Secret. Agric. S. Paulo.

MOLINA, J. S. e LUNDBERG, G. A. 1960. Producción de carne y manejo de suelos en la zona oeste de Buenos Aires – *Ciencia y Investig.* 16/4:107-116.

MOLINA, J. S. 1968. La descomposición aerobia de la celulosa y la estructura activa de los suelos. *Progressos em Biodinâmica e Produtividade do Solo*, III, 2.17-224, Santa Maria.

MOLONEY, D. 1963. The effect of pasture management on the K absorption through the forrage – *Proc. Reg. Conf. Intern. Potash Inst. Irland.* p. 145-147.

MORRISON, F. B. 1966. *Alimentos e alimentação dos animais*. Ed. Melhoramentos, São Paulo.

OTERO, Ramos J. 1964. *Algumas informações sobre plantas forrageiras*. Min. Agric. Rio de Janeiro.

PAULI, F. W. 1968. Anthropogenic ecosystem and soil biodynamics. *Progressos em Biodinâmica e Produtividade do Solo*, III, 225-232, Santa Maria.

PFANDER, W. H. 1961. *Soil and livestock production*. Univ. Missouri Res. Bull, 765:46-52.

POWELL, A.J., BLASER, RE., SCHMIDT, RE. 1967. Physiological and color aspects of Turfgrass (Agrostis palustris e Festuca arrundinacea) with Fall and Winter nitrogen. *Agron. J.* 59/4:303-306.

PRIMAVESI, A, 1952. *Erosão*. Ed. Melhoramentos, São Paulo.

PRIMAVESI, A. 1953 e 1965. *Cultura da cana-de-açúcar*. Ed. Melhoramentos, São Paulo.

PRIMAVESI, A. 1954. *As leguminosas na adubação verde*. Ed. Melhoramentos, São Paulo.

PRIMAVESI, A. 1956, 1961 e 1965. *A cultura do arroz*. Ed. Melhoramentos, São Paulo.

PRIMAVESI, A. 1959. *Nutrição racional das lavouras*. Ed. Melhoramentos, São Paulo.

PRIMAVESI, A. 1962. *Diagnóstico biofísico da terra*. Ed. Palotti, Santa Maria.

PRIMAVESI, A. e PRIMAVESI, A. M. 1964. *A biocenose do solo na produção vegetal*. Ed. Palotti, Santa Maria.

PRIMAVESI, A. e PRIMAVESI, A. M. 1966. Correção de pH por métodos biológicos. *Bodenkultur*. 17/2: 153-159.

PRIMAVESI, A. e PRIMAVESI, A. M. 1966. Causas de resultados incertos de adubação química feita somente na base da análise química do solo. *Bodenkultur*, 17/1: 34-38.

PRIMAVESI, A. 1966. Recuperação de solos improdutivos por métodos biológicos, *UNESCO, Monografias I*, p. 83-96, Montevideo.

PRIMAVESI, A. 1968. A manutenção da estrutura ativa do solo e sua influência sobre o regime hídrico. *Progressos em Biodinâmica e Produtividade do Solo*, IV, 447-462, Santa Maria.

PRIMAVESI, A. 1968. Combate biológico da erosão acelerada. *Progressos em Biodinâmica e Produtividade do Solo*, III, 233-244, Santa Maria.

PRIMAVESI, A. M. e PRIMAVESI, A. 1968. Influência da bioestrutura do solo sobre a infiltração e evaporação da água. *Progressos em Biodinâmica e Produtividade do Solo*, III, 253-260, Santa Maria.

PRIMAVESI, A. M. e PRIMAVESI, O. 1968. Efeito da adubação sobre o solo e a flora pastoril. *Progressos em Biodinâmica e Produtividade do Solo*, IV, 475-481, Santa Maria.

PRIMAVESI, A. 1968. Organic matter and soil productivity in the Tropics and Subtropics. Actas da Semana de Estudos sobre a Matéria Orgânica e Produtividade do Solo. *Scripta Varia*, n. 32, 630-672. Roma.

REESE, E. T. 1968. Microbial transformation of soil polysaccharides. *Actas do II Congresso Latino Americano de Biologia do Solo,* Vol. I, UNESCO.

ROBINSON, F. 1960. *Leguminosas forrageiras.* Buenos Aires.

RUSSELL, E. W. 1961. *Soil conditions and plant growth.* London.

RUSSEL, E. W. 1968. A importância da estrutura ativa do solo na história da Humanidade. *Progressos em Biodinâmica e Produtividade do Solo,* III, 269-284, Santa Maria.

SAUBERÁN, C. e MOLINA, J. S. 1968. Lucha biologica contra el agotamiento y erosión de los suelos en la pradera pampeana. *Progressos em Biodinâmica e Produtividade do Solo,* III, 285-292, Santa Maria.

SCHAAFFHAUSEN, R. V. 1968. Recuperação econômica de solos em regiões tropicais através de leguminosas e microelementos. *Progressos em Biodinâmica e Produtividade do Solo,* IV, 483-494, Santa Maria.

SCHECHTNER, G. 1964. Probleme der Grünlanddüngung, *Bodenkultur* 15/3: 216-237.

SCHEFFER, F. e KICKUTH, R 1968. Importância da biologia do solo para a sua produtividade. *Progressos em Biodinâmica e Produtividade do Solo,* III, 299-304. Santa Maria.

SCHLEGEL, H. G. 1968. Mecanismos do controle regulador das bactérias do solo. *Progressos em Biodinâmica e Produtividade do Solo,* I, 43-56.

SEKERA, F. 1951. Der gesunde und der kranke Boden. Berlin.

STANLEY, R. L. e BEATY, E. R 1967. Effect of clipping height on forage distribution and regrowth of Pensacola – *Agron. Jour.* 59/2: 185-186.

SWABY, R. J. 1968. Stability of soil organic matter and its significance in practical agriculture. *Actas do II Congresso Latino Americano de Biologia do Solo,* Vol. III, UNESCO.

SCHÖTTE, K. H. 1964. *The biology of the trace elements.* Edit. Crosby Lockwood, London.

TOLGYESI, Gy, 1964. Applicability of newest knowledge on microelement content of plants in different fields of agric. science. *Acta Agron. Acad. Scient. Hungar.* XIII/3: 287-301.

TROLLDENIER, G. 1968. Cereal diseases and plant nutrition. *Progressos em Biodinâmica e Produtividade do Solo,* IV, 509-520, Santa Maria.

USAID. 1964. *Manual de conservação do solo.* Ed. Centro d. Publ. Técnicas da Aliança, Rio de Janeiro.

US-Department of Agriculture. 1962. *After a hundred years.* The yearbook of agriculture. Washington.

VASSALLO, D. M. 1968. Presion osmotica: factor regulador del equilibrio biológico en el suelo. *Progressos em Biodinâmica e Produtividade do Solo*, III, 305-320, Santa Maria.

VIETS, F. G. Jr. 1962. Fertilizers and the efficient use of water. *Adv. in Agronomy*, 14: 233-264.

VISTOSO, San Martin, E. 1968. Antagonismo entre hongos fitopatógenos del suelo y cepas de *Rhizobium trifolii*, especificas para trébol subterráneo. *Progressos em Biodinâmica e Produtividade do Solo*, I, 87-92, Santa Maria.

VOISIN, A. 1959. *Soil, grass and cancer*. Crosby-Lockwood, London.

VOISIN, A. 1960. *Dynamique des Herbages*. Edit. Maison Rustique, Paris.

VOISIN, A. 1961. *Lebendige Grasnarbe*. Bayerischer Landwirtschaftsverlag, München.

VOISIN, A. 1962. *Die Kuh und ihre Weide*. Bayerischer Landwirtschaftsverlag, München.

VOISIN, A. 1963. *Die Produktivität der Weide*. Bayerischer Landwirtschaftsverlag, München.

VOISIN, A. 1963. *Nouvelle lois d'application d'engrais*. Crosby-Lockwood, London.

VOISIN, A. 1963. *Tétanie d'Herbe*. Ed. Maison Rustique, Paris.

VOISIN, A. 1965. *Fertilizer application*, Ed. Crosby-Lockwood, London.

WAGNER, H. O. e LENZ, H. 1959. *A floresta e a conservação do solo*. Ed. Melhoramentos, São Paulo.

WAKSMAN, S. A. 1968. Microbes, organic matter and soil fertility. *Progressos em Biodinâmica e Produtividade do Solo*, III, 321-332, Santa Maria.

WERNLI, Medina, P. 1968. Filtrados de hongos y actinomicetes aislados de suelos Trumaos y su influencia en la germinación de alfafa. *Progressos em Biodinâmica e Produtividade do Solo*, IV, 533-536. Santa Maria.

Bibliografia adicional

BALBINO, L. C. 2009. Integração Lavoura-Pecuária-Floresta. Brasília: Senado-Comissão do Meio Ambiente, Defesa do Consumidor e Fiscalização e Controle. 88p. Em: <http://www.senado.leg.br/comissoes/cma/ap/ap20090908_embrapa balbino.pdf>.

BEHLING, M. 2014. ILPF – Integração Lavoura-Pecuária-Floresta: experiências. Sinop-MT: Embrapa Agrossilvipastoril. 55p. Em: <https://www.ipef.br/eventos/2014/tume/16_maurel.pdf>.

CAMARGO, A. C; Monteiro-Novo, A. L. 2009. Manejo intensivo de pastagens. São Carlos-SP: Embrapa Pecuária Sudeste. 85p. em: <http://www.cooperideal.com.br/arquivos/mip.pdf>.

EMBRAPA. 2006. Recuperação ambiental com manejo intensivo de pastagens na pecuária leiteira. Brasília: Embrapa-SCT; São Carlos-SP: Embrapa Pecuária Sudeste. Video wmv (9 minutos). (Dia de campo na TV – Programa DCTV; 02/06/2006). <http://www.youtube.com/watch?v=5IE7E4tlEBQ>.

MELADO, J. 2007. Pastagem ecológica – Sistema Voisin Silvipastoril. 4p. Em: <http://www.sct.embrapa.br/cdagro/tema04/04tema43.pdf >.

MELADO, J. 2010. Manejo sustentável de pastagens: pastoreio racional Voisin – Pastagem ecológica. 4p. Em: <http://inextecnologia.com.br/framework/fw_files/cliente/fazendaecologica/ged/lt_servico/29/1_14_18_31_201076203427.pdf>,

MELADO, J. 2013. Manejo de pastagem ecológica: para uma pecuária sustentável na Amazônia, no Brasil e no Mundo. 64p. Em: <http://inextecnologia.com.br/framework/fw_files/cliente/fazendaecologica/ged/lt_produto/283/1_14_18_31_201397171511.pdf>.

UNIMAQUINAS. 2011. Aero-solo e coquetel de forrageiras para recuperação de pastagens. Matozinhos-MG: Unimáquinas Equip.Agric.Industr. Em: <https://www.youtube.com/watch?v=B6w40o4SXCY>.

ANEXO II

PLANTAS TÓXICAS E INTOXICAÇÕES DO GADO NO RIO GRANDE DO SUL

contribuição para o estudo do controle de intoxicações no gado

AGRADECIMENTO

Aos professores dr. med. vet. Virginio Teixeira dos Santos e Hilton Magalhães pela valiosa colaboração nos assuntos veterinários. Ao prof. dr. Romeu Beltrão pela classificação de plantas e ao prof. dr. Erwino Weigert pela revisão no setor farmacológico.

NOTA EDITORIAL

Neste livreto Ana Primavesi procura detalhar, numa visão global, as situações em que o gado ao procurar por alimentos pode sofrer diversos tipos de intoxicações e sensibilizações, mesmo ingerindo forrageiras consideradas de boa qualidade e cuidadas com tecnologia. Analisa o caso específico do Estado do Rio Grande do Sul, sob condições de clima subtropical, no início da década dos anos 1970, mas cujos fundamentos podem ser utilizados atualmente e para todas as condições do Brasil (Barbosa *et al.*, 2007; Bezerra *et al.*, 2012; Costa *et al.*, 2011; Dittrich, s/d; Gava, 2016; Marques *et al.*, 2006; Nascimento et al., 2018; Rehagro Consultoria, 2018; Rissi *et al.*, 2007; Sant'Ana *et al.*, 2014), certamente considerando as espécies vegetais ocorrentes em cada região. Nesta edição foi agregada literatura atualizada, que destaca com ênfase os cuidados maiores em pastagens monoculturais intensamente manejadas e adubadas com nitrogênio, seja ele na forma mineral ou orgânica, problema que já havia sido detectado por Primavesi, e discutido no aspecto desequilíbrio nutricional de plantas forrageiras e qualidade biológica do alimento para o gado. Não adianta só aumentar a produtividade, deve-se cuidar pela qualidade nutricional, para a qual o gado é que vai dar a nota final.

APRESENTAÇÃO

A pecuária representa uma parcela ponderável da riqueza do Rio Grande do Sul, cujo trato não se pode descurar.

Para quem vive no campo e conhece os seus problemas, não é estranha a perda de animais, em diferentes épocas do ano, por causas desconhecidas ou aparentemente desconhecidas do criador.

O trabalho da professora Anna Maria Primavesi intitulado *Plantas tóxicas e intoxicações no gado no Rio Grande do Sul*, dá a conhecer como se manifestam as intoxicações por plantas, sejam nativas ou cultivadas, dirime dúvidas sobre mortes de animais atribuídas a causas estranhas. Objetiva determinar as épocas do ano em que ocorrem as intoxicações, os animais atacados e as plantas que causam as tais intoxicações e cita as plantas mais comuns no Estado, portadoras de princípios tóxicos, permanentemente ou em certas fases da vegetação.

A obra situa a questão em dois polos: examina as plantas tóxicas nativas e as forrageiras que podem apresentar toxidez em certas fases da vegetação.

As plantas nativas tóxicas são estudadas nas diferentes estações do ano, com a evidenciação dos danos que causam em cada uma, de modo a dar ao criador a possibilidade de conhecer a manifestação dos seus efeitos tóxicos, sintomas que revelam a intoxicação e a profilaxia a ser seguida.

Do mesmo modo que examina o vegetal nativo dotado de princípios tóxicos, evidencia as possibilidades de toxidez de forrageiras cultivadas nas várias épocas do ano e os perigos que princípios nocivos existentes em tais forrageiras podem apresentar, indicando as técnicas que devem ser seguidas no sentido de se evitarem as intoxicações por pastagens cultivadas.

A professora A. M. Primavesi, da Faculdade de Veterinária da Universidade Federal de Santa Maria, que já tem boa soma de contribuições ao conhecimento dos problemas da nossa agropecuária, vem trazer mais uma parcela do seu esforço de pesquisa ao criador gaúcho e dar à publicidade uma obra que, acredito, esclarece muitos problemas e muitas dúvidas do homem do campo nesse terreno e abre novos horizontes para que se continue pesquisando a nocividade de vegetais, nativos ou cultivados, aos rebanhos, em caráter permanente ou periódico, e afastando falsos conceitos sobre perdas de valiosas partes do patrimônio pecuário regional.

Porto Alegre, 5 de outubro de 1970
Luciano Machado – Secretário da Agricultura

PLANTAS TÓXICAS E INTOXICAÇÕES NO GADO NO RIO GRANDE DO SUL

Muitos animais morrem intoxicados anualmente, e por estranho que pareça, o pecuarista toma isso como um azar, um flagelo de Deus, um fato mais ou menos misterioso, que se tem de aceitar e contra o que não há remédio. Na melhor das hipóteses suspeita que seja uma doença ou, que é pior, conta alguns sintomas verificados ao representante de uma firma de produtos veterinários e inicia, depois, um tratamento contra doenças supostas, que na verdade não existem, em lugar de consultar um veterinário. Assim, há zonas onde anualmente no fim do verão e início de outono, aparece uma enfermidade semelhante à raiva bovina, causando inúmeras mortes repentinas. Em zonas, especialmente na Depressão Central e Planalto Médio, aparecem, de vez em quando, sintomas como no carbúnculo hemático, mesmo em animais vacinados, e nos meses de março a maio ocorre uma "aftosa" precoce e virulenta, à qual os animais não resistem. Se chamassem um veterinário e deixassem fazer análises bacterianas, verificariam que não se trata de nenhuma destas doenças, mas sim de intoxicações.

As intoxicações são tão estranhas e aparentemente tão irregulares, que apavoram o leigo. Como é que uma planta pode ser inócua no campo do vizinho e mortífera em seu campo? Por que uma boa forrageira pode, de repente, intoxicar e matar os animais? Por que alguns animais são atingidos e outros não? Por que é que, às vezes, numa pastagem suja (praguejada e com plantas secas e fibrosas) nada acontece e quando o gado passa para outra invernada, limpa e bem cuidado, mostra todos os sinais de intoxicação?

Por que há anos em que não ocorre intoxicação alguma com uma planta e, de repente, num certo ano os animais morrem em quantidade?

Também as plantas tóxicas pertencem a natureza e por isso possuem suas leis. Há muitas plantas que são sempre tóxicas, como o mio-mio (*Baccharis coridifolia*), os timbós, as coeranas, o mata-cavalo e afins, havendo, porém, muitas outras que são inócuas e boas forrageiras num solo, tornando-se violentamente tóxicas em outro, ou porque acumulam algum mineral que ali encontram, como, por exemplo, o faz o trevo-carretilha (*Medicago hispida*) com o molibdênio, ou a vica (*Vicia sp.*) com o selênio; ou, então, porque a deficiência do solo num determinado mineral não permitiu a elaboração de substâncias normais, que – por falta deste – ficam com sua elaboração a meio caminho, tornando-se tóxicas ou prejudiciais aos animais, como, por exemplo, o alcaloide "aconitina" que se forma em *Bromus, Festuca, Phalaris* etc., quando o solo for muito pobre em magnésio, mas rico em potássio. Ou a neurotoxina, que provoca "tremedeira e incoordenação motora" no gado (afeta o sistema nervoso central) que pasta falaris deficiente em cobalto, ou os flavo-glicosídeos que, por falta de fósforo, não tenham terminado sua formação e ficam na planta em forma de flavonas com ação estrogênica, tornando estéreis os animais que ali pastam. Todas as intoxicações por fungos e enzimas ocorrem, com frequência em épocas úmidas ou frias e nunca em anos que correm secos ou menos frios. Assim, a grama-comprida ou capim-melador (*Paspalum dilatatum*), deixa o gado patudo e sem desenvolvimento em verões úmidos, mas engorda fabulosamente em verões secos. A erva-santa-maria é muito mais venenosa em épocas úmidas e muito menos em épocas secas.

Como se determina uma intoxicação?

É importante para o pecuarista verificar de imediato se se trata de uma intoxicação, de uma doença infecciosa ou de um parasitismo agudo. Às vezes o veterinário não chega a tempo, e neste caso, morrem muitos animais. Quando se trata de mio-mio, geralmente se suspeita da intoxicação, mas, já nos timbós, muitas vezes passa despercebido o fato de sua existência. Pior ainda é quando se trata de plantas tidas como boas forrageiras e, que por uma ou outra, se tornam tóxicas.

As primeiras perguntas que se deve fazer são:

1 – Qual a época do ano? – Qual a pastagem em que se encontram os animais? Segundo a época, as possibilidades de intoxicação variam, podendo ser:

a) Inverno úmido e frio – são prováveis as intoxicações de nitritos por planta nativa, como erva-santa-maria, porém ocorrem especialmente em pastagens artificiais, como aveia, azevém, falaris e festuca. Hipocalcemia em pastagens cultivadas, especialmente em gado leiteiro ou com terneiros ao pé. Em invernos secos, geralmente não ocorrem problemas.

b) Primavera úmida e quente (desenvolvimento vegetal muito rápido).

Nesta época ocorrem especialmente as intoxicações por fungos que podem atacar a forragem, densa e alta, atacam as sementes das gramíneas e a forragem armazenada, especialmente as tortas e o milho em grão. Também ocorrem intoxicações, especialmente por paina-de-sapo e outras asclepias, que escondidas na forragem, são apanhadas ocasionalmente pelo gado, bem como, o "mio-mio" do Planalto que é uma solanacea e que fica escondida na forragem, causando violenta intoxicação. Também a maria-mole pode causar intoxicações.

c) Época seca de verão, em que ocorrem especialmente intoxicações em pastagens nativas sem manejo e beirando em capoeiras de solos úmidos. Neste caso são comuns as intoxicações por embiras, coeranas e outras solanáceas e, em campos queimados, por samambaias, diversos tipos de timbós e leguminosas nativas, cujas sementes são venenosas.

d) Primeira rebrotação, depois de geadas ou secas, é especialmente perigosa em pastagens tidas como cianogênicas, como capim-sudão, capim-elefante etc.

2 – Quais os animais afetados?

a) Gado prenhe, leiteiro ou com terneiros ao pé? – este é sempre mais suscetível a qualquer intoxicação, por causa da desmineralização que sofre. Gado arraçoado com farinha de ossos e sal, geralmente é mais resistente. Não se deve desconsiderar, no caso, tetanias por hipocalcemia.

b) Somente em terneiros de sobre ano: neste caso, uma verminose aguda e violenta pode ser a causa da morte e não deve ser excluído de consideração, mesmo sabendo-se que estes animais, por causa de sua fase de vida, são muito suscetíveis a intoxicações.

c) Gado de engorde (bovino, ovino e suíno).
Animais de pele branca, despigmentada – são especialmente sensíveis a doenças da pele, que podem ser causadas por plantas fotossensibilizantes, como capim-braquiária (*B. decumbens*), trigo-mourisco, trevo-carretilha e outros.

d) Gado de tropa ou gado que foi mantido confinado por muito tempo.

e) Gado subnutrido ou faminto são os animais mais suscetíveis a qualquer intoxicação, porque não pastam pelo olfato, mas ingerem tudo.

3 – Quais os solos?

a) Solos deficientes em fósforo, magnésio ou cobalto facilmente produzem toxinas em plantas que normalmente não são tóxicas. O perigo aqui reside especialmente em pastagens cultivadas com uma ou duas forrageiras, enquanto que nas pastagens nativas com grande variedade de forrageiras o perigo é afastado. Assim, a falta de fósforo pode deixar o gado estéril em pastagens de trevo-branco e ladino, cornichão, alfafa, trevo-subterrâneo e outros. A falta de magnésio, especialmente em solos bem providos de potássio pode tornar tóxica a festuca, a cevadilha, a falaris etc. A falta de cobalto também torna tóxica a falaris.

b) De outro lado, o excesso de nitrogênio pode tornar tóxico aveia, azevém, feterita, capim-sudão, grama-paulista, enfim, todas as gramíneas que são tidas como cianogênicas, bem como as que acumulam nitratos. Terras muito arenosas são sempre mais suspeitas que solos argilosos, para pastagens plantadas, e menos perigosas para pastagens nativas. Uma adubação errada pode aumentar a produção de massa verde, mas prejudicar a saúde do gado.

c) Solos úmidos, onde facilmente aparece o excesso de molibdênio e a falta de cobre, que baixa a resistência do gado, possibilitando que as plantas acumulem molibdênio tóxico, como o trevo-ladino, ou muito mais ainda o trevo-carretilha. A "doença dos trevos", onde os animais urinam sangue, é devido ao excesso de molibdênio.

d) De outro lado, em solos muito secos, com deficiência de molibdênio, ocorrem facilmente intoxicações por cobre, em consequência do uso de vermífugos na base de cobre, como ocorre em certas zonas dos municípios de Uruguaiana e Livramento.

4 – Quais as plantas que intoxicam?

a) Plantas permanentemente tóxicas, como mio-mio, timbós, coeranas etc. constituem o menor perigo nas pastagens porque não são atacadas pelo gado, enquanto este estiver bem nutrido e descansado. Intoxicações por estas plantas se dão praticamente à vontade do pecuarista, a não ser em pastagens muito altas e densas onde o gado, às vezes, tem dificuldade de escolher. O evitar destas intoxicações, depende, pois, do trato do gado e do manejo das pastagens. É, pois, o caso do pecuarista fazer o cálculo, se é mais conveniente perder o gado por intoxicações ou providenciar um manejo mais correto das pastagens.

b)   Plantas que são boas forrageiras até a sementação, mas se tornam tóxicas a partir desta fase, como é o caso de muitas leguminosas nativas e várias gramíneas cultivadas.

Aqui o manejo do pastejo pode resolver o problema.

A intoxicação do gado depende em primeiro lugar do próprio gado. Animais suficientemente nutridos, complementados com sal e descansados, dificilmente se intoxicam, porque pastam pelo olfato. As plantas permanentemente tóxicas, como mio-mio, timbós, mata-cavalo, euforbiáceas e outras, já se excluem automaticamente neste caso, porque o gado, sem necessidade, não come planta tóxica. Porém, quando se acha muito subnutrido e especialmente muito deficiente de fósforo e potássio, o animal sente uma fome aberrada tentando comer terra, pedras, madeira, ossos, roupa e plantas tóxicas, na tentativa de encontrar o que lhe falta. Neste estado os animais procuram também avidamente os fungos (cogumelos) dos eucaliptais.

Os animais de tropa também não escolhem o que comer. São animais cansados e famintos demais para verificar o que comem, de modo que facilmente se intoxicam, se houver, naturalmente, plantas tóxicas no potreiro onde estão, ou por onde são conduzidos. O mesmo acontece com animais confinados por muito tempo, seja de cabanha, seja gado leiteiro. Loucos pelo desejo de comer alguma coisa verde engolem tudo que vem pela frente.

Mas não fica nisso. Muitas plantas tóxicas, comidas pelos animais, normalmente não danificam o gado porque a ingestão não é mais rápida que a eliminação do tóxico. Torna-se somente perigoso, quando o animal come com muita pressa. Isso vale especialmente para as solanáceas, como coeranas e para os sorgos (feterita, capim-sudão etc.).

Animais brancos, com pele (não pelo) despigmentada, são também mais suscetíveis, bem como também os animais novos a partir do desmame. Há ainda uma série de forrageiras que não prejudicam o gado bovino, porém são prejudiciais aos ovinos. O capim-angola e os milhetos constituem exemplos.

Em segundo lugar, a intoxicação depende do manejo da pastagem. Pastagens muito sujas, grosseiras, mal cuidadas, possibilitam muito maior número de plantas tóxicas que pastagens bem manejadas. Assim, por exemplo, há muitas leguminosas nativas que são boas forrageiras enquanto não sementam, tornando-se tóxicas com a formação da semente. Também a falta de forragem durante o inverno e épocas secas do verão faz com que o gado procure sua alimentação em capões úmidos, onde proliferam plantas tóxicas arbustivas.

Há, porém, ainda, muitos problemas em pastagens plantadas, onde uma deficiência ou um excesso de um mineral nutritivo no solo pode tornar tóxicas plantas tidas como boas forrageiras. Assim, em pastagens nativas, o capim-melador normalmente é atacado por um fungo, o claviceps, que parasita sua semente, porém, como aparece no meio de outras gramíneas, o gado não sofre intoxicação grave, podendo, em alguns casos, desenvolver gangrenas nas patas. Em pastagens de festuca, porém, o ataque do claviceps pode causar sérios problemas, porque o gado é obrigado a comer exclusivamente esta forrageira, com suas sementes parasitadas.

Verificamos, pois, que a adubação de uma pastagem deve ser feita, não somente para aumentar a massa verde, mas especialmente para aumentar a produção animal, fato que não ocorre quando feita a ponto de causar desequilíbrio mineral.

Plantas tóxicas mais comuns do Estado

Segundo levantamentos feitos por Moraes Mello (1941), a planta que vitima o maior número de animais em nosso Estado é o mio-mio, considerado a maior praga das pastagens da fronteira. É seguido pelos timbós, dos quais existem muitas espécies, das mais diversas famílias, sendo as mais comuns as embiras, a garra-de-diabo, as painas-de-sapo e os timbós da Serra.

O nome timbó parece algo corrompido pelo povo, porque o sentido verdadeiro de timbó é: uma planta que atordoa peixes, que é, pois, íctio-tóxica (íctio = peixe) e que foi utilizada pelos índios para tinguijar ou atordoar peixes, o que, não todas as painas-de-sapo fazem, apesar de serem violentamente tóxicas. Quer-nos parecer, que o termo timbó é simplesmente usado para plantas venenosas.

Seguem as plantas da família das solanáceas, isto é, que encerram o fumo-bravo, erva-do-inferno, arrebenta-cavalo, coerana (*Cestrum*), peroba-d'água e semelhantes. As coeranas (*Cestrum sp.*) são tinguijantes ou timbós, embora não levem este nome.

Temos ainda os mofos, fungos ou cogumelos. É sempre mais frequente o gado se intoxicar por forrageiras parasitadas por mofos, que por si só não são tóxicos, que, porém, produzem substâncias altamente tóxicas, na forragem parasitada, pela decomposição de açúcares e proteínas. Estes mofos atacam as plantas em pé, quando o capim é muito denso e alto; atacam as flores das gramas, deixando, depois as sementes "espigarem"; atacam as tortas e grãos armazenados e fazem morrer especialmente aves e suínos, como também cavalos e gado leiteiro arraçoado. E, por fim, temos o fungo ramária que causa o mal-do-eucalipto, que por muito tempo se atribuía a uma intoxicação por selênio, depois, se culpava as sementes de capim-melador, atacados por um fungo, constatando-se finalmente, tratar-se do fungo ramária que encerra alcaloides muito violentos, que, porém, se decompõem, por ação de enzimas, logo após o fungo ser colhido. Em Guaíba foi provada por Bauer (Barros, 2005) a ação tóxica deste fungo, podendo provocar a intoxicação conhecida como mal-do-eucalipto.

Dermatites que causam a morte de suínos landrace, ovinos merino, são devidas a plantas fotossensibilizantes como trigo-mourisco, capim-braquiária, trevo-carretilha, e outras. Vejam em Bueno & Pereira (2005), Franzolin (1985) e Moreira *et al.* (2018).

Perigos com forrageiras

Apesar das forrageiras, como trevos, capim-sudão, capim-sordão, feterita, milhetos etc., não poderem ser consideradas plantas tóxicas, por se tratarem de excelentes forrageiras, temos que ter certos cuidados para evitar transtornos e mortes de animais. Especialmente quando usados em monocultura, sem os cuidados necessários, ocorrem acidentes a ponto de desacreditar boas forrageiras. Assim, por exemplo, em várias zonas os pecuaristas assustam-se pelo fato de que os trevos causem forte timpanismo, ou que a falaris cause, às vezes, uma tremedeira no gado, ou que terneiros nasçam mortos ou com bócio, ou ainda, a presença de casos de esterilidade temporária em gado. Não é, porém, motivo de alarma, quando se sabe como manejar as forrageiras e quais as precauções que se deve tomar.

Acreditamos, pois, ser muito melhor conhecer os perigos e evitá-los, em tempo, do que desconhecê-los e temer as consequências a tal ponto de não mais querer saber de forrageiras plantadas, quando sabemos que estas, na zona colonial, são indispensáveis para a manutenção da fertilidade dos solos agrícolas e do gado leiteiro.

PASTAGENS NATIVAS

Perigos durante todo o ano

Mio-mio (*Baccharis coridifolia*)

É uma das maiores pragas das pastagens da fronteira setentrional e já está infestando grandes partes da Depressão Central, da zona de Bagé e do Escudo Rio-grandense. No Planalto ainda aparece em forma mais isolada, e quando se fala ali da intoxicação por mio-mio rasteiro, como em Santo Ângelo, Tupanciretã etc., refere-se a uma solanácea, que dizem ser muito mais tóxica que o mio-mio graúdo. O fato, porém, é que esta planta não é mais tóxica, no entanto, por ser mais miúda, está escondida entre a forragem e é apanhada ocasionalmente pelo gado, o que não acontece tão fácil com o mio-mio, que forma arbustos de 30 a 50 cm de altura. Em outras zonas, especialmente perto de Santa Maria, diz-se também que o mio-mio não é muito tóxico, porque o povo não o conhece e o confunde, muitas vezes, com maria-mole (*Senecio sp.*). Porém, segundo o solo, varia de fato a toxidez do mio-mio. O mio-mio já foi conhecido pelos índios, de cuja língua se deriva a palavra "mio" e que significa planta venenosa, sendo a repetição da palavra usada para assinalar que é muito tóxica. Pertence botanicamente às compostas e é do mesmo gênero das carquejas, com as quais, muitas vezes, aparece consorciada, sendo que todas, embora em menor escala, contém agentes tóxicos, como saponinas, que lhes confere o sabor amargo.

Mio-mio rasteiro

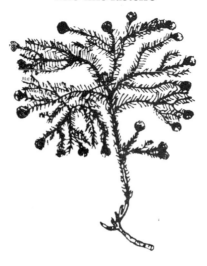

O mio-mio tem a aparência de um pinheirinho, com suas folhas finas, curtas e uninérveas, postas em volta dos caules. Cresce geralmente em terrenos secos, a ponto de na Fronteira, os caçadores terem por norma, poderem cruzar de automóvel onde cresce mio-mio. Em terras mais arenosas, ele aparece também consorciado com capim-caninha (*Andropogon incanus Hack*) e até macega estaladeira (*Erianthus sp.*). Os agentes tóxicos são diversos: saponinas, bacarina, substâncias tânicas, ácido crisofânico, diversos tóxi-glicosídeos e amargotóxicos, de modo que a toxidez do mio-mio varia de solo para solo, porque conforme o ambiente consegue formar mais de uma ou outra substância. É mais tóxico na época da floração, isto é, nos meses de abril-maio, acumulando o tóxico nas sementes que, quando caem e se misturam com a forragem são comidas pelo gado. Outra época perigosa é sem dúvida, também, cedo na primavera, quando começa brotar, ocasião em que existe ainda pouca forragem verde nos campos.

Existem potreiros "da morte", onde morre gado em maior quantidade, mas isso não acontece porque ali o mio-mio seja mais tóxico, e sim porque são geralmente potreiros onde se confina gado de tropa que, esfomeado e cansado da caminhada, ingere o mio-mio. Em invernadas queimadas também ocorrem intoxicações com maior facilidade, porque nos lugares desnudados pelo fogo assentam-se as sementes de mio-mio que ali germinam, e como plantinha tenra, se mistura à forragem, sendo comida involuntariamente pelo animal, desaparecendo, porém, pelo pisoteio intenso.

Sintomas da intoxicação

O gado mostra forte timpanismo, diarreia sanguinolenta, febre e coceira, salivando abundantemente, tendo os ovinos uma espuma esverdeada em volta da boca. A expiração é rumorosa, o animal fica rapidamente mais débil, cai e morre. Nestes casos a morte ocorre dentro de poucas horas. Tropas que são confinadas num potreiro com mio-mio sofrem grandes perdas, morrendo elevada percentagem de animais intoxicados numa noite.

Quando a intoxicação é mais fraca, os bovinos têm marcha difícil, balançando o corpo de um lado para o outro. Nos cavalos tremem os lábios. As mucosas da boca e ânus ficam azuladas como numa cianose. Quando se observa a intoxicação em tempo, ainda pode-se tentar um primeiro socorro com carvão vegetal, leite de cal e óleo de linhaça ou qualquer outra substância gordurosa, e chamar um veterinário. Porém, geralmente o tratamento vem tarde, assim, que o melhor é a profilaxia.

Sabemos que os animais mais expostos a intoxicações são os cordeirinhos novos, animais de tropa, animais de cabanha, mantidos por muito tempo em confinamento e animais que são mantidos em pastagens artificiais. Isso gerou a crença de que os animais não conheciam o mio-mio e, portanto, dever-se-ia esfregar a planta no focinho dos animais e fazer defumações com mio-mio, para que os animais conhecessem o vegetal venenoso. Porém, não é bem isso.

Os animais de tropa cansados e esfaimados, os animais esfaimados de alguma coisa verde, por estarem sendo mantidos com ração seca, e os animais de pastagens com monocultura de alguma forrageira plantada, desejosos de comer algo diferente não se dão o luxo de pastar pelo olfato, como o animal normalmente o faz, engolem com avidez tudo quanto vem pela frente, apanhando também plantas tóxicas. Os cordeirinhos, por sua vez, beliscam em tudo o que é verde, e se ainda não há gramas novas, beliscam o mio-mio, intoxicando-se. Convém, pois, cuidar que o gado cansado ou esfaimado, ou simplesmente com fome de alguma coisa verde ou de forragem diferente que a artificial (exótica à ecologia local), não seja posto em invernadas com mio-mio. Passados os primeiros dias, os animais começam a pastar novamente pelo olfato, evitando, portanto as plantas tóxicas, a não ser quando se encontram em deficiência aguda de potássio ou fósforo, que pode acontecer facilmente no fim do inverno e, que lhes dá um apetite aberrado quando até plantas tóxicas são procuradas. Em animais mineralizados, que recebem normalmente sua ração de sal e farinha de ossos, isso raramente acontece.

O dano do mio-mio não é causado somente pela intoxicação, mas igualmente pelo espaço que ocupa, podendo constituir até 80% do campo, impedindo o crescimento de forrageiras.

O combate por arrancamento é caro demais e não oferece efeito duradouro. O combate por herbicidas como tributon, igualmente não elimina o mio-mio por mais do que um a dois anos. Acreditamos que no sistema antigo, de pastejo extensivo, não há combate ao mio-mio. Porém, no sistema novo, de manejo do pastejo com superlotação dirigida, e com adubação, especialmente com potássio e enxofre (sulfato de potássio) ele desaparecerá de imediato, porque nenhuma composta gosta de potássio nem de enxofre, porém necessita de Mg ou Mn, contribuindo esta medida não somente para a eliminação do mio--mio, como também, igualmente, para o melhoramento da pastagem.

Perigos na primavera

Paina-de-sapo, cipó-de-sapo e outras *asclepiadaceae*, parcialmente conhecidas como "timbó"

Na zona de Santa Maria e Planalto Médio são conhecidos como timbós, e segundo o prof. Beltrão, pertencem às espécies *Arauja sericifera Broth, Asclepias curassavica L. Oxypetalum molle* Hock. *et* Arn. e *Sattadia stenoloba* (Done.) etc., todas elas pertencendo às asclepiadáceas, que sem exceção, são muito tóxicas.

São plantas herbáceas, parcialmente cipozinhos, de crescimento lento que soltam um látex branco, quando se lhes arranca uma folha, que pode ser glabra ou aveludada. Em solos bons apresentam crescimento mais rápido, como na resteva de trigo ou outros terrenos cultivados e baldios, frescos, isto é, com suficiente umidade. Em pastagens permanentes, com solos pobres e secos, apresentam crescimento muito lento, ficando escondidos entre a vegetação por muito tempo. Ali reside o maior perigo, porque o gado apanha-os acidentalmente quando abunda a forragem. Plantas maiores o gado não toca, por causa do cheiro repugnante que apresentam. A ação é fulminante, morrendo o animal, boi ou cavalo, poucas horas após a ingestão da planta, face ela possuir em sua toxina, a asclepiadina, um forte cardio-tóxico, que paralisa o coração.

Paina-de-sapo

Timbó ou cipó-de-sapo

Sintomas da intoxicação

Há convulsões violentas que atingem tanto os vasos sanguíneos quanto os nervos, glândulas e pulmões. Os animais andam cambaleando, ocorre timpanite forte, a respiração é difícil e logo em seguida o animal morre de colapso cardíaco ou, quando a morte é muito rápida, por paralisia respiratória, inchando muito quando morto, dando a impressão de que morreu de carbúnculo hemático. Porém, os cascos não soltam e os olhos ficam abertos quando morto. A toxidez das plantas depende do lugar onde crescem, bem como, também, de seu estado de desenvolvimento. Se o animal não receber a dose letal, o mesmo cambaleia, cai, levanta de novo e anda sem parar, sempre caindo e levantando até não conseguir se erguer mais. Rangem os dentes e começam as convulsões que podem durar até 7 dias. Finalmente, sobrevém a paralisia. Os músculos do pescoço se tornam rígidos e contraídos, arcando, normalmente, a cabeça do animal para trás. A boca se mantém cerrada, com os lábios recuados, deixando os dentes à mostra. A partir deste estado não há mais esperança de recuperação. A respiração torna-se rumorosa e curta e o animal urina com frequência, porém, tem o intestino constipado. O animal fica inchado e finalmente morre, tendo os olhos abertos, quase saltados e as pupilas dilatadas.

Profilaxia

Contra a intoxicação deste tipo de timbós não há tratamento. Como estas plantas nascem por sementes, que são transportadas à distância, uma das medidas principais de se evitar esta intoxicação é a de não queimar o campo, nem ferir a relva (deixar o solo desnudo), para evitar que as sementes encontrem um lugar para poder germinar. Em pastagens manejadas e limpas (de invasoras ecótipos e forrageiras passadas), estes tipos de planta são muito raros, proliferando especialmente em pastagens sujas (praguejadas) e mal cuidadas. Aparecem igualmente, com frequência, nas beiradas de estrada com vegetação alta. Também em socas de trigo constituem problema, porque aparecem ali com frequência, especialmente quando a época corre úmida ou o solo é fresco.

Fungos

Atacam a forragem em pé, como *Aspergillus fumigatus* e muitos outros.

Na primavera, quando em dias quentes e úmidos, a vegetação desenvolve muito rápida, de modo que o gado não vence a forragem, sendo esta atacada por fungos na parte inferior (folhas mais velhas e em geral amareladas). Estes, na decomposição de proteínas e carboidratos da própria forragem, produzem ácido oxálico, altamente tóxico para os animais. Por isso, reina a crença de que trocando o potreiro o gado morre. Não depende, porém, da troca do potreiro, mas sim da infestação por fungos.

Os animais, especialmente o gado prenhe ou com terneiros ao pé e o leiteiro, morrem por hipocalcemia aguda, quando a pastagem estiver atacada por fungos.

Sintomas

O animal separa-se dos outros, fica sem apetite, com a cabeça baixa. Há salivação e vômito. A respiração torna-se difícil e os movimentos convulsivos, podendo degenerar até as convulsões tetaniformes. O animal morre por asfixia. Pode aparecer sangue na urina, por causa de cristais de oxalato que se acumulam nos rins.

Profilaxia

Fazer um manejo adequado dos potreiros, pastando-os antes que a vegetação se torne alta, evitando a infestação por fungos. O melhor método de se evitar intoxicações é dar ao gado antes de entrar no pasto alto e denso, fosfato dicálcico, sal e água, e manter sempre fosfato dicálcico e sal a disposição dos animais. Farinha de ossos ou calcário não fazem efeito, não conseguindo evitar esta intoxicação.

Plantas fotossensibilizantes

Trigo-mourisco

Trigo-mourisco (*Fagopyrum esculentum*), trevo-carretilha (*Medicago hispida*) bem como algumas forrageiras como capim-braquiária (B.decumbens), capim-charuto e outros encerram substâncias fotossensibilizantes, que se podem tornar prejudiciais em animais de pele branca, despigmentada, como suínos landrace, ovinos merino ou vacas holandesas. Também fenotiazina e óxidos sulfúricos tem ação fotossensibilizante afetando o último especialmente os olhos dos animais facilitando queratites.

A doença chama-se de "fagopirismo" por ser esta a primeira planta com que se observou a reação fotossensibilizante. Chama-se também "peste de coçar", sendo a coceira o primeiro sintoma, ou "peste de rachar" por causa das rachaduras da pele. Outros dizem "cabeça inchada" ou "orelha de diabo", porque orelhas e focinho tornam-se deformados pela inchaço forte. Induz se a fotossensibilização somente em animais de pasto expostos ao sol enquanto os estabulados não correm perigo.

O perigo existe em campos com plantações de trigo-mourisco ou quando ocorre muito trevo-carretilha nos campos finos, que, aliás, tem a reputação de ser tóxico, além de suas sementes que se aderem às mucosas dos animais causando inflamações.

Por isso, apesar de ser planta rica em proteínas, não é apreciada pelos pecuaristas.

Sintomas

As partes mais atingidas são sempre as desprotegidas, como a cabeça do ovino – em suínos (landrace) é o animal inteiro, e em bovinos, começa igualmente no focinho, atingindo todas as partes despigmentadas com pouco pelo.

Os animais esfregam o focinho e orelhas nas patas, pedras e cercas, por causa de uma irritação da pele. Dois dias mais tarde, apresentam-se tristes, com os lábios, pálpebras e orelhas inchadas. Os animais sentem dificuldades em comer por causa desta inchação, e sofrem falta de ar, porque também as narinas ficam inchadas e quase fechadas. Após seis a oito dias, toda a cabeça e patas anteriores apresentam-se tomadas pelas inchações, e de uma dermatite aguda. As partes inchadas racham, eliminando soro e mais tarde pus que as cobre com uma crosta amarela até marrom. A respiração se torna extremamente difícil. Na medida em que a pele endurece, os animais não mais podem abrir os olhos, nem a boca. Às vezes ocorrem infecções secundárias. A morte se dá por asfixia. No estado final, também ocorre icterícia pronunciada. Os animais que se recuperam permanecem fracos, morrendo na primeira intempérie.

Profilaxia

Mudar os animais de potreiro após o aparecimento dos primeiros sintomas. Deve-se evitar o uso de potreiros com tais plantas para gado sensível.

Os animais com sinais mais avançados devem ser mantidos no escuro, chamando-se o veterinário a fim de tratá-los. Pode-se passar desde já, na pele irritada, óleo de linhaça, misturada com ácido tânico, óxido de zinco e alúmen para aliviar as dores do animal.

Maria-mole (*Senecio sp.*) ou Flor-das-almas

Na primavera, os campos da Depressão Central tornam-se amarelos pela flor de maria-mole ou flor-das-almas, cuja brotação se apresenta vigorosa, especialmente nos anos em que o inverno tenha transcorrido mais seco.

Acredita o povo que o mel e o leite, na época da floração de maria-mole, sejam prejudiciais a saúde, porém, como a senecina (ou senecionina) não é um veneno fulminante, mas cumulativo, é difícil provar isso.

Os animais que comem os brotos, e especialmente as sementes de maria-mole, caídas e misturadas com outra forragem, intoxicam-se pouco a pouco, por ser o tóxico de eliminação muito lenta, pelo organismo animal. A intoxicação ocorre, pois, somente após ingestão prolongada (às vezes durante semanas) da referida planta.

Sintomas

O pelo do animal torna-se arrepiado, como se estivesse com verminose aguda ou falta de cobalto. Às vezes as narinas ficam encrostadas. Os animais andam sem rumo e sem parar, vagando pelas pastagens, enredando-se em cercas e caindo em valetas. Comem pouco, fazendo-se notar uma icterícia. Há diarreia com estrias de sangue. Os animais emagrecem muito. A morte ocorre após semanas, e às vezes morrem após meses (quando já não mais existe maria-mole no campo); por esgotamento ou por ferimentos que o animal adquire em sua marcha sem rumo.

Em raros casos, há morte violenta após paralisia do sistema nervoso.

Profilaxia

Convém evitar campos excessivamente infestados por maria-mole, especialmente quando está sementando, época em que pode causar intoxicações em massa. Com a roçadeira, pode-se eliminar facilmente a maria-mole. Cura, não há.

Início de verão

Fungos

No início do verão, quando começam a amadurecer as sementes das forrageiras, tanto de gramíneas quanto de leguminosas, especialmente em pastagens sem manejo rotativo, onde muitas plantas chegam a amadurecer pelo fato do gado não ter vencido toda a forragem primaveril, ocorre sempre gado "patudo". Muitas vezes toma-se isso ainda como um resultado da aftosa, que se manifestou, apesar das vacinas, que muitas vezes são bastante mal aplicadas. Porém, também atinge animais que não sofreram de aftosa. Isso se dá devido a um fungo que parasita as sementes das gramíneas, o *Claviceps sp.*, que ataca tanto o capim-melador (*Paspalum dilatatum*), quanto o capim-toicerinha (*Sporobulus poiretti*) e também em épocas mais úmidas, quase todas as espécies de *Paspalum*, e igualmente a *Festuca*. Em capineiras de *Festuca* o ataque pode ser tão sério, que se fala do "mal da *festuca*".

Capim-melador atacado por claviceps

As sementes atacadas tornam-se muito maiores que as normais, salientando pronunciadamente nos *Paspalum* (mas não aparecem na *Festuca*). São primeiro de cor vermelha e mais tarde assumem a cor preta ou marrom escura. A doença chama-se "ergotismo", por ser provocada pelo tóxico denominado ergotina.

Em nosso meio a forma espasmódica com convulsões fortes é rara. O que mais aparece é a forma gangrenosa. Intoxicado, o animal apresenta uma diarreia mais ou menos forte, a marcha se torna insegura e o animal parece ser bobo e não ter sentido nas pernas. Tem ânsia de vômito, sem, porém, poder vomitar. Os sintomas cedem, dando a impressão de melhora, mas voltam após dois ou três dias, ocasião em que surgem nas patas inflamações e grandes bolhas cheias de um líquido seroso, que se arrebentam, dando origem a ulcerações. Em raros casos são letais, geralmente são benignas. O animal, porém, fica seriamente prejudicado, perdendo muito peso.

Profilaxia

Como todos estes capins frutificam várias vezes ao ano, o perigo da intoxicação existe desde o início do verão até o outono. A única maneira de se evitar estas intoxicações é pelo manejo do pastejo, evitando a sementação de capins. Como o fungo ataca as flores dos capins, a alta umidade do ar na época da florescência sempre apresenta o perigo da infestação, especialmente nas espécies mais suscetíveis, como o capim-melador (ou grama-comprida) que quase sempre é parasitado. Não há tratamento.

Leguminosas nativas – "loucura" do gado

Não são propriamente os piores campos que, no início do verão, apresentam, de vez em quando, casos de loucura no gado.

Apesar de boa forragem, os animais cessam seu desenvolvimento, ficam magros e com pelo eriçado, como se estivessem com verminose forte ou com deficiência aguda de cobalto. O olhar dos animais é vazio (vago), não podendo fixar-se a um objeto.

Vagam de um lugar para outro, sendo tomados, de repente, por grande excitação, investindo contra cercas, animais e homens, parecendo loucos. A marcha torna-se insegura, convulsões musculares sacodem o animal que se torna cada vez mais fraco. Estrias de sangue aparecem nas fezes. Pode haver prolapso do reto. À debilitação geral, segue sempre a morte. Os ovinos são os animais mais sensíveis e os cavalos os menos sensíveis. Isso é devido à intoxicação por sementes de leguminosas nativas, que até a época de floração são ótimas forrageiras, engordando o gado. As sementes, porém, encerram alcaloides violentos como *lupinina*, *lupidina*, matando os animais já em menores quantidades.

Tremoço ou erva besteira

As plantas mais perigosas são os tremoços nativos (*Lupinus sp*) que aparecem em maior escala nos solos mais arenosos de Alegrete e Carazinho, e que o povo chama de "erva besteira", por engordar o gado e matá-lo em seguida.

Também são cultivados para melhoramento do solo e como forragem, dizendo-se serem as variedades brancas e amarelas inócuas e somente as azuis venenosas. Porém, somente as são até o segundo replantio, tornando-se em seguida, apesar da cor da flor, venenosas, de modo que devem ser considerados com certas precauções.

Os "Chocalhos" ou Guizo-de-Cascavel ou Xique-xique (*Crotalaria sp.*)

Chocalho

São as plantas cujas sementes, quando maduras, fazem um barulho característico à cascavel, e que crescem especialmente nas bordas de capoeiras, aparecendo também em boa quantidade nos campos, sendo procurados pelo gado, que aprecia sua tenra e nutritiva folhagem. Nos animais intoxicados, qualquer picada ou machucadura sangra abundantemente.

Profilaxia

Sabemos que o perigo reside unicamente na semente, tanto na verde quanto na madura. Portanto, o meio de evitar intoxicações é impedir que o gado coma plantas com sementes formadas. Pode-se retirar o gado dos potreiros onde abunda este tipo de leguminosas, que beneficiadas pela lotação fraca do campo, chegam a sementar. Ou, pode se estabelecer o pastejo rotativo, onde a sementação destas plantas é evitada. Tambem a semente da mucuna preta (*Styzolobium ensiforme ou Mucuna aterrima*) é muito venenosa. Tratamento, não há.

Época de seca no verão

Apesar dos ovinocultores gostarem das épocas secas no verão, porque reduzem drasticamente a verminose devido à falta de reinfestação, é a época em que mais intoxicações ocorrem em pastagens nativas, sem cuidados especiais.

Enquanto abunda a forragem, o gado, por instinto, evita as plantas tóxicas. Porém, quando escasseia a forragem nos campos, o gado procura-a nos brejos e capoeiras úmidas. Na Fronteira setentrional com seus solos rasos, a seca bate facilmente, procurando o gado, então, forragem perto de sangas, córregos e lugares úmidos abaixo de barragens de açudes, onde existem timbós e outros.

Timbós e Embiras

Timbó é o nome muito generalizado que se dá a todas as plantas ictiotóxicas, isto é, plantas cujo decocto atordoa peixes, já tendo sido usadas pelos índios para tinguijar peixes.

Em língua guarani, "ti" significa suco e "mbó" cobra, significando simplesmente plantas tão venenosas como as cobras. Por isso, o povo denomina muitas plantas venenosas de timbós, embora não tenham nada a ver com plantas tinguijantes. Todos os timbós contêm substâncias inseticidas, como *rotenona, deguelina* e outros.

Embira branca

Os timbós mais comuns em nosso Estado são: asclepias (Paina--de-Sapos) e Embira-branca (*Daphnopsis*) que cresce nos brejos e nas beiradas de cursos de água. Não constituem perigo para o gado, a não ser em épocas em que morre a vegetação pastoril e o gado procura alguma coisa verde nas capoeiras. Nestas ocasiões comem de tudo, inclusive plantas tóxicas.

São geralmente plantas arbustivas, parcialmente arbóreas, de porte médio e que se identificam com facilidade, cortando-se uma vara e tirando-se a casca, que sai inteira com facilidade. Os índios usavam esta casca para fabricar cordas e laços, por ser extremamente embirenta.

As folhas são sempre simples e inteiras. O veneno localiza-se especialmente na entrecasca, onde existem muitas substâncias toxi--cáusticas como dafnina, um alcaloide amargo. Em contato com a pele provoca edemas, e a simples evaporação da casca fresca que se destaca pode provocar inflamações nas mucosas bucais e nasais, e causar lesões nos olhos. Ingerido, tem efeito tão violento sobre as mucosas gástricas do animal que provoca a morte em pouco tempo. A casca, quanto melhor mastigada é, tanto mais violenta a reação no animal.

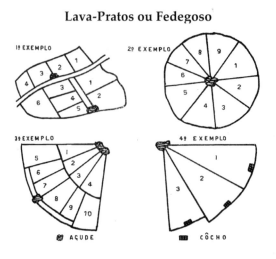

Lava-Pratos ou Fedegoso

Muitos timbós pertencem à família das leguminosas, como o fedegoso (*Cassia occidentalis* L.) que também é conhecido como "lava pratos" e o timbó-da-serra (*Ateleia glasioviana* Baill), a orelha-de-negro (*Enterolobium timbouva* Mart.) e muitos outros que não são comuns em nosso Estado, mas frequentes no Brasil tropical. Todos contém saponinas, rotenona ou substâncias parecidas com ação tinguijante e inseticida, bem como várias substâncias tóxicas, que possuem ação tanto sobre os peixes quanto o gado.

Na região de Santa Maria e no Planalto Médio, os timbós mais comuns são os das painas-de-sapo, o fedegoso e as embiras, enquanto que na zona de Caçapava é parcialmente a garra-de-diabo (*Martynia lutea*) e parcialmente as embiras que o são também na Fronteira. Na zona do Planalto de Tupanciretã até Passo Fundo e até o rio Uruguai perto de Três de Maio é o timbó-da-serra, uma leguminosa arbórea, que infesta os campos mas nunca entra nos matos úmidos e que se multiplica por brotos radiculares, onde reside o perigo para o gado, porquanto as folhas das árvores, embora também tóxicas, não podem ser alcançadas pelos animais. O que se tenta fazer é evitar a intoxicação. Contra as embiras e a *ateleia* convém cercar as partes perigosas do campo. A medida mais certa sempre é a de cuidar para que haja suficiente forragem a fim de que os animais não recorram a plantas tóxicas.

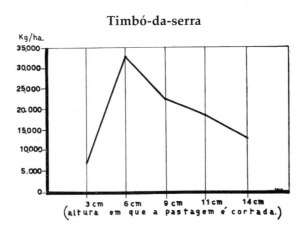

Sintomas

Baixa radical da temperatura do animal, ocorrendo a morte logo em seguida.

A praxe de dar algum óleo a animais intoxicados deve ser evitada no caso de timbós, porque cada substância gordurosa aumenta ainda mais a ação tóxica, especialmente se for na base de rotenona e afins.

Mata-cavalo ou arrebenta-cavalo (*Solanum ciliatum*) e outras solanáceas

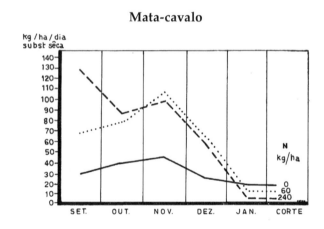

Existe uma série de solanáceas em nosso Estado, onde todas possuem maior ou menor quantidade de toxina. Entre as plantas de cultura, temos especialmente a batatinha, o fumo e o tomate, que são desta família. Apesar dos tubérculos da batatinha serem comestíveis, as folhas e especialmente as sementes são tóxicas e convém evitar que o gado entre nas plantações.

O mata-cavalo, arrebenta-cavalo ou joá-bravo é muito comum em pastagens que são de fertilidade média e onde há suficiente nitrogênio, uma vez que estas plantas são muito ávidas de nitrogênio, como também de cobre.

Como se trata de plantas espinhentas, o animal não as toca. Porém, após uma seca ou geada, quando caem os frutos, os animais os apanham do chão. Além dos frutos serem ricos em solanina, um glico-alcaloide que tem ação altamente irritante às mucosas do trato intestinal. O efeito excitante faz com que os animais os procurem. Em cavalos, provoca um timpanismo tão agudo e forte que arrebenta o trato intestinal. Daí o nome. Na ingestão destes frutos não há cura, porque possuem tóxico muito violento.

Pode-se evitar a intoxicação impedindo-se que pastagens com pouca ou nenhuma vegetação sejam usadas pelo gado. Convém, em casos de muita frequência de mata-cavalo, roçá-lo antes de frutificar.

Coeranas (*Cestrum sp.*) brancas e amarelas

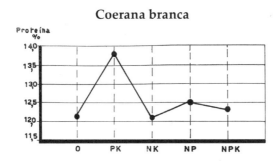

Existem também em nosso Estado, e como são de porte arbustivo a arbóreo, existem somente em capões úmidos nas beiras das pastagens e baixadas.

São as culpadas por uma espécie de raiva bovina, que, porém, não tem nada a ver com a raiva infecciosa.

As folhas são tóxicas, mas, quando pausadamente comidas, não chegam a matar. O perigo está especialmente nos frutos. Porém, também folhas ingeridas avidamente em grande quantidade podem provocar a morte do animal. São solanáceas ictiotóxicas, isto é, atordoam peixes e são muito perigosas, porque intoxicam tanto animais de sangue quente quanto de sangue frio. 100 a 150 gramas de frutos bastam para matar um boi adulto.

Os animais intoxicados mostram grande excitação, avançando com fúria contra qualquer obstáculo. Os animais não ruminam mais, salivam e lacrimejam abundantemente. Devem sentir muita dor porque distendem as pernas e arcam o lombo para cima. Há um emagrecimento muito rápido. Os movimentos ficam descoordenados e os olhos afundam, tornando-se opacos e vidrados, porém o olhar permanece feroz. Urinam com frequência, enquanto estão constipados. Aumenta a fraqueza, o animal deita, range os dentes e morre. A morte ocorre geralmente tão rápida, que o pecuarista nem se dá conta da intoxicação e já encontra o animal morto no pasto.

O perigo da intoxicação existe especialmente em épocas de seca, quando os animais procuram alguma forragem verde nos brejos e capoeiras. Gado bem nutrido não procura alimento nas capoeiras, e, portanto, não se intoxica, a não ser quando se acostuma a ingerir as folhas, estando viciado pela ação excitante.

Profilaxia

O meio de evitar esta intoxicação é o de cercar as capoeiras para não deixar o gado entrar, e de providenciar forragem para as épocas secas, seja plantando forrageiras, seja organizando um manejo mais racional das pastagens, o que pode evitar em pastagens com solo de apenas 20 a 25 cm, a morte pela seca. Em campos rasos, aconselha-se o plantio de fileiras de forrageiras arbustivas, que resistem à seca. Em zonas onde existe a possibilidade de irrigação ela deveria ser considerada, o que daria grande efeito, uma vez que nesta época, com umidade e calor, o crescimento é rápido e luxuriante. Quando verificada a intoxicação a tempo há tratamento eficaz.

Samambaia (*Pteridium aquilinum* L. Kuhn.) ou a samambaia-das-taperas

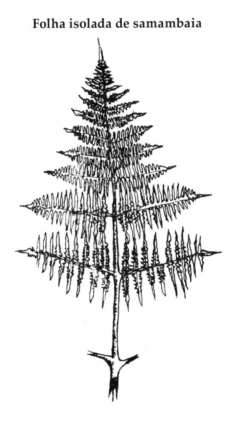

Folha isolada de samambaia

Infesta muitos terrenos do Planalto, em quantidade impressionante, podendo ser a causa de graves intoxicações do gado, especialmente quando o campo é queimado para provocar, antes de vir a chuva, uma vegetação verde e aceitável ao gado.

A queima é um abuso muito grande, porque nesta ocasião contribui altamente para a degradação e o ressecamento gradativo do solo, que consequentemente, cada ano mais cedo e mais intenso, sentirá os efeitos da seca. Assim, o pecuarista produz uma seca toda particular, em seu campo, pela esterilização e compactação do solo.

O mal desta intoxicação é que os animais não a apresentam logo em seguida, mas, muitas vezes, mostram os sintomas somente semanas após, quando já saíram desta invernada.

A parte tóxica são os brotos, como também as folhas velhas, que, porém, o animal geralmente não come, por serem muito rijas. É de ação nefasta, especialmente para os cavalos.

Os sintomas mais pronunciados são: anemia profunda e tendência a hemorragias. Até picadas de mutuca sangram abundantemente. Porém estas hemorragias não devem ser tomadas como sinal único, porque ocorrem também após ingestão de trevo-de-cheiro, capim-teff (*Eragostis tef*), ou quando há contaminação de anaplasmose, transmitida por carrapatos.

Quando ocorrem intoxicações agudas, os animais morrem dentro de 2 a 3 dias. Mas, como as substâncias tóxicas – especialmente ácido filícico, glicosídios amargos e taninas – são de difícil eliminação pelo organismo, acumulando-se podem causar os primeiros sintomas de intoxicação, três semanas a partir da primeira ingestão até oito a doze semanas depois da última ingestão. De modo que um animal já pode se encontrar dois ou três meses em outra invernada, quando ainda morre da intoxicação por samambaia. A mortandade entre os animais intoxicados é grande, recuperando-se poucos.

Sintomas

Os animais apresentam-se tristes, salivando abundantemente, têm febre alta, sangram com facilidade até por picadas de insetos. Mais tarde perdem sangue pela boca, narinas e ânus. Há forte timpanismo e as fezes tornam-se fétidas, com coágulos de sangue. Instala-se uma anemia profunda, como em caso de avitaminose, porém, apesar de ser provocada pela falta de tiamina, não pode ser curada pela simples aplicação desta.

Muitas vezes ocorre uma infecção secundária por bactérias, e podem aparecer ulcerações cancerosas nas mucosas. Os animais podem ficar cegos e não têm apetite. Em bovinos novos, os primeiros sintomas são inchação edematosa dos focinhos. Bovinos acima de dois anos urinam sangue.

Em equinos há timpanismo forte, bem como um pronunciado congestionamento dos olhos, porém, conservam o apetite. Quando se ergue a cabeça, esta não consegue se manter. Há perda de equilíbrio, razão por que os animais se movimentam de maneira morosa e tímida, apresentando-se muito nervosos. Geralmente há forte icterícia e morte por inanição.

A intoxicação é confundida com pasteurelose e, às vezes, com carbúnculo hemático. Convém, portanto, fazer-se os exames, para não tratar doenças infecciosas, quando se trata.de intoxicações.

Profilaxia

Não queimar os campos em época seca e não deixar os animais pastar em potreiros com muita samambaia brotada.

O tratamento feito pelo veterinário é do fígado, bem como, das infecções secundárias.

Época de outono

Mal-do-eucalipto

Nos meses de março a junho, aparece em muitas zonas do Estado uma "aftosa" muito virulenta que vitima os animais em pouco tempo, às vezes até em poucas horas.

Ramaria

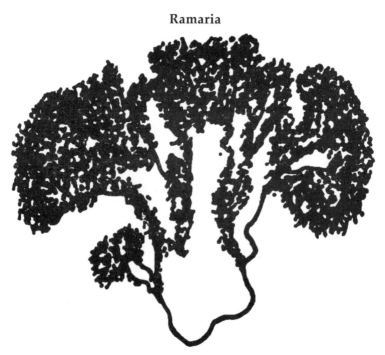

Ocorre, porém, somente em zonas onde há eucaliptais, e a "aftosa" aparece somente em anos com outono úmido ou em eucaliptais em terras algo úmidas. É o mal-do-eucalipto. Acreditou-se, por algum tempo, que era provocado pelas sementes parasitadas por *Claviceps*, depois se ventilou a possibilidade de uma selenose, que, porém, em nossos solos ácidos seria difícil de ocorrer, e, finalmente, em Guaíba, Bauer (Barros, 2005) conseguiu provar que os sintomas são provocados mesmo pelo fungo *Ramaria*, que abunda nestes meses, nos eucaliptais e nas orlas das matas. É um fungo amarelo repolhudo, lembrando a forma de couve-flor, que, porém, quando colhido, perde, por atividade enzimática, muito rapidamente, seus compostos tóxicos, tornando-se inócuo.

Sintomas

Salivação muito forte do animal, que apresenta grande dificuldade em andar devido às dores nos cascos. Até aqui, parece-se muito com a aftosa. Em seguida, o animal intoxicado fica quase cego devido à forte dilatação da pupila, esbarrando, portanto, em cercas, árvores e outros animais. Afrouxam os pelos da cola e os chifres, assemelhando-se com a intoxicação por selênio. Aparece uma diarreia sanguinolenta, forte, bem como uma icterícia violenta, de modo que em animal morto a banha se apresenta toda amarela. Vacas prenhas que abortam se salvam, enquanto as outras morrem.

Em casos de intoxicação mais fraca os membros anteriores dos animais atingidos cedem, de modo que ficam ajoelhados, não podendo levantar.

Geralmente ocorre a morte dentro de poucas horas ou no máximo dentro de um a dois dias.

Profilaxia

Verificamos que animais bem providos de fósforo e potássio não tocam o fungo, enquanto que os animais deficientes nestes minerais o procuram pastando-o avidamente. Deve-se isso ao fato de que os animais apresentam um apetite aberrado, procurando de qualquer maneira abastecer-se dos minerais deficientes em seu organismo. De modo que, sal e farinha de ossos nos cochos, geralmente já são o suficiente para evitar esta intoxicação.

Gado recém-comprado ou gado de tropa nunca deve ser solto em potreiros onde há estes fungos, porque, cansado e esfaimado como está não escolhe sua forragem e apanha o fungo, que, na orla da mata, se acha escondido entre a forragem. Cercar os eucaliptais também é uma precaução aconselhável.

Medidas gerais para os casos de intoxicação por plantas nativas

1 – Trocar o potreiro, retirando todo o gado do potreiro onde aconteceu a intoxicação de alguns animais, evitando que outros se intoxiquem.

2 – Mesmo desconhecendo-se o tóxico, aconselha-se deixar o animal intoxicado em absoluto repouso, na sombra, evitando caminhadas.

3 – Quando se tem toda certeza de que a intoxicação é devida a um ácido, como no caso de mio-mio ou de grama-paulista, por exemplo, deve-se dar ao animal leite de cal e carvão vegetal para neutralizar o ácido.

4 – Quando se tem certeza de que a intoxicação não foi causada por timbós, aconselha-se a administração de óleo de linhaça, ou sebo, para proteção das mucosas intestinais, o que é especialmente importante no caso de mata-cavalo e intoxicações provocadas por outras solanáceas.

5 – Em caso de intoxicação por coeranas, mata-cavalo e trevo-de--cheiro, é indicada a vinda de um veterinário o mais rápido possível para dar um antídoto e algum oxidante.

6 – Nos casos de fraqueza do coração, como na intoxicação por mio-mio ou sorgos, deve-se dar um estimulante, como por exemplo, café quente.

7 – Chamar o veterinário, que tomará as providências necessárias para evitar futuras perdas de animais, e pode aplicar tratamentos, como no caso de fotossensibilização, intoxicação por nitritos, ácido oxálico, alcaloides etc., tentando-se a cura do animal.

PASTAGENS CULTIVADAS

As forrageiras cultivadas, apesar de constituir um valioso recurso de emergência para a pecuária, especialmente no inverno, apesar de poder enriquecer a pastagem nativa, e apesar de constituir ainda, na zona colonial, indispensável recurso de melhoramento do solo e intensificação da pecuária leiteira, sempre exigem certos cuidados para com o gado, que em pastagens nativas são desconhecidos. Isso se deve ao seguinte:

a) Geralmente são plantadas em monocultura, aumentando, por isso, o efeito de qualquer substância que possa ser desfavorável;

b) Via de regra são adubadas, causando, por isso, facilmente um desequilíbrio mineral no solo, que poderá ser a razão da formação de substâncias nocivas para o gado;

c) São quase sempre estranhas ao nosso meio e, portanto, sujeitas a formar substâncias, que em seu país de origem não formaram.

Conhecemos o caso do trevo-de-cheiro que no Uruguai foi plantado em grande escala nas pastagens, sem apresentar problemas, enquanto que em nosso meio é violentamente tóxico, especialmente em solos pobres de K, podendo matar, em poucas horas, os animais que dele se alimentam.

Deve ser também essa a razão do por que as pastagens artificiais serem reduzidas em nosso continente. Assim, nos EUA, segundo Hughes (1965), somente 6,7% das pastagens são cultivadas, e em nosso Estado 6,0%.

Inverno úmido
Aveia (*Avena sativa var.*) e azevém (*Lolium multiflorum*)

O uso de nitrogênio nestas forrageiras de inverno, que são 80% das forrageiras plantadas em nosso Estado, faz com que elas acumulem muito nitrogênio em forma de nitratos, sem poder utilizá-lo para a formação de proteínas, especialmente em solos pobres de fósforo, magnésio e molibdênio. O perigo é maior em anos úmidos.

Ação descalcificante
Em gado leiteiro, gado prenhe e vacas com terneiro ao pé, esta descalcificação pode ser séria quando pastam exclusivamente nestas forrageiras.

Não é uma intoxicação propriamente dita, porém, deve ser tratada aqui. O gado apresenta convulsões tetaniformes, de modo que é denominado erroneamente de tetania-de-pastagem.

Não tem nada a ver com tetania, mas cura-se pela aplicação de gluconato de cálcio, que tem efeito quase que milagroso. Porém, como a perda de cálcio, nestas pastagens, pode ser maior que o poder de absorção de cálcio pelo animal, convém retirar o gado após algumas horas de pastejo nestas forrageiras e colocá-lo novamente em pastagem nativa ou, se estas forem muito escassas nesta época, arraçoá-lo, quando se tratar de gado leiteiro, com feno de alfafa, que é rico em cálcio.

Profilaxia

Deixar os animais comerem somente metade da forragem necessária na pastagem de aveia e azevém, e cuidar para que o suficiente em farinha de ossos esteja à sua disposição.

Intoxicação por nitritos: (também por falaris, festuca e erva-santa-maria – *Chenopodium ambrosioides* L.)

Erva-santa-maria

Em solos pobres de fósforo, cálcio e magnésio, a formação de proteínas na planta é deficiente, pois acumula muito nitrogênio em forma de nitratos, especialmente se a pastagem for adubada com sulfato de amônio, amonitrex ou outro adubo nitrogenado.

Em anos secos o perigo de intoxicação é menor, porque, para isso, a planta tem de produzir antes uma enzima, que reduza os nitratos a nitritos. Em anos úmidos, que favorecem a formação desta enzima, pode ocorrer a intoxicação por nitritos, que são substâncias muito tóxicas.

Sintomas

Todos sabem que gado pastando em azevém e aveia se apresenta com disenteria permanente e, às vezes, ainda salivação, que deixa supor um início de aftosa. Os animais, porém, engordam normalmente. Às vezes, a diarreia é muito forte, com estrias de sangue no meio. O gado sente dificuldades respiratórias e as mucosas ficam muito pálidas. Se a intoxicação é mais forte, o gado fica sonolento, sobrevêm tremores musculares e o gado pode morrer por asfixia, uma vez que a oxigenação do sangue é muito deficiente, apresentando-se este de cor marrom.

Profilaxia

Como nenhuma intoxicação beneficia o gado, mesmo quando este não morre, baixando sua resistência às infecções e parasitoses, convém evitá-las. Antes de entrar em pastos de aveia, azevém, falaris ou festuca, convém deixar o gado pastar em campo nativo, ou dar feno ou palha de arroz ou aveia, na base de 2 a 3 kg por animal. Com isso, evita-se a ação da enzima.

Em casos de intoxicação grave, deve-se dar ao animal água de semente de linhaça e café quente, e chamar o veterinário para que aplique uma injeção que converta a meta-hemoglobina, que se formou pela intoxicação, novamente em hemoglobina, o que curará o animal.

Época de primavera

Timpanismo

Nos meses de setembro e outubro pode ocorrer um timpanismo muito forte no gado em muitas pastagens de leguminosas, como alfafa, trevo-vermelho, trevo-branco, trevo-ladino, trevo-persa, ervilhacas etc., com exceção, somente do cornichão, que nunca produz timpanismo, por não conter saponinas como as outras leguminosas, apesar de ser rico em ácido cianídrico. O timpanismo ocorre principalmente em pastagens com predominância de trevos e leguminosas em geral, onde estas perfazem mais de 30% da vegetação. Quando há 70% de gramíneas, o timpanismo geralmente não ocorre, porém, isso depende do solo. A hora mais perigosa é a da manhã, quando a vegetação ainda está úmida de orvalho. Os meses com as chuvas mais abundantes são igualmente os de maior perigo de timpanismo, isto é, setembro e outubro. No mês de novembro, geralmente, é raro.

Trevo-ladino

Alfafa

Profilaxia

Apesar das leguminosas serem indispensáveis na alimentação do animal, contribuindo eficazmente para o desenvolvimento rápido do gado, seu excesso deve ser evitado. Nunca se deve plantar mais leguminosas do que 1/3 das forrageiras. Na mistura, deve-se observar que 1/3 de leguminosas no campo não é idêntico a 1/3 de semente de leguminosas a plantar. Exemplo: no caso do trevo--ladino e azevém, usa-se apenas 2 kg de semente de trevo para 10 kg de semente de azevém. Proporção, portanto, de 1/5, que no campo corresponde a 1/3.

Quando, por qualquer razão, as leguminosas dominarem – e isto pode ocorrer através de um manejo rotativo favorável a elas ou por condições climáticas desfavoráveis para as gramíneas consorciadas – convém não soltar os animais antes que tenha secado o orvalho, dando-lhes antes feno ou palha de aveia ou de arroz, se possível com melaço, milho quebrado ou sorgo em grão, para impedir a ação do ácido cianídrico contido nas leguminosas, que paralisa a peristáltica, isto é, o movimento dos intestinos que transporta o bolo alimentar. Evita-se igualmente com esse arraçoamento que o gado coma com muita avidez. Comendo mais devagar o timpanismo geralmente não ocorre, e quando acontece não chega a trazer perigo.

Também é possível pulverizar sobre a área, destinada ao pastejo deste dia, óleo de amendoim ou soja, que evita a formação excessiva de espuma na pança, espuma esta que é formada devido às saponinas contidas nas leguminosas. A administração aos animais, antes de irem ao pasto, de umas 250 a 500 g de óleo vegetal ou 60 g de sebo em emulsão para cada vaca, consegue protegê-lo durante 5 a 6 horas.

É importante dizer que o timpanismo depende do solo em que as forrageiras crescem. Há solos onde nunca se registra um caso e há outros onde é de ocorrência permanente, podendo até mesmo ser provocado por gramíneas. Ensaios com micronutrientes estão sendo feitos para averiguar o fator negativo no solo.

Quando ocorre o timpanismo, é importante não se deixar o gado parar e sim movimentá-lo, prática pela qual se evita geralmente o desenvolvimento da doença, salvando-se o animal. Quando, porém, o timpanismo já está muito avançado, se devem colocar as rezes atacadas em posição tal que as patas anteriores fiquem 25 a 30 cm mais altas que as posteriores. Com isso consegue-se aliviar a pressão da pança sobre o coração, que geralmente vitima o animal. Pode-se tentar também fazer massagem, para que os gases saiam da pança ou rúmen. Porém, sempre é melhor prevenir que remediar. Em casos de timpanismo gasoso o veterinário pode curá-lo.

Esterilidade e anomalias sexuais em trevos e alfafa

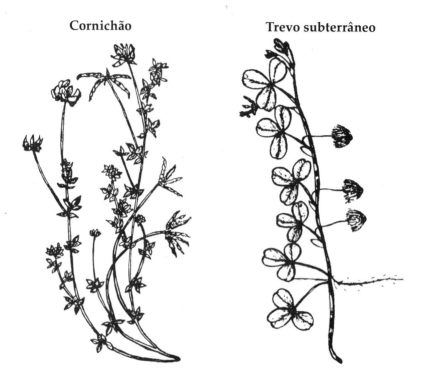

Cornichão

Trevo subterrâneo

Em muitas leguminosas como trevo-branco, trevo-ladino, cornichão, trevo-subterrâneo, alfafa etc., a formação de flavonas é incompleta quando faltar fósforo no solo. Esta deficiência de fósforo no solo permite que se formem flavonas estrogênicas, isto é, com ação sobre o útero das fêmeas e sobre o comportamento sexual em geral, atingindo até os capões. As partes menos insoladas (mais sombreadas) das plantas são mais ricas em flavonas estrogênicas, de modo que os animais que comem as folhas – lote ponteiro – não sentem nenhuma reação enquanto que nestes que consomem os caules – lote rapador (de repasse final) – as consequências podem aparecer de forma violenta. Fêmeas, tanto de ovinos quanto de bovinos, que pastam nestas pastagens, podem ficar estéreis, enquanto ali permanecem, porém, recuperam sua fertilidade quando são mudadas para outro pasto. Terneiras podem sofrer deformações irrecuperáveis do útero. Também em capões pode haver danos, especialmente por se montarem frequentemente, quebrando-se os ossos mutuamente.

Profilaxia

A primeira medida a ser tomada será sempre a de retirar o gado da pastagem onde está quando se notar alguma anormalidade, e providenciar uma adubação com fosfatos. Neste caso, aconselha-se não usar superfosfato ou superfosfato triplo, e sim, escória de Thomas ou algum fosfato natural, por ser de ação mais duradoura. Os fosfatos muito solúveis na água são sempre inadequados para pastagens em nosso meio, já que são facilmente ligados por alumínio ou ferro, tornando-se inaproveitáveis para as forrageiras plantadas.

Não adianta dar farinha de ossos aos animais porque não se trata da deficiência de fósforo no animal, mas sim da deficiência de fósforo na planta, que, consequentemente, forma substâncias prejudiciais ao gado. Ao contrário, uma mineralização dos animais, via de regra, aumenta ainda mais sua reação às substâncias estrogênicas.

Na alfafa deve-se ter o cuidado de não plantar variedades suscetíveis à ferrugem, porque estas são mais propícias de causar infertilidade.

Não convém, também, colocarem-se fêmeas em pastagens de leguminosas sem que se conheça o estado de fósforo do solo. Deve-se ter sempre o cuidado de evitar que as fêmeas rapem a pastagem, porque nos caules e partes mais baixas da planta é que se encontram em maior quantidade as flavonas estrogênicas.

Bócio e crias mortas em trevo-ladino

O trevo-ladino contém altas quantidades de tiocianatos, que impedem a ação do iodo no corpo animal. Vacas prenhas, que pastam exclusivamente em trevo-ladino, correm o risco de darem cria a terneiros mortos ou animais com bócio, e que nunca terão desenvolvimento satisfatório. Deve-se tomar, portanto, o cuidado de não se usar pastagens com trevo-ladino para matrizes, nem para vacas com terneiros, porque o efeito bociogênico também é transmitido pelo leite.

Tetania-de-pastagem por festuca, falaris, cevadilha e red-top

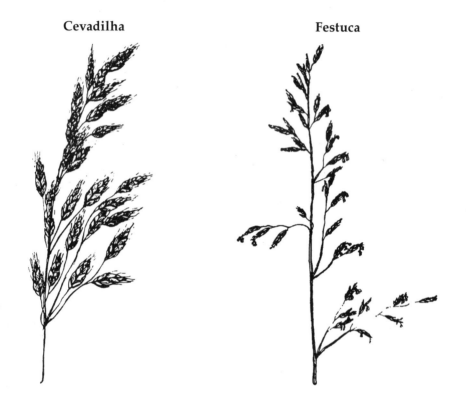

Em solos com seus minerais nutritivos equilibrados, nunca acontece tetania-de-pastagem em capineiras, com estas forrageiras. Porém, quando os solos são deficientes em magnésio, estas forrageiras podem produzir, por falta de um catalisador conveniente, aconitina, um alcaloide de ação violenta sobre o sistema nervoso do animal, que se faz sentir especialmente quando as forrageiras estão sementando. A ingestão 0,06 mg de aconitina por kg de peso vivo é o suficiente para matar um animal.

Sintomas

Convulsões tetânicas, pupilas dilatadas, morte por paralisia cardíaca. Em pastagens com deficiência de magnésio os animais se mostram com elevada excitabilidade, mesmo sem efeito tóxico.

Profilaxia

Trocar imediatamente de potreiro e evitar adubação potássicas nos solos para pastagens, dos quais se desconhece o nível de magnésio.

Tratamento

Com administração de gluconato de cálcio e magnésio, aliada à troca de potreiro, pode se debelar o mal. Caso o animal volte a pastar no campo que provocou a "tetania", os sintomas aparecerão novamente. Não haverá cura enquanto o animal ingerir plantas produtoras de aconitina.

"Tremedeira" de falaris

As falaris (*Phalaris tuberosa* e *Phalaris híbrida*) são certamente forrageiras de alto valor nutritivo quando plantadas em solos frescos e de fertilidade boa. Há zonas, porém, em que a falaris deve ser evitada, por poder causar tremedeira no gado, que é a razão de um sensível emagrecimento dos animais, podendo causar até mesmo a morte destes. Estas zonas situam-se, em nosso Estado, às margens de lagos e lagoas, bem como na Depressão Central, especialmente nos municípios de Santa Maria, São Sepé e São Pedro, bem como no Planalto na zona Vacaria-Bom Jesus, como em geral nos solos úmidos e em solos com nível muito alto de matéria orgânica, onde o nível de cobalto é baixo e a absorção pelo vegetal é deficiente. Faltando cobalto, a falaris forma uma neurotoxina, que provoca a tremedeira. De nada adianta dar cobalto ao gado, porque isso não evita a formação da toxina na falaris.

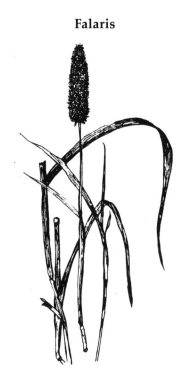

Falaris

Profilaxia

Como uma adubação com cobalto, em nosso meio, é quase impossível, convém evitar-se a falaris nestes solos ou, no mínimo, não usá-la como forragem exclusiva para o gado.

Gado acometido deve ser retirado imediatamente do potreiro com falaris e posto em outra forragem. Este gado, sensibilizado, não deve voltar mais a pastar em falaris. O gado que não sofreu ainda a intoxicação, colocado em tal forrageira somente durante umas duas horas por dia, pastando o resto do dia em outra forragem, não se prejudica.

Época de verão

Cianoses

Todos sabem que as pastagens cultivadas de verão sempre devem ser usadas com cuidados especiais. Temos o caso do capim-sudão, capim-sordão (híbrido de capim-sudão e sorgo), capim-

-elefante, capim-colonião, sorgo etc. Temos ainda o capim-paulista e o capim-chorão que também podem causar intoxicação por ácido cianídrico, quando novos. Este perigo agrava nas pastagens que recebem adubação nitrogenada no início da estação das águas e, atualmente, nos sistemas de Manejo Intensivo de Pastagens (MIP) tropicais monoculturais, com metabolismo C4 (de desenvolvimento mais rápido que as forrageiras gramíneas e leguminosas de metabolismo C3), com adubação nitrogenada mineral ou orgânica, além de poder agravá-lo com a presença de nitrato e nitritos (Bosak *et al.*, 2017; Medeiros *et al.*, 2003). Porém, no MIP (Camargo & Novo, 2009), o controle gerencial e técnico quando realizado com rigor torna esses perigos mais remotos.

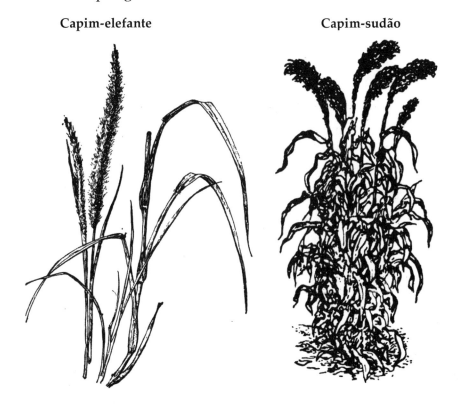

Capim-elefante   **Capim-sudão**

A intoxicação depende do solo, dos tratos culturais, bem como, do clima e do gado, o que, portanto, a torna muito variável.

Todas as plantas capazes de formar compostos cianogênicos não possuem ácido cianídrico livre. Aumentam até 20 vezes sua toxidez:

a) Quando adubadas com fertilizantes nitrogenados, como sulfato de amônio, amonitrex, ureia e outros, bem como com adubos orgânicos ricos em N.

b) Quando o solo for tratado com herbicidas – uma vez que os herbicidas aumentam consideravelmente o nitrogênio na planta;

c) Quando a terra for irrigada;

d) Após fatores que contribuem para o murchamento das plantas, e, com isso, para a liberação do ácido cianídrico, como geadas, secas, pisoteio pelo gado e outros;

e) Quando o crescimento é retardado, por causa do frio e quando se acumula nitrogênio não proteico.

Sendo a brotação nova sempre muito mais perigosa que a planta velha, e as folhas mais tóxicas que os caules.

Acreditam alguns que a segunda brotação seja inócua, porém, não há razão de ser e via de regra é ainda mais tóxica que a primeira, a não ser em solos muito pobres de N, onde a primeira brotação tenha gasto todas as reservas do referido elemento. Vale a regra para todas as brotações, em não deixar o gado entrar antes que a forrageira atinja uns 60 cm de altura, ou para grama-paulista: não usá-la após secas e geadas.

A violência da intoxicação depende do grau de acidez do estômago do animal no momento da ingestão e da velocidade da ingestão das forrageiras cianogênicas. Isto é, se um animal faminto come com muita avidez um sorgo ou capim-sudão novo, é bem provável que se intoxique e morra, enquanto que um animal que tenha recebido uma ração de feno antes, milho quebrado, palha com melaço etc., terá a acidez do estômago reduzida e comerá com muito menos pressa, não se prejudicando, porque a desintoxicação e a eliminação do ácido ocorre no mesmo ritmo que a intoxicação.

Sintomas

Numa intoxicação aguda ocorre a morte instantânea, por paralisia respiratória, precedida de espasmos. Ácido cianídrico é um asfixiante, porque priva o sangue e o tecido animal de oxigênio, de modo que o sangue venoso e arterial fica da mesma cor. Quando as doses ingeridas não são letais, porém, grandes demais para serem eliminadas na mesma medida em que o animal ingere o tóxico, ocorre primeiro uma estimulação e excitação dos animais. Porém, em seguida, nota-se uma depressão. A respiração torna-se profunda e irregular. Os olhos parecem saltar, ficam vidrados e insensíveis à luz. Há micção e defecação frequente. Ocorre um timpanismo forte, e os animais tornam-se extremamente sensíveis na região lombar. As mucosas da boca e do ânus mostram-se cianóticas. Perdem a coordenação dos movimentos, cambaleando. As patas anteriores ficam rígidas, surgem convulsões musculares, inicialmente só na pele, e as patas anteriores cedem em seguida, provocando, frequentemente, a queda dos animais, embora tornem a se levantar. Às vezes possuem espuma nas narinas e boca. Finalmente caem, sendo a morte precedida por um "bramido" característico.

Profilaxia

Não usar esta forrageira com menos de 60 cm de altura. Antes de pôr os animais em pastagens, das quais se supõe que possam causar esta intoxicação, convém experimentá-las com alguns animais de pouco valor.

Antes de entrar nesta pastagem, os animais devem receber alguma forragem seca, sendo melhor esta que possui muitos carboidratos, como milho quebrado, ou melaço com palha picada. É sempre aconselhável não deixar os animais permanecerem nesta pastagem. Na Europa e América não há muito problema com estas pastagens, porque são usadas para gado leiteiro, que recebe ração seca e que não permanece nestas pastagens, e sim é retirado após algumas horas. Em nosso meio, tratando-se de gado de corte, que não recebe ração seca e que permanece na pastagem, os cuidados devem ser bem maiores.

Em casos de intoxicação grave, deve-se dar imediatamente aos animais uma cocção de semente de linho, a qual evitará a liberação de ácido cianídrico da forragem pelos ácidos do estômago.

Convém chamar o veterinário, o qual poderá combater a intoxicação. Geralmente, o tratamento não consegue curar o animal, mas tão somente prolongar sua vida, permitindo com isso seja o mesmo preparado para o abate.

Indicações gerais para evitar intoxicações em pastagens cultivadas

A maioria das pastagens cultivadas pode causar problemas, já pelo fato de se tratar de uma monocultura, onde o gado é impedido de escolher. Na Europa e EUA os problemas não são maiores, porque se usam as pastagens cultivadas quase que exclusivamente para gado leiteiro, que nestes países é arraçoado, e recebe somente uma parte de sua alimentação em forma de forrageiras verdes. Desta maneira o gado nunca come com avidez ou muita pressa, e geralmente não chega a ingerir o suficiente em tóxicos para provocar uma intoxicação. Além disso, o gado é intensamente supervisionado, de modo que o menor transtorno logo é reparado, caso que não acontece entre nós. Atualmente estes problemas são praticamente evitados no MIP, desenvolvido pelo professor Moacyr Corsi, da USP-Esalq, de Piracicaba, e que prevê um controle anual rigoroso gerencial e técnico de todas as atividades agrícolas, zootécnicas, econômicas, sociais e ambientais (Camargo & Novo, 2009; Embrapa, 2006).

Os cuidados gerais são:

1 – Em forrageiras gramíneas de porte alto, como sorgos, capim-sudão, capim-sordão, capim-elefante etc., deve-se suspeitar sempre uma toxidez por ácido cianídrico, evitando pastejar tais forrageiras quando novas. Evitar adubações nitrogenadas, quando não se pode controlar rigorosamente a toxidez

das forrageiras e tomar cuidados especiais em áreas irrigadas. Evitar que o gado entre com muita fome numa pastagem dessas – tanto o gado de tropa que está faminto quanto o gado confinado que está ávido de forragem verde. É igualmente interessante evitar que entrem poucos animais em potreiros grandes com forrageiras cianogênicas, como as acima mencionadas, porque pisoteiam muita forragem, que não conseguem comer, e comerão, portanto, nos dias seguintes, forragem com ácido cianídrico livre, que é bem mais tóxico que a forragem que não sofreu o pisoteio. Deve ser regra de nunca deixar entrar menos animais em potreiro com tais forrageiras do que os que possam terminar com a forragem no mesmo dia. Cercados ou cercas elétricas suficientes são, pois, indispensáveis.

2 – Em pastagens cultivadas deve se evitar sempre a adubação enquanto se desconheça o teor dos demais minerais no solo. Forrageiras inócuas se tornam venenosas pela deficiência de minerais. Segue em seguida uma relação das deficiências mais perigosas para pastagens cultivadas:

A deficiência de potássio é perigosa especialmente para trevo-de-cheiro (*Melilotus albus*), aveia-perene (*Arrhenaterium eliatum*), fluva (*Anthoxatum odoratum*) e capim-teff (*Eragrostis abyssinica*) que aumentam o teor das substâncias anticoagulantes;

Se a deficiência aparece tão forte que produza margens mortas das folhas, sempre é prejudicial aos animais em qualquer forragem;

A deficiência de magnésio é especialmente perigosa em pastagens de festuca, falaris, cevadilha e red-top, pois causa tetania-de-pastagem, que geralmente é provocada pela adubação descontrolada com potássio;

A deficiência de cobalto é perigosa em pastagens de falaris, pois causa a tremedeira no gado;

A deficiência de fósforo é especialmente prejudicial em pastagens de leguminosas, pois causa esterilidade nos animais; De outro lado deve-se considerar que pastagem cultivada sempre necessita de adubação, porque as plantas não são próprias ao solo – ou são somente em raras exceções – e pela maior produção necessitam também de maior quantidade de minerais.

3 – Mas também excesso de minerais pode ser perigoso

O excesso de nitrogênio é perigoso em épocas de inverno frio e úmido, em pastagens de aveia, azevém, festuca e falaris, quando causa intoxicação por nitritos; na primavera, quando provoca maior ataque por fungos de qualquer forragem em pé e no verão em pastagens de porte alto, quando aumenta em muito a toxidez por ácido cianídrico. Nunca se deve usar nitrogênio sem que haja níveis suficientes dos outros minerais no solo. Deficiências ou excessos de minerais, em pastagens cultivadas, são mais graves que em nativas, onde a diversificação da vegetação geralmente elimina os perigos.

4 – Em forrageiras leguminosas o timpanismo é evitado, controlando-se a porcentagem de leguminosas na pastagem, que não deve exceder a 30%, e evitando-se que o gado entre em pastagens úmidas de orvalho. Nos meses de setembro-outubro o gado que entra em leguminosas deve ser sempre vigiado para se evitar perda de animais. Em todas as pastagens cultivadas a profilaxia é o mais importante, uma vez que está bem ao alcance do pecuarista e, observando as precauções indicadas, raramente chega a ter dificuldades.

Bibliografia consultada

ALMEIDA, D. E., MARQUES, J. R. Mutantes doces no melhoramento de forragem, *Agron. Lusit.* 25/4, p. 311, 1963.

BELL, E. A. Occurence of Neuro-Lathyrogen amino propionic acid in two species of Crotalaria. *Nature*, 218 (5137), p. 197, 1968.

BELTRÃO, R. Informações Pessoais, 1970.

BICKOFF, M. N. Oestrogenic Constituents of Forage Plants. *Commonw. Bureau of Pastures and Fieldcrops.* n. 1, 1968.

BURGER, A. W., HITTLE, C. N. Yield Protein, NO^3 and Prussian acid content of sudangrass. *Agron. Jour.* 5/13, p. 259-261, 1967.

CORREIO AGROPECUÁRIO, Bayer, 1/1969.

DÖBEREINER, J. TOKARNIA, C. H., CANELLA, C. F. C. Intoxicação por cestrum laevigatum schlecht, em bovinos no Estado do Rio de Janeiro. *An. IX Congr. Int. Pastagens*, S. Paulo, p. 1259-1263, 1965.

HACKBARTH, J. Schaedliche Inhaltsstoffe bei Kulturpflanzen. *Kalibriefe 3/3*, 1969.

HOEHNE F. C. Plantas e substâncias vegetais tóxicas e medicinais. *Edit. Graphicars*, São Paulo, 1939.

HUGHES H. D., HEATH, M. E., METCALF, D. S. *Forrajes*, Comp. Edit. Continental S.A.,1966.

INFORMAÇÕES VETERINÁRIAS (Bayer), n. 3, p. 8-9, 1970.

INSTITUTO BIOLÓGICO DE SÃO PAULO, Arquivos.

JACKSON, M. L. *Soil Chemical Analisys*, p. 337, 1958.

KUBOTA J., LAZAR, V. A., SIMONSON, G. H., HILL, W. W. Relations between soils and Mo poisoning of farm cattle in Oregon. *Soil Sci. Soc. Amer. Proc.* 31, p. 667-671, 1967.

LOPER, G. M., HANSON, C. H., GRAHAM, J. H. Goumestrol content of alfafa as affected by selection for resistance to foliar diseases. *Crop Science 7/3*, p. 189-191, 1967.

MENGEL, K. Funktion und Bedeutung des Kaliums im Pflanzlichen Stoffwechsel. Naturwiss. *Rundsch. 21/8*, p. 332-336, 1968.

MINISTÉRIO DA AGRICULTURA. Pesquisas Agropecuárias, 1966-1968 – trabalhos de DÖBEREINER, TOKARNIA e CANELLA.

MORAES MELLO, E. M., SAMPAIO FERNANDES, J. *Contribuições ao estudo das plantas tóxicas brasileiras*, 1941.

PRIMAVESI, A. *Erosão.* Edit. Melhoramentos, São Paulo, 1952.

PRIMAVESI, A. *Nutrição racional das lavouras.* Edit. Melhoramentos, São Paulo, 1959.

PRIMAVESI, A., PRIMAVESI, A. M. *A biocenose do solo na produção vegetal.* Edit. Pallotti, Santa Maria, 1964.

RADELEFF, R, D. *Toxicologia veterinária.* Edit. Academia León, 1962.

RAGONESE, E. A. Plantas tóxicas para el Ganado. *Rev. Faculdad Agron. XXXI*, La Plata, 1955.

RIDDER, R. W. Plants that poison farm animals in South Florida. *Res. Report 12/3*, p. 14-15, 1967.

ROSSITER, R. C., BECK, A. E. Physiologic and ecologic investigations about oestrogenic isoflavones in subterranean clover. *Austral. J. Agric. Res.* 17, p. 447-456, 1966.

VOISIN, A. *Dynamiques des herbages.* Edit. Maison Rustique, 1960.

VOISIN, A. Die Kuh und ihre Weide. *Bayr. Landw.* Verlag, München, 1963.

VOISIN, A. *Tétanie d'herbe.* Edit. Maison Rustique, Paris, 1963.

VOISIN, A. Die Produktivität der Weide. *Bayr. Landw.* Verlag, München, 1963.

Bibliografia adicional

BARBOSA, R. R; RIBEIRO-FILHO, M. R; SILVA, I. P; SOTO-BLANCO, B. 2007. Plantas tóxicas de interesse pecuário: importância e formas de estudo. *Acta Veterinária Brasília,* v. 1, n. 1, p. 1-7. Em: <https://periodicos.ufersa.edu.br/index.php/acta/article/download/253/93/0>.

BARROS, R. R. 2005. Intoxicação por ramaria flavo-brunnescens (Clavariaceae). Santa Maria-RS: UFSM. 60p. (Dissertação Mestrado Med. Vet.). Em: <https://repositorio.ufsm.br/bitstream/handle/1/10059/RICARDO1.pdf>.

BEZERRA, C. W. C; MEDEIROS, R. M. T; RIVERO, B. R. C; DANTAS, A. F. M; AMARAL, F. R. C. 2012. Plantas tóxicas para ruminantes e equídeos da microrregião do Cariri Cearense. *Ciência rural,* Santa Maria, v. 42, n. 6, p. 1070-1076. Em: <http://www.scielo.br/pdf/cr/v42n6/a18012cr6329.pdf>.

BOSAK, P. A; LUSTOSA, S. B. C; SANDRINI, J. M. F. 2017. Intoxicação de bovinos por ácido cianogênico e nitrito/nitrato em pastagens de manejo intensivo. *PUBVET* v. 11, n. 10, p. 1008-1014. Em: <http://www.pubvet.com.br/uploads/5 750de2a43a960071e79412a78ac467f.pdf http://www.convibra.com.br/upload/paper/2017/151/2017_151_13589.pdf>.

BUENO, I. C. S; PEREIRA, L. E. T. 2017. *Fotossensibilização.* Piracicaba-SP: USP-ESALQ. 43 p. Em: <https://edisciplinas.usp.br/pluginfile.php/4125840/mod_resource/content/1/Fotossensibiliza%C3%A7%C3%A3o.pdf>.

CAMARGO, A. C; NOVO, A. L. M. 2009. *Manejo intensivo de pastagens.* São Carlos-SP: Embrapa Pecuária Sudeste. 85p. em: <http://www.cooperideal.com.br/arquivos/mip.pdf>.

COSTA, A. M. D; SOUZA, D. P. M; CAVALCANTE, T. V; ARAÚJO, V. L; RAMOS, A. T; MARUO, V. M. 2011. Plantas tóxicas de interesse pecuário na região do ecótono Amazônia e Cerrado, parte 1: Bico do Papagaio, norte do Tocantins. *Acta Veterinaria Brasílica,* v.5, n.2, p.178-183. Em: <https://periodicos.ufersa.edu.br/index.php/acta/article/download/2091/4827/0>.

DITTRICH, J. R. Principais plantas tóxicas de pastagens. Universidade Federal do Paraná UFPR – Departamento de Zootecnia. 39p. Em: <http://www.gege.agrarias.ufpr.br/Portugues/Arquivos/Plantas%20toxicas%20de%20pastagens.pdf>.

EMBRAPA. 2006. Recuperação ambiental com manejo intensivo de pastagens na pecuária leiteira. Brasília: Embrapa-SCT; São Carlos-SP: Embrapa Pecuária Sudeste. Vídeo wmv (9 minutos). (Dia de campo na TV – Programa DCTV; 02/06/2006). <http://www.youtube.com/watch?v=5IE7E4tlEBQ>.

FRANZOLIN, R. 1985. Fotossensibilização em animais sob pastejo em gramíneas tropicais. Piracicaba: USP-ESALQ. 9p. Em: <https://www.researchgate.net/publication/278017171_Fotossensibilizacao_em_animais_sob_pastejo_em_gramineas_tropicaisBraquiaria decumbens>.

GAVA, A. 2016. Plantas tóxicas e suas consequências na bovinocultura de leite. In: CONGRESSO ESTADUAL DE MEDICINA VETERINÁRIA, 18, 12-14 OUTUBRO, 2016. 209 p. Em: <http://www.eventize.com.br/new/upload/000375/files/ALDO%20GAVA%20AUTORIZADA.pdf>.

MARQUES, T. C; CARDOSO, M. G; SALVADOR, S C; SALGADO, A. P. S. P; GAVILANES, M. L; BERTOLUCCI, S. K. V. 2006. Plantas tóxicas para bovinos na região de Minas Gerais e Goiás. Lavras: Universidade Federal de Lavras, v. 12, n. 130. 69 p. (Boletim de Extensão, 105). Em: <http://www.editora.ufla.br/index.php/component/phocadownload/category/56-boletins-de-extensao?download=1096:boletinsextensao>.

MEDEIROS, R. M. T; RIET-CORREA, F; TABOSA, I. M; SILVA, Z. A; BARBOSA, R. C; MARQUES, A. V. M. S; NOGUEIRA, F. R. B. 2003. Intoxicação por nitratos e nitritos em bovinos por ingestão de *Echinochloa polystachya* (capim-mandante) e *Pennisetum purpureum* (capim-elefante) no sertão da Paraíba. *Pesq. Vet. Bras.* vol.23, n.1, pp.17-20. Em: <http://www.scielo.br/scielo.php?pid=S0100-736X2003000100004&script=sci_abstract&tlng=pt>.

MOREIRA, N; MARTIN, C. C; HILGERT, A. R; TOSTES, R. 2018. Fotossensibilização hepatógena em bovinos por ingestão de *Brachiaria decumbens*. *Archives of Veterinary Science*, v. 23, n. 1, p. 52-62. Em: <https://www.researchgate.net/publication/324178984_FOTOSSENSIBILIZACAO_HEPATOGENA_EM_BOVINOS_POR_INGESTAO_DE_BRACHIARIA_DECUMBENS>.

NASCIMENTO, E. M; MEDEIROS, R. M. T; RIET CORREA, F. 2018. Plantas tóxicas para ruminantes e equídeos do estado de Sergipe. *Pesq. Vet. Bras.* 38(5):835-839. Em: <http://www.scielo.br/pdf/pvb/v38n5/1678-5150-pvb-38-05-835.pdf>.

REHAGRO CONSULTORIA. 2018. Conheça as principais plantas que causam intoxicação em bovinos. Em: <https://rehagro.com.br/blog/plantas-que-causam-intoxicacao-em-bovinos/>.

RISSI, D. R; RECH, R. R; PIEREZAN, F; GABRIEL, A. L; TROST, M. E; BRUM, J. S; KOMMERS, G. D; BARROS, C. S. L. 2007. Intoxicações por plantas e micotoxinas associadas a plantas em bovinos no Rio Grande do Sul: 461 casos. *Pesq. Vet. Bras.*

27(7), p. 261-268. Em: <https://www.researchgate.net/publication/262549212_Plant_and_plant-associated_mycotoxins_poisoning_in_cattle_in_Rio_Grande_do_Sul_Brazil_461_Cases>.

SANT'ANA, F. J. F; REIS-JUNIOR, J. L; FREITAS-NETO, A. P; MOREIRA-JUNIOR, C. A; VULCANI, V. A. S; RABELO, R. E; TERRA, J. P. 2014. Plantas tóxicas para ruminantes do Sudoeste de Goiás. *Ciência Rural*, Santa Maria, v. 44, n. 5, p. 865-871. Em: <https://www.researchgate.net/publication/270493205_Plantas_toxicas_para_ruminantes_do_Sudoeste_de_Goias>.